智能网格预报系列丛

网格订正预报系统搭建与应用技术

主　编　曾晓青　赵克明　郭云谦
副主编　唐　冶　安大维　阿不力米提江·阿布力克木

内容简介

本书是作者累积多年业务经验编写而成，从5个章节介绍格点预报的发展与关键技术。第1章介绍格点预报发展的历史脉络；第2章讲解如何在Linux系统上搭建所需的计算机环境；第3章是在上一章基础上介绍研发的网格预报系统建设的工程技术和网格化预报算法以及一些实验研究；第4章介绍如何将已有的站点预报产品通过最优插值(OI)等算法进行数据融合；第5章介绍预报产品的一些检验方法和技巧。

本书是科研和业务相结合的结晶，可作为天气预报业务工作者和高校学生学习的参考教材，对从事气象领域相关的预报系统研发和应用的工程技术人员具有较高的参考价值。

图书在版编目（CIP）数据

网格订正预报系统搭建与应用技术 / 曾晓青，赵克明，郭云谦主编. -- 北京 : 气象出版社，2021.10
ISBN 978-7-5029-7582-1

Ⅰ. ①网… Ⅱ. ①曾… ②赵… ③郭… Ⅲ. ①网格－应用－天气预报－研究 Ⅳ. ①P45-39

中国版本图书馆CIP数据核字(2021)第211073号

网格订正预报系统搭建与应用技术
WANGGE DINGZHENG YUBAO XITONG DAJIAN YU YINGYONG JISHU

出版发行：气象出版社
地　　址：北京市海淀区中关村南大街46号　　邮政编码：100081
电　　话：010-68407112(总编室)　010-68408042(发行部)
网　　址：http://www.qxcbs.com　　E-mail：qxcbs@cma.gov.cn
责任编辑：杨泽彬　　终　　审：吴晓鹏
责任校对：张硕杰　　责任技编：赵相宁
封面设计：地大彩印设计中心
印　　刷：北京建宏印刷有限公司
开　　本：787 mm×1092 mm　1/16　　印　　张：11.25
字　　数：288千字　　彩　　插：5
版　　次：2021年10月第1版　　印　　次：2021年10月第1次印刷
定　　价：98.00元

序　言

如果此刻你的手里(或者你的电子阅读器里或者智能手机里)正拿着这本书,准备翻阅浏览,我猜测您90%的概率是一名与天气预报技术研发相关的工作者或者是一名天气预报员。可以说,您和本书是有缘的。这个缘分不是完全随机的,背后有一定的必然性,正是本书在网格预报技术和算法方面的知识和经验吸引您找到了它(或者可以说把本书推荐给了您)。作为本书的作者,我们很高兴您能阅读此书,并从中收获到您想要的知识。

虽然中国每年有几十万甚至百万册的图书被出版出来,但气象类的书籍并不很多。目前很多经典气象书籍都是再版或国外译著。要用心写一本国内气象类的技术书籍并非一件容易的事,特别是要受到读者喜欢的气象类技术书籍更是难上加难。气象类技术书籍不仅仅需要作者有较深的气象专业理论知识为背景,还需要有高等数学知识进行理论支撑,同时还要与最前沿的计算机知识进行相互配合,如果是气象业务类书籍,更需要有多年的一线气象业务经验积累,才能写出一本读者满意、与时俱进的高质量气象类图书。

中国有两句古话,一句是“授人以鱼,不如授人以渔”,另一句是“临渊羡鱼,不如退而结网”。两句话都是希望大家先去打好基础,掌握好方法,再去干事,达到目标。获得“鱼”是做事的目的,“捕鱼”是做事的手段,“结网”是做事的方法。但是这个世界并不是“单行线”,每个人的能力有高低,发展有快慢,知识积累有深浅,有的人动手能力强,很快能“织网捕鱼”,希望快速提高生产效率;而有些人可能在还没“结好渔网”时就已经“体力不支,壮志未酬身先死”。所以,我们希望能在教会大家“结网”的同时,也同时给大家充足的“鱼”食,既要“授人以渔”的同时也要“授人以鱼”,这也是本书的主要目的。

本书是在中国气象局进行的智能网格预报业务改革发展的大背景下诞生的,主要面向气象业务工作者和技术研发人员,以及广大气象专业学生,重点介绍网格预报系统的框架设计原理和技术,以及在系统研发过程中的技术总结和经验。我们在模式产品订正方面积累了一定的理论知识和实践经验,可能这些经验和技术在很多技术专家和理论学者面前不值一提,但是很多刚入行的新人和不同方向技术的气象工作者还是占据我国气象事业中的多数,希望通过系统性介绍网格订正预报系统中的重要技术细节和实际用途,能带给大家一点点有用的信息。本书采用“数码结合”的方式,即数学推导(理论)和计算机代码(离散化)相辅相成地进行介绍,就算书中仅仅有一行代码、一个公式或者一张图片对今后从事类似预报系统的研发工作者以及该系统的使用者或二次开发者起到一丝有用的帮助,我们也是倍感欣慰的。

本书由国家气象中心和新疆气象台相关技术人员合作编写而成,也是援疆工作的成果之一。参与编写的主要人员有:赵克明、郭云谦、唐冶、安大维、肖俊安、阿不力米提江·阿布力克木。全书由曾晓青统稿。限于编者的综合知识和经验,加上编写时间仓促,书稿虽几经修改,仍难免有缺点和错误。热忱欢迎同行专家和读者批评指正,使本书在使用中不断改进、日臻完善。作者电子信箱是 xiaoqing_zeng@qq. com。

本书的出版得到新疆维吾尔自治区气象局何清副局长、新疆气象台江远安台长和国家气象中心天气预报技术研发室代刊主任的关心和指导，同时在出版过程中得到气象出版社杨泽彬副编审的全力帮助，以及新疆气象台和国家气象中心天气预报技术研发室的同事们的支持和帮助，特别是新疆气象台杨霞和李桉孛对全书的校对工作以及华风气象影视公司刘亚楠对本书的封面设计工作，在此表示由衷的感谢。本书编写过程中，参考了国内外相关教材、专著和论文，这些著作和论文中许多精辟的论述，都融入进了本书中，在此谨向上述作者和贡献者们一并致以深切的谢意。

作　者

2021 年 8 月于新疆维吾尔自治区气象台

项目支持

本书得到了国家重点研究发展计划项目（2018YFC1506606、2017YFC1502005、2017YFC1502004）和新疆维吾尔自治区科技支疆项目计划（2019E0208）的支持

阅读需知

本书不仅仅面对高级研发者，也同样适用于初步研发新手。本书主要用到 Linux 操作系统、Python 和 Shell 计算机语言、线性代数和矩阵计算等部分高等数学的相关知识。

读者对象

本书主要适合想了解格点化预报方法的科研人员或者业务人员、正在或者未来将要研发格点预报系统的研发工作者，以及该系统的业务维护工作者和二次研发人员。我们会通过详细的说明来介绍该系统的研发过程和系统流程。

读者反馈

十分欢迎读者提供反馈意见。我们想知道你对本书的看法：喜欢哪些部分，不喜欢哪些部分。这些反馈对于协助我们编写出真正对读者有所裨益的书至关重要。

勘误

尽管我们已经竭尽全力确保本书内容准确，但疏漏终难避免。如果你发现了书中的任何不当之处，无论是出现在正文还是代码中的，请及时告之我们。这样不仅能够减少其他读者的困惑，还能帮助我们改进本书后续版本的质量。如果需要提交勘误，请发送邮件到 xiaoqing_zeng@qq. com，一旦勘误得到确认，我们将接受你的提交。

举报盗版

各种媒体在网上一直饱受版权侵害的困扰。坚持严格保护版权和授权。如果你在网上发现图书的任何形式的盗版，请立即为我们提供地址或网站名称，以便我们采取进一步的措施。非常感谢你对保护作者知识产权所做的工作，我们将竭诚为读者提供有价值的内容。

疑难解答

如果你对本书的某方面抱有疑问，请通过 xiaoqing_zeng@qq. com 联系我们，我们会尽力为你解决。

目　　录

第 1 章　模式订正发展历程

1.1　天气预报流程

数值天气预报的成功是 20 世纪最重大的科技和社会进步之一。准确的天气预报不仅能够辅助应急管理，而且在重大灾害天气事件中能在很大程度上拯救生命，通过提前准备来减轻灾害造成的影响，减小或者避免国家经济损失和人员伤亡。Bauer 等在 2015 年期刊《自然》(*Nature*)发表的综述"数值天气预报的寂静革命"[1] 中说到"天气预报的潜在利益远远超过对相关基础科学研究、超算设备、卫星和其他观测程序等用于产生天气预报的领域的投资。同时随着社会对更准确、更可靠的天气和气候信息的需求变得越来越紧迫，全球数值模式必须要分辨率更高、更复杂。"

然而，要产生一个准确的预报结果却是一个极其复杂的长期过程。如果您是一个有气象背景知识的读者，那么您对现代数值天气预报的过程应该并不陌生。这个过程大致可以分为四个部分，如图 1.1 所示。

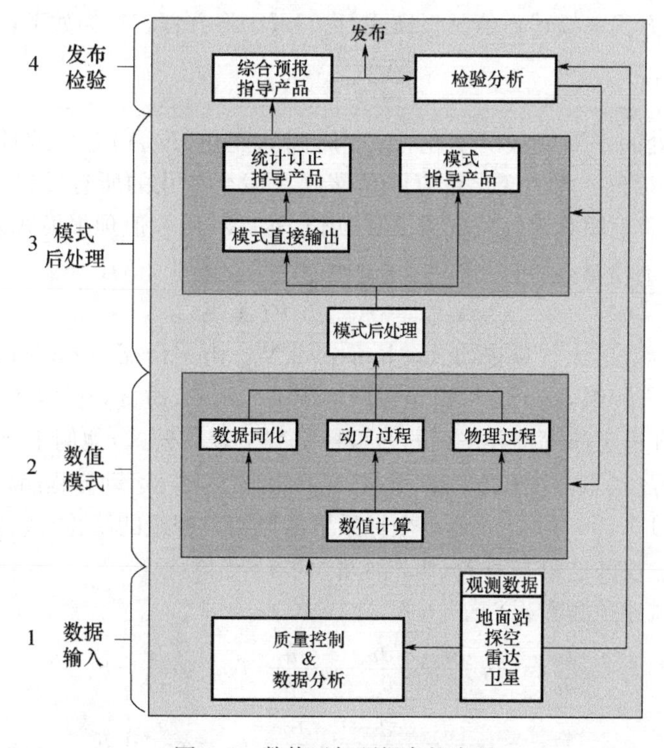

图 1.1　数值天气预报完整流程

第 1 步是数据输入：该部分包括时时刻刻从全国甚至全球地区的几十种观测仪器中获得观测数据，然后对这些数据进行质量控制和数据分析等相关工作。

第 2 步是数值模拟：该部分是整个数值预报流程中最核心的部分，经过数据同化（即通过观测新资料对模式初始场进行调整，减小初始误差的作用）和数值模式积分模拟计算（包括动力和物理过程）获得模式直接输出结果（Direct Model Output，即 DMO）。

第 3 步是模式后处理：由于数值模式的预报结果 DMO 与实况观测之间存在非线性误差，根据不同的预报要素，需要使用不同的订正方法对 DMO 进行订正，从而得到准确率更高的预报结果。这一步也是本书重点讲解的核心知识和贯穿全书的系统实现的功能。

第 4 步是发布检验：预报是预测和发报的结合，产品发布是将最终预报产品提供给手机 app、互联网公司、电视台等用户。产品检验在整个预报闭环中起到“指挥棒”的重要作用。它对第 2 和第 3 步的结果进行检验后，将检验结果再反馈给第 2 和第 3 步来调整模型结构和优化参数，最终获得更好的预测效果，但这是一个曲折（预测效果可能会出现比不改进前的差）和漫长（要经过大量的“海底捞针”式的试验）的过程。

1.2 数值模式产品误差

威廉·皮叶克尼斯（Vilhelm Bjerknes）是挪威气象学家，近代天气学和大气动力学的主要创始人之一。他于 1904 年首先认识到天气可以通过数值模拟进行预测，并首先提出天气预测可被视为数学中的一个初始值问题，即通过微分方程（组）来描述气象变量随时间的变化情况。如果我们知道了气象变量的初始值，便可以通过求解方程（组）来获得未来的预测量。如果用一个最简单的数学方程来描述数值预报模式，我们可以将方程表达为如下：

$$\frac{\Delta A}{\Delta t}=F(A) \tag{1-2-1}$$

ΔA 是空间中某点处的预测变量的变化，Δt 是时间的变化，$F(A)$ 是导致预测量 A 变化的函数。预测变量 A 在时间 t 内的变化量应该是导致 A 发生变化的所有过程的累积效应。也就是说我们通过观测等手段获得气象变量 A 的初值，然后利用数值预报模式来计算未来一段时间 t 内气象变量 A 的增量，就可以得到未来的预测量（公式(1-2-2)）。

$$A_{\text{forecast}}=A_{\text{initial}}+F(A)\Delta t \tag{1-2-2}$$

$F(A)$ 在后来的实际数值天气预报模式（Numerical Weather Prediction Model，简称 NWPM）中变成一组偏微分方程组，这个方程组是根据牛顿第二定律、质量守恒定律、能量守恒定律、气体实验定律、水汽守恒定律等推导得到的一组特定数学表达公式，他们主要包括运动方程、连续方程、热力学方程、状态方程和水汽方程，并共同组成了大气运动方程组，也就是 NWPM 的原始方程组（公式(1-2-3)—(1-2-9)是 p 坐标系下的原始方程组的简化），它描述了大气中发生的运动和热力变化过程（这里参考 MetEd 网站 MOS 介绍）。

1）运动方程（风速预测方程）：

$$\frac{\partial u}{\partial t}=-u\frac{\partial u}{\partial x}-v\frac{\partial u}{\partial y}-\omega\frac{\partial u}{\partial p}+fv-g\frac{\partial z}{\partial x}+F_x \tag{1-2-3}$$

$$\frac{\partial v}{\partial t}=-u\frac{\partial v}{\partial x}-v\frac{\partial v}{\partial y}-\omega\frac{\partial v}{\partial p}-fu-g\frac{\partial z}{\partial y}+F_y \tag{1-2-4}$$

2)连续方程:

$$\frac{\partial u}{\partial x}+\frac{\partial v}{\partial y}+\frac{\partial \omega}{\partial p}=0 \tag{1-2-5}$$

3)热力学方程(温度预测方程):

$$\frac{\partial T}{\partial t}=-u\frac{\partial T}{\partial x}-v\frac{\partial T}{\partial y}-\omega\left(\frac{\partial T}{\partial p}-\frac{RT}{c_p p}\right)+\frac{H}{c_p} \tag{1-2-6}$$

4)水汽方程(湿度预测方程):

$$\frac{\partial q}{\partial t}=-u\frac{\partial q}{\partial x}-v\frac{\partial q}{\partial y}-\omega\frac{\partial q}{\partial p}+E-P \tag{1-2-7}$$

5)垂直运动方程:

静力方程

$$\frac{\partial z}{\partial p}=-\frac{RT}{pg} \tag{1-2-8}$$

非静力方程

$$\frac{\partial \omega}{\partial t}=-u\frac{\partial \omega}{\partial x}-v\frac{\partial \omega}{\partial y}-\frac{1}{\rho_0}\frac{\partial p'}{\partial z}+gB-gq \tag{1-2-9}$$

式中 u 是东西风,v 是南北风,ω 是垂直速度(p 坐标系),p 是气压,f 是科里奥利力,g 是重力加速度,z 是位势高度,T 是气温,R 是干空气气体常数,c_p是定压比热,q 是比湿,F_x和F_y代表 u 和 v 方向的摩擦和湍流等物理过程,H 代表绝热加热物理过程(辐射、冷凝、混合等),E 代表蒸发和升华物理过程,P 代表降水物理过程($P=P_L+P_C$,P_L 层状和 P_C 对流降水率),B 代表浮力过程。在实际模式中,大部分物理过程都是单点模式,在方程积分求解的每一小步中,先通过计算动力方程的物理量,然后再驱动物理过程计算通量,将通量再反馈给动力方程的物理量进行修订,然后再进入下一时刻积分,循环往复。

从原始方程的完整理论形式导出大气原始偏微分方程组,再将原始偏微分方程组转变为计算机代码的一系列过程中,就会导致一系列的误差产生,而这些误差在数值模式积分过程中被不断放大,最后造成预测结果与实际观测结果出现偏差。根据已有知识和经验,我们下面介绍造成模式预报误差的几个重要原因。

1)原始预报方程问题

根据物理定律推导得到的原始偏微分大气方程组,虽然能描述大气运动的过程,但与真实自然世界中的物理过程还是有不同的,该方程组是真实物理过程的简化版本(图 1.2),并不能百分之百地完全描述自然大气中的各种物理现象,所以在一开始简化的方程组就与真实自然过程存在一定的误差。

2)信息完整性问题

当原始大气方程组被翻译成计算机语言时,其所包含的所有信息不可能被完全的传递进入计算机中。例如,目前数值天气模式不可能把所有分辨率的信息全部加载入计算机中,如图 1.2 中,椭圆以 10 m 至 10000 km 之间的尺度为单位展示了数值天气预报中能被模式解析的关键现象及其所代表的从小尺度气流到完全耦合的地球系统之间模拟过程的复杂性,这些不同尺度之间的数据一体化耦合并不完善,信息交换并不完整,误差也会由此产生,这也是未来数值预报模式发展的方向。再比如,如图 1.3 中,目前数值天气模式中使用的地形数据与实际真实情况的地形数据还有一定差别。由于当前计算机水平和相关科学技术的限制,在数值模式中,还有相当多的类似信息被简化和省略,这些信息简化也为模拟真实的大气运动过程提供了误差来源。

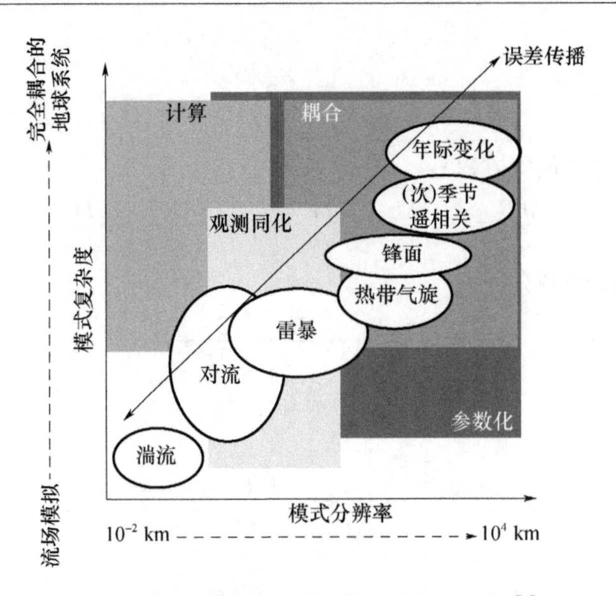

图 1.2　未来数值天气预报的主要挑战领域[1]

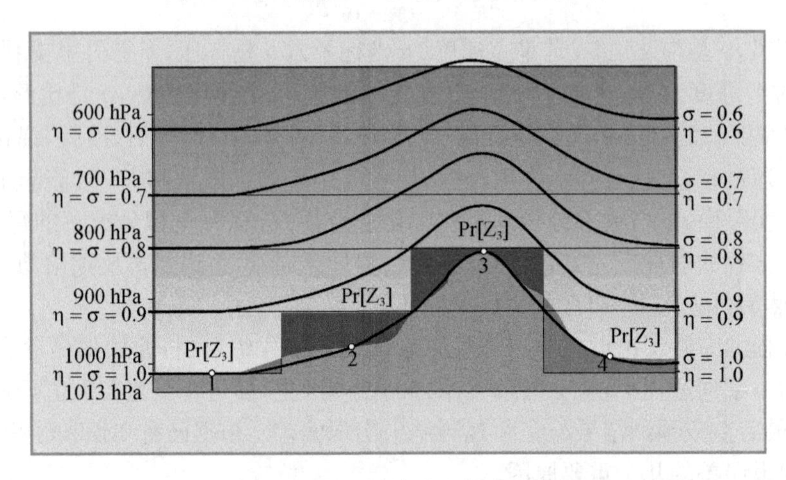

图 1.3　Eta 垂直坐标与地形关系示意图(参考 MetEd 网站)

3)方程求解问题

目前对于求解原始预报方程组的方案主要有:①网格差分方案,例如我国自主研发的 GRAPES 模式、美国的 WRF 模式。②频谱方案,例如国家气象中心早期引进全球谱模式 T213,以及在此基础上升级改进到后来的 T639 模式(将谱分辨率从 213 波提高到了 639 波),还有欧洲中期天气预报中心(European Centre for Medium-Range Weather Forecasts,简称 ECMWF)的业务预报模式也是谱模式。③有限体方案,例如美国国家海洋和大气管理局(NOAA)地球流体动力学实验室(GFDL)开发的基于 FV3(Finite-Volume on a Cubed-Sphere,立方球有限体积)为动力核心的全球模式,该模式在 2014 年的多模式评比中夺冠。另外,还有美国国家大气研究中心(NCAR)研制的跨尺度预报模式 MPAS(The Model for Prediction Across Scales),美国华盛顿大学克利夫 · 马斯坚持认为,MPAS 要优于 FV3。除上述方案外还有其他研究的方案[2]。

三种求解原始预报方程组的方案,都属于计算机离散化方法,这些方法都是用有限个参量来近似表征连续介质中物理量的方法。其目标都是通过离散的方式来获得方程组的近似解

(数值解,与解析解对立)。他们的区别在于离散的方式不同,有限差分是将求解域划分为等格距网格,利用 Taylor 级数展开法,把控制方程中的微分用网格节点上的函数差分代替进行离散,即差分近似微分来求解。有限体积法可视作有限元法和有限差分法的中间方案,属于局部近似的离散方法,用插值函数来近似。而谱方法就是把解近似地展开成光滑函数的有限级数展开式,即解的近似谱展开式,它的精度,直接取决于级数展开式的项数。

为了更好地理解误差产生的机理,本书给大家列举一个非常简单的小试验,来说明误差是如何被不断放大的过程。

原始方程:

$$x'(t)=\frac{\mathrm{d}x}{\mathrm{d}t}=x\sin t=F(x,t) \tag{1-2-10}$$

约束条件(或初始条件):

$$x(0)=-1 \tag{1-2-11}$$

根据不定积分求解方程(1-2-10),得到解:

$$x=C\mathrm{e}^{-\cos t} \tag{1-2-12}$$

根据约束条件可以求得常数 C:

$$C=-\mathrm{e} \tag{1-2-13}$$

最终得到解析解(真值)表达式:

$$x=-\mathrm{e}^{1-\cos t} \tag{1-2-14}$$

利用欧拉法对方程(1-2-10)求数值解的迭代公式:

$$h=t_{i+1}-t_i \tag{1-2-15}$$

$$x_{i+1}=x_i+h\cdot x_i\cdot\sin t_i \tag{1-2-16}$$

利用 2 阶龙格库塔法对方程(1-2-10)求数值解的迭代公式:

$$k=0.5\cdot h\cdot F(x_i,t_i) \tag{1-2-17}$$

$$x_{i+1}=x_i+h\cdot F(x_i+k,t_i+0.5\cdot h) \tag{1-2-18}$$

h 是时间的前向差分,从图 1.4 中可以看出,当 t 等于 0 时误差是非常小的,但随着 t 的增加,误差也随之陡然增加,但由于原始方程存在周期性变化,误差也存在非线性的周期性变化,但是周期性的误差也比开始要大很多。

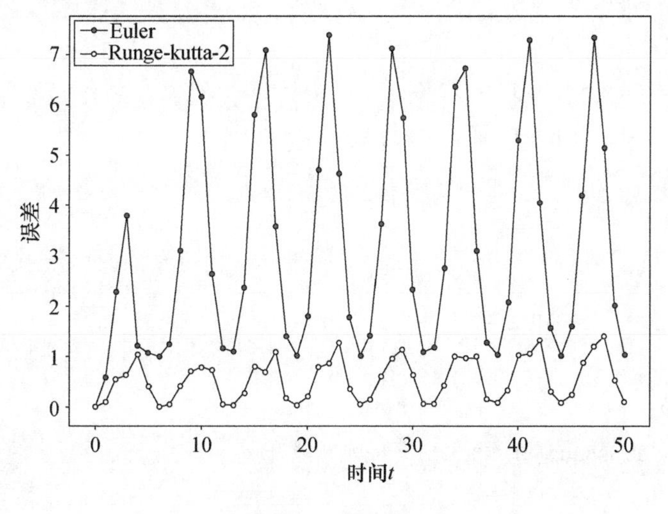

图 1.4　误差变化

上述小实验的所有程序如下：

```
1.  #导入包
2.  import numpy                              #数值计算包
3.  import matplotlib                         #画图包
4.  import matplotlib.pyplot as plt           #数值计算包
5.  
6.  #F(x,t)函数
7.  def f( x, t ):
8.    return x * numpy.sin( t )
9.  
10.  #欧拉法求解函数
11.  def euler( f, x0, t ):
12.    n = len(t)                          #迭代步数
13.    x = numpy.array( [x0] * n )  #创建结果数组
14.    #迭代
15.    for i in range( n - 1 ):
16.      x[i+ 1] = x[i] + ( t[i+ 1] - t[i] ) * f( x[i], t[i] )
17.    return x
18.  
19.  #2阶龙格库塔求解函数
20.  def rk2a( f, x0, t ):
21.    n = len( t )                          #迭代步数
22.    x = numpy.array( [ x0 ] * n )  #创建结果数组
23.    #迭代
24.    for i in range( n - 1 ):
25.      h = t[i+1] - t[i]
26.      k1 = h * f( x[i], t[i] ) / 2.0
27.      x[i+1] = x[i] + h * f( x[i] + k1, t[i] + h / 2.0 )
28.    return x
29.  
30.  #主程序
31.  if __name__ == "__main__":
32.  
33.    x0 = -1.0                              #初值
34.    t = numpy.linspace( 0, 50, 51)  #时间
35.  
```

```
36.    #计算真值解析解
37.    x = -numpy.exp( 1.0 - numpy.cos( t ) )
38.
39.    #计算数值解
40.    x_euler = euler( f, x0, t )
41.    x_rk2 = rk2a( f, x0, t )
42.
43.    #画误差曲线图
44.    fig = plt.figure(figsize=[16,14], frameon=True)  #创建一块画图
45.    ax = fig.add_subplot(111)                         #创建带坐标轴的子图
46.    ax.plot( t, x_euler - x,'b-o')                   #画曲线1
47.    ax.plot( t, x_rk2 - x,'r-o')                     #画曲线2
48.    ax.xaxis.set_tick_params(labelsize=35)  #设置x轴刻度标签字体大小
49.    ax.yaxis.set_tick_params(labelsize=35)  #设置y轴刻度标签字体大小
50.    plt.xlabel('t', fontsize=35)            #设置x轴标签字体大小
51.    plt.ylabel('error', fontsize=35)         #设置y轴标签字体大小
52.    #画图例
53.    plt.legend( ('Euler', 'Runge-Kutta-2' ), loc='upper left', labelspacing=1.5,
     shadow=False, fontsize=20)
54.    #保存图像
55.    fig.savefig("diffeq1.png" ,format="png", dpi=300, bbox_inches='tight')
```

由于NWP的原始方程的复杂性，所以必须使用数值逼近的方式而不可能使用完整的解析解来对方程组求解。所以即使原型方程式中完全描述了所有的自然物理现象，模式的初始状态得到了很好的表示，求解方式的数值近似也会引入误差。现实情况中，方程组是简化的形式，模式的初始场与实际情况还有一定误差，再通过数值逼近的方式进行求解计算，非线性、非周期性的误差将会随着模式积分时间的增加而快速增加。

所以，可以说目前数值模式的预报结果还不可能尽善尽美，其能力还不能完全解决天气预报业务中的各种需求。因此，天气预报业务中在强调以数值预报为基础的同时，也提出要综合应用多种资料和多种技术方法的预报技术路线。基于数值预报产品的解释应用技术（后面也称为动力-统计降尺度方法）在天气预报中正越来越受到重视。数值预报产品的解释应用技术就是将动力与统计的方法相互结合，它将两者的优点都集合于一体。动力学方法（数值模式）的优点在于它是在支配系统演变的物理规律的基础上，从因果制约上揭示其规律，正好部分克服了统计学方法的缺陷。而统计学方法的优点则是收集模式系统的输出数据，建立数学模型，进行量化的分析、总结，消除数值预报模式的部分系统误差，并进而进行更准确的推断和预报[3]。

1.3　动力-统计的发展

动力与统计相结合的降尺度方法从出现到如今，主要发展出了两种方案。第一种称为完全预报法(Perfect Prognostic Method)，通常简称 PP 预报，它由 Klein 等[4]于 1959 年提出。它的基本思路是将各种大气状态变量(如位势高度，风的 u、v 分量，相对湿度等)的客观分析值与几乎同时发生的天气现象或地面天气要素值建立统计关系，得到一组 PP 方程，在应用这些 PP 方程作预报时，则将不同时效的大气状态变量的模式预报值作为相应时效的客观分析值代入 PP 方程，算出相应时效的天气现象或地面天气要素预报。如果模式预报的大气变量是完全准确的，即大气变量的预报值等于它的分析值，则以 PP 方程算出的预报结果会与建立方程时的样本拟合一样好，因此称为完全预报。但这是一种假设，事实上数值模式的预报只有在预报时效很短的情况下，才可能与分析值近似一致，其误差值将随预报时效的延长而增长，这是 PP 法预报误差的主要原因。PP 法的优点是它可以根据相当长的客观分析资料样本历史资料与各地区、各季节的天气要素建立较为稳定的统计关系，而表征其统计关系的 PP 方程与数值模式无关，不必因数值模式的更新而重新推导，而且数值预报精度的提高还有助于 PP 预报质量的提高。

第二种动力-统计降尺度预报法是 Glathn 和 Lowry[5]于 1972 年提出的模式输出统计法(Model Output Statistics)，简称 MOS 法。MOS 法的基本思路是：当时天气取决于当时环流因子，即未来天气要素是由未来对应时刻的环流因子决定，因而在建模过程中预报量与预报因子的统计关系是同时性的。该方法利用数值模式预报产品或数值模式回算资料，通过统计方法建立预报量与预报因子的数学关系式，根据建立的预报模型进行预报订正。MOS 法的优点在于考虑了数值模式的偏差和不确定性。而该方法在如今的数值预报模式产品订正业务中替代了 PP 法，成为数值预报产品订正技术的指导思路和工具(图 1.5)。如今，在强对流预报中经常使用的配料法，就是通过统计再分析资料中的相关指数指标进行阈值选取和组合，建立预报模型，其思路可以看作是 PP 法的一种客观应用。另一方面，天气预报员对天气过程的人工主观订正，主要是通过人的主观经验和知识总结来消除数值模式的误差，提高预报准确率，这其实也可以看作是一种 MOS 订正思路的人为主观应用。

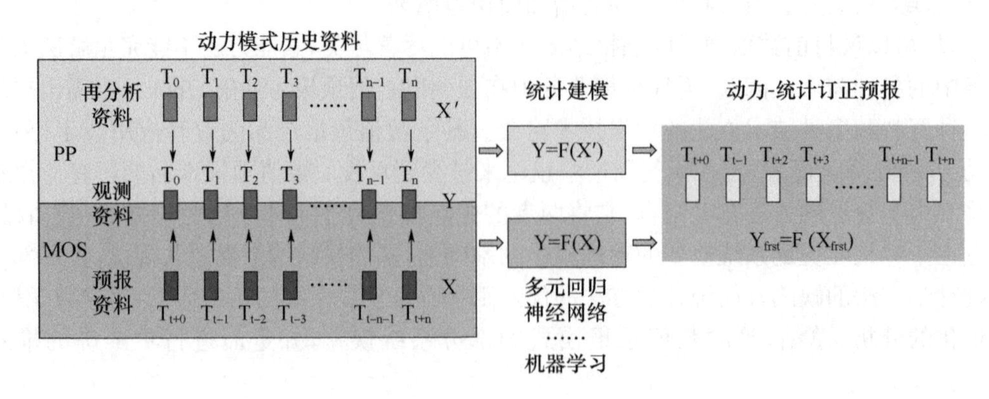

图 1.5　PP 法和 MOS 法示意图

无论是 PP 方法还是 MOS 方法，在动力-统计订正预报过程中，预报结果的准确率，除了受数值模式结果自身准确率高低影响外，主要还有两个重要的决定因素：第1是因子选择(X)，也被称为特征工程，即选择哪些因子进行预报，这些因子可以是不同时间、不同空间、不同物理量的组合；第2是模型训练，在确定了模型的输入因子以后，要选择某种方法来建立预报模型，即得到F(X)。目前随着深度学习技术的不断进步，神经网络方法也得到了非常巨大的发展，这在一定程度上有助于提高订正预报结果的准确率，但是因子选择的好坏往往更大程度地决定预报模型的优劣。

美国国家天气服务中心(NWS)的气象发展实验室(MDL)从20世纪90年代就一直从事着开发与改进MOS系统的研究，研制了基于GFS模式(1990年)和ETA模式(1994年)的MOS预报系统，采用逐步线性回归技术，建立统计方程，方程中的非线性处理由GFS与ETA模式输出预报因子固有的非线性以及预报因子的各种组合及变换来满足。在此之后，有很多研究者提出了各种MOS的研究思路和技术[4]，在同一时期神经网络的出现，很多研究者也把当时的浅层神经网络也用于数值模式产品订正中，但真正成为主要业务的技术很少。Glahn等[6]于2002年明确阐明了可靠观测资料和清晰的定义预报量是MDL发展MOS系统的本质所在。到2008年，MDL实验室在美国国家预报指导产品(NDGD)中开始使用格点化预报指导产品为社会提供服务[7,8]。2011年MDL基于区域建模的MOS技术[9](图1.6)，发展了基于GFS的高分辨率格点化定量降水业务产品，分辨率高达4 km。

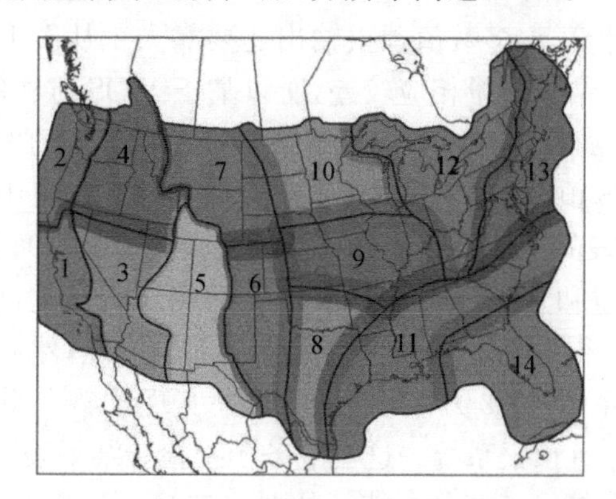

图1.6　基于区域建模高分辨率格点化定量降水区划[9]

2013年MDL开展了基于集合预报产品的格点化MOS预报技术探索研究，研发了EKDMOS[10](Ensemble Kernel Density Model Output Statistics)格点预报系统(图1.7)。目前在NWS网站上有EKDMOS系统产品的详细介绍(网址https://www.weather.gov/mdl/ekdmos_about)。

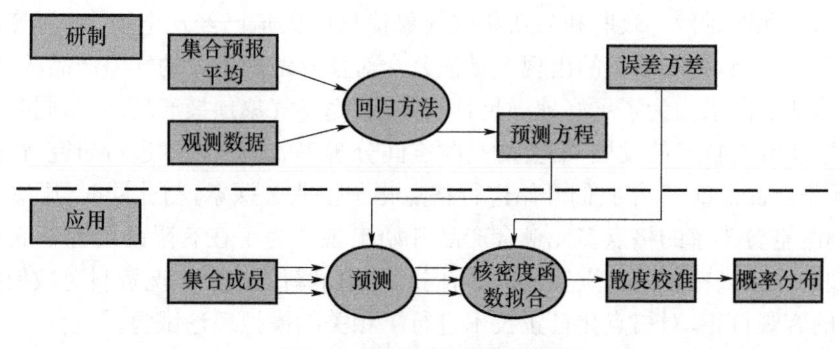

图1.7　EKDMOS技术路线

2017 年奥地利气象局[11]在集合预报产品的基础上，对奥地利地区 305 个站点和 8 万个格点进行建模预报，发展了基于集合预报的 SAMOS 格点预报系统，同时开展了基于格点实况分析产品，并具有复杂地形适应能力的 INCA 短临格点预报系统，推广到了多个国家使用。目前国外部分气象发达国家已建立了成熟的气象格点预报业务。美国 MDL 实验室实现了包括温度、降水等气象要素以及灾害性天气、台风海洋气象和中期延伸期等四类近 40 项格点预报业务，预报空间分辨率高于 5 km，时间分辨率一天至少 8 次更新。澳大利亚气象局自 2008 年 10 月起，建立了预报时效为 7 d，预报时间分辨率为 3 h、空间分辨率为 5 km 的降水量、降水概率、温度、风、海浪以及雪、雾、霜冻等重要天气的格点预报业务。

下面提供两个美国天气预报的 MOS 产品服务网址：

NWS 的 MOS 预报服务网址：https://www.weather.gov/mdl/mos_home

MDL 的 MOS 预报服务网址：https://sats.nws.noaa.gov/~mos/gmos/conus25/

20 世纪 70—80 年代，MOS 订正预报技术在我国业务预报中就得到了初步发展与推广。上海徐一鸣和郭永润在我国首先引进了 MOS 思想和相关技术，用上海台三层模式制作冬半年降水概率预报，并于 1978 年投入业务应用。这个工作也代表了我国数值模式的 MOS 订正技术的起步[12]，从时间上来讲比美国晚六年，比日本晚二年，可以说 MOS 订正技术在我国的起步并不晚。由于当时国内计算机水平较差，在 1982 年以前，全国大多数单位开展 MOS 预报主要靠手工操作、手工计算，许多数值预报输出还要靠人工从图上读数取得。另外，由于当时模式水平不高，模式输出结果质量相应较差，所以基于 MOS 方法的预报质量和现代化水平也较差。20 世纪 90 年代，随着计算机和神经网络等技术在国内的发展，国内的很多研究者也将这些技术用于国内 MOS 预报中。进入 21 世纪，国家气象中心（中央气象台）模式得到了快速发展，以 T213L31 为代表的全球中期业务数值预报模式成为当时的主要业务系统。在该模式产品基础上，刘还珠等[13]和其团队成员于 2004 年进行了大量的试验后，选取了模式的基本气象要素量，通过计算各种衍生物理量和非线性化物理量处理，然后面向全国 2000 多个站点建立了国家级 MOS 预报系统约 22 万个预报方程，并实现了整个系统的预报业务运行，建立了名为 MEOIS 的站点 MOS 预报系统。这套业务预报检验结果表明，对于最高、最低温度，最高、最低相对湿度这些具有较好正态分布特征的要素变量，MOS 方法的预报在当时国内已经达到了业务可用的标准。2007 年，随着国家气象中心对模式的改造升级，T213L31 模式逐渐被 T639L60 模式所替代。国家气象中心的刘还珠、赵声蓉、邵明轩等对 MEOIS 系统进行了升级改造，预报效果也得到了明显的提升。2010 年开始，MEOIS 系统逐渐开始向全国很多省份推广使用。

随着科技的日新月异，时代的发展快速向前，在很多人还未反应过来时，中国社会已经快速进入到移动互联网时代。政府和公众获取气象信息的渠道已经从电视、短信等传统媒体过渡到新兴互联网领域，智能手机的出现更是让公众对任意地理位置的气象产品的及时性、准确性提出了更迫切的需求。为了更好地满足社会需求，完善气象预报产品结构，同时推进精细化气象格点预报业务与技术的发展，需要对高时空间分辨率的预报技术进行研究，快速制作出更精、更准的预报产品。2017 年我们开始进行格点化预报业务探索，与此同时，国家气象信息中心高频次、高时空分辨率的格点多元融合产品开始出现。为了在有限的资源下获得高质量预报场，有效地制作出高精度的格点实况产品，同时利用最新的格点实况资料对数值模式预报产品做出及时的客观订正，对格点化订正技术进行了相关的模拟理论试验。

2017—2018 年在试验结果的基础上，我们开始研发格点化模式输出统计快速更新系统，并借鉴了以往很多数值模式输出统计订正系统的经验和技术，从系统的集约性、综合性、可持续性等方面进行了全面考虑，最终确定整个系统采用GRIB和HDF5为主要数据格式，这样将极大地降低数据存储的物理空间需求，同时整个系统采用较前沿的计算机语言Python为主要开发语言，将整个系统搭建在Linux环境中，确保了系统的稳定性和可靠性。2018年我们发布"格点化模式输出统计快速更新系统"(GMOSRR)V1.0版本。2019年GMOSRR系统引入数据监控流程，对整个系统中的数据流程步骤结果进行监控，同时整个系统流程进行了升级改造，调整了不合理的流程，将整个系统开始准业务化运行，并在运行过程中，及时发现系统的问题与漏洞，进行修补，并在2019年底发布了GMOSRR-V2.0版本。2020年，我们将GRAPES-3 km中尺度模式产品增加进入GMOSRR系统业务流程，同年5月3 km订正业务流程初步完成，同时系统网页流程监控也同步更新到位，并进行了多订正产品融合工作，整个系统已经业务化实时运行，并在2020年底发布GMOSRR-V2.5版本。

参考文献

[1] Bauer P, Thorpe A, Brunet G. The quiet revolution of numerical weather prediction[J]. Nature, 2015, 525(7567): 47-55.

[2] Li J, Coauthors. Potential numerical techniques and challenges for atmospheric modeling[J]. Bull. Amer. Meteor. Soc., 2019, 100, ES239-ES242.

[3] 曾晓青．模式输出统计技术在局地中短期天气预报中的研究与应用[D]. 兰州：兰州大学，2010.

[4] Klein W H, Lewis F B M, Enger I. Objective prediction of five-day mean temperatures during winter[J]. J. Meteorol., 1959, 16: 672-682.

[5] Glahn H R, Lowry D A. The use of Model Output Statistics(MOS) in objective Weatherforecasting[J]. J. Appl. Meteor., 1972, 11: 1203-1211.

[6] Glahn H R, Dallavalle J P. The new NWS MOS development and implementation systems[J]. Preprints, 16th Conference on Probability and Statistics in the Atmospheric sciences, Orlando, FL, Amer. Meteor. Soc., 2002: 78-81.

[7] Glahn B, Gilbert K, Cosgrove R, et al. The Gridding of MOS[J]. Wea. Forecasting, 2009, 24: 520-529.

[8] Glahn B, Gilbert K, Cosgrove R, et al. Gridded MOS guidance in the national digital guidance database[C]. Preprints, 19th Conference opn Probability and Statistics., New Orleans, LA, Amer. Meteor. Soc., 2008, 11.3.

[9] Charba J P, Samplatsky F G. High resolution GFS-based MOS quantitative precipitation forecasts on a 4-km grid[J]. Mon. Wea. Rev., 2011, 139: 39-68.

[10] Veenhuis, Bruce A. Spread calibration of ensemble MOS forecasts[J]. Mon. Wea. Rev., 2013, 141: 2467-2482.

[11] Dabernig M, Mayr G J, Messner J W, et al. Spatial ensemble post-processing with standardized anomalies[J]. Quart. J. Roy. Meteor. Soc., 2017a, 143: 909-916,

[12] 丁士晨．中国MOS预报的进展[J]. 气象学报，1985，43(3)：332-338.

[13] 刘还珠，赵声蓉，陆志善，等．国家气象中心气象要素的客观预报—MOS系统[J]. 应用气象学报，2004，15(2)：181-191.

第 2 章 系统基础知识

2.1 从零开始

本书为了最广泛地适应所有气象业务工作者，主要是天气预报员、气象科研工作者以及那些希望从 Windows 系统转向 Linux 系统的气象软件研发人员，由于业务的发展和更高的计算能力要求，Windows 系统已经远远无法满足他们系统升级的需求，他们非常迫切的需要将已有的业务流程向 Linux 系统上进行迁移或者进行开发新的业务系统。然而，要从熟悉了多年的 Windows 系统突然向陌生的 Linux 系统转换，这将会给他们中绝大多数非计算机专业人士和气象预报员提出了严峻的挑战。因为这个过程不仅仅是对个人知识和技能上的挑战，更重要的是个人信心和勇气的挑战。

为什么会这么说呢？因为我身边的同事、同事的同事等，有非常非常多的工作者都经历过或者正在经历着同一个过程：有一部分人看见要学习的一本甚至是多本，厚度在 4 cm 以上的相关 Linux 系统知识和 shell 等 Linux 语言的书籍就摇摇头，转身再次投向了 Windows 的“怀抱”。有一部分人认真学习了这些读起来“天书”一样（对于非气象科班出身）的计算机书籍，信心满满开始从 Windows 系统转向 Linux 系统，然后在经历过几次“魔鬼炼狱”般程序调试失败后，发现工作效率是以前在 Windows 工作时的十分之一（因为 Windows 上绝大部分的计算机语言的程序代码编写和调试都有对应的 IDE 完美界面，只要用鼠标“优雅地、傻瓜式”地点击编译、链接、运行就能完成），也转身再次投向了 Windows 的“怀抱”。有很大一部分人他们计算机水平相对好，也能在 Linux 系统上编译自己的小程序，但是却被 Linux 中的软件安装一环给弄得“吐血”，无法安装成功，最终被逼无奈，还是转身再次投向了 Windows 的怀抱。

绝大部分人在接触 Linux 系统之前，先接触的都是 Windows 系统（这里仅指开发）。在熟悉了 Windows 系统的运行方式后，要再转向 Linux 系统，这是一个非常困难的过程，因为我也是从这样的过程转变过来的。Windows 是个商业系统，这个系统能够“开箱即用”，不用进行各种复杂的配置，操作只有那么固定的几种，能够轻松地满足一般工作需求。但是当有一天您的需求变大、要求变高后，特别是气象领域，Windows 的上限瓶颈就显现出来了。此时您不得不转向求助于 Linux 系统。Linux 优势在于“团队作战”，单个 CPU 性能可能不如 Windows 系统，但是当 Linux 系统的多核 CPU 或集群效应显现出来后，再强的个体力量也比不过集体的力量。

“工欲善其事，必先利其器。”为了顺利掌握和使用 Linux 系统，但又要避免很多人“半途而废”的经历再次出现，我们首先假设拿到该书的读者是一个对 Linux 系统不太了解的人（在实际的情况中，大部分情况也是这样的）。我们将从头开始，从零开始，按照一个人的学习思路进程，从一个最简单的知识点逐渐深入，一步步向前向深推进。其中穿插经验知识，然后逐渐过渡到预测订正技术的理论知识，完成对整个预报系统搭建，进行深入浅出的讲解，最终在学习整个预报系统的理论和技术的同时，也掌握计算机相关知识，达到同步学习的目的。

2.1.1　系统信息

首先，从零开始，假设您获得的是一台刚刚安装好 Linux 系统的服务器，在拿到这个服务器的第一时间就是要了解这个服务器和安装系统的一些基本信息，这样才能在以后的日常工作中做到心中有数。

在学习 Linux 一开始，最先要学习的第一个语言就是“shell”。shell 是一个用 C 语言编写的程序，它是用户使用 Linux 的桥梁。shell 既是一种命令语言，又是一种程序设计语言。根据百度百科的解释：shell 俗称壳（用来区别于核），是指“为使用者提供操作界面”的软件（命令解析器），它类似于 DOS 下的 cmd. exe，它接收用户命令，然后调用相应的应用程序。

安装 Linux 系统的服务器一般放在机房，而您不可能长期在机房操控 Linux 服务器。这时我们就需要远程登录到 Linux 服务器来管理维护系统。Window 系统上 Linux 远程登录客户端有 SecureCRT，Putty，SSH Secure shell 等，本书以 SecureCRT 为例来登录远程服务器。

首先下载并安装正版 SecureCRT 软件（此处使用的是 v8. 0），成功启动如图 2.1 所示。

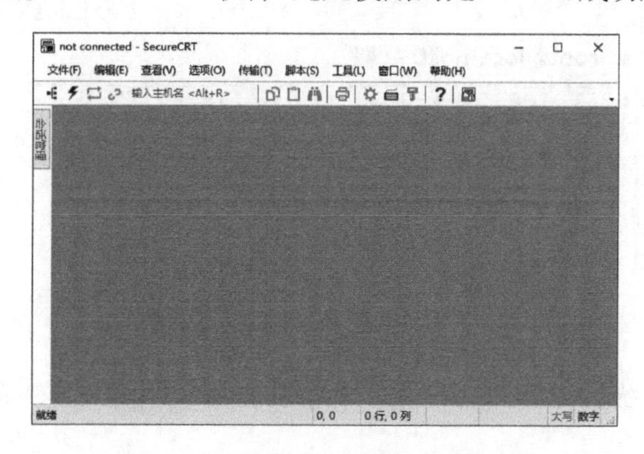

图 2.1　启动 SecureCRT 成功界面

点击菜单栏 “文件”，选择“快速连接”，如图 2.2 所示。

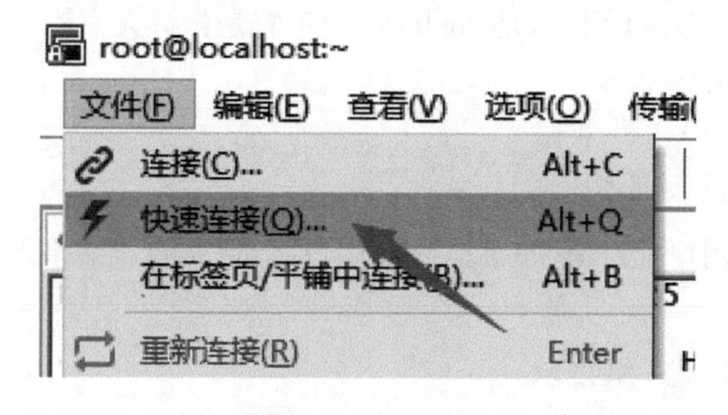

图 2.2　快速连接

进入快速连接配置界面，在主机名处输入要登录的 Linux 服务器 IP 地址、端口和用户名，点击连接，如图 2.3 所示。

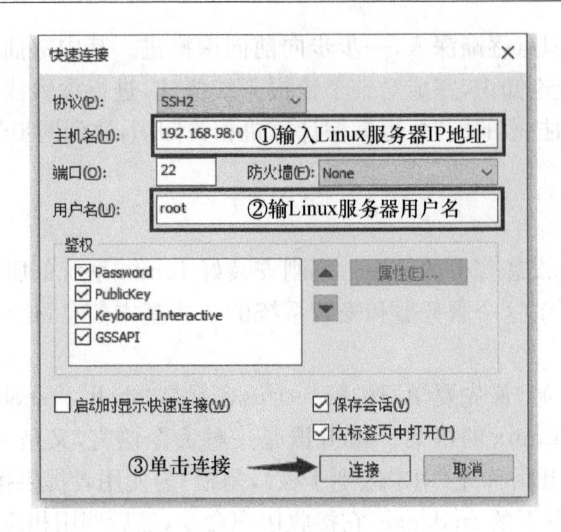

图 2.3　输入 IP 地址和用户名

这时会弹出一个密码输入窗口，输入 Linux 的密码，点击确定后成功登录，如图 2.4 所示。

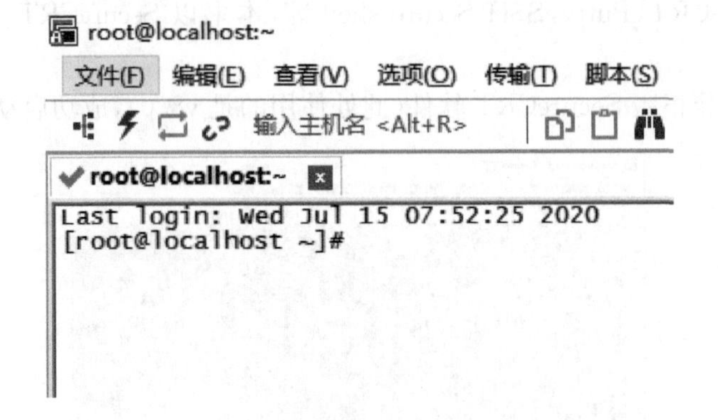

图 2.4　成功连接 Linux 服务器

学会登录 Linux 系统后，要先了解一下最底层的基本命令，这些基本命令贯穿整个使用过程。

磨刀时间：

1. 提示符

$(普通用户)或 #(root 用户)是 shell 提示符，它是告诉大家输入 shell 命令的地方。

2. shell 续行符号是\

3. cd 切换命令

`$ cd 绝对路径`：进入到指定的目录。

`$ cd ~`：切换到用户家目录，如果是 root 用户，会到/root。如果是普通用户，会到/home/用户名。

`$ cd ..`：返回到上一级目录。

`$ cd ../../`：返回到上两级目录。

4. cp 复制命令

`$ cp a.txt /home`：将 a.txt 文件复制到/home 文件夹下。

`$ cp a. txt b. txt`:将 a. txt 文件复制为 b. txt 文件(结果为两个文件)。

5. mv 移动命令

`$ mv a. txt /home`:将 a. txt 文件移动到/home 文件夹下。

`$ mv a. txt b. txt`:将 a. txt 文件重命名为 b. txt 文件。

6. mkdir 建立目录命令

`$ mkdir a`:在当前路径下建立 a 子文件夹。

`$ mkdir -p a/b`:在当前路径下建立 a/b 多级子文件夹。

7. tar 压缩解压命令

`$ tar -xvf a. tar. gz`:解压 tar. gz 为后缀的 a 压缩文件。

`$ tar -xjvf a. tar. bz2`:解压 tar. bz2 为后缀的 a 压缩文件。

`$ tar -xzvf a. tgz`:解压 tgz 为后缀的 a 压缩文件。

参数:—x:解压。—c:压缩。—v:显示所有过程。—z:有 gzip 属性的。—j:有 bz2 属性的。—C:指定输出目录。—f:要操作的文件名,必须放在所有参数最后,后面只能接档案名。

8. unzip 解压命令

`$ unzip a. zip`: 解压以 zip 为后缀的 a 压缩文件。

9. grep 文本搜索命令

`$ grep -n "find" * . sh`:寻找当前所有后缀为 . sh 文件中的"find 字符",并显示行号(—n)。

10. ps 当前进程监控命令

`$ ps -ef | grep ftp`:查看 ftp 端口信息。

我们下面通过一些 shell 基本命令,来了解您正在使用的 Linux 系统情况。

11. 当前使用的是哪个 shell

```
$ echo $SHELL
$ cat /etc/shells    "查看存在的 shell"
```

12. 查看版本当前操作系统发行版信息

```
$ cat /etc/redhat-release
```

执行结果:

```
$ cat /etc/redhat-release
Red Hat Enterprise Linux Server release 7. 4 (Maipo)
```

13. 查看当前操作系统版本信息

```
$ cat /proc/version
```

执行结果:

```
$ cat /proc/version
Linux version 3. 10. 0-693. el7. x86_64 (mockbuild@x86-038. build. eng. bos. redhat. com) (gcc ver-
sion 4. 8. 5 20150623 (Red Hat 4. 8. 5- 16) (GCC) ) #1 SMP Thu Jul 6 19:56:57 EDT 2017
```

查看文件内容:cat 文件绝对路径。

14. 查看 CPU 信息(型号)

```
$ cat /proc/cpuinfo | grep name | cut -f2 -d: | uniq -c
```

15. 物理 cpu 个数

```
$ cat /proc/cpuinfo| grep "physical id"| sort| uniq| wc -l
```

16. 每个物理 CPU 中核心个数

```
$ cat /proc/cpuinfo| grep "cpu cores"| uniq
```

17. 逻辑 CPU 个数

```
$ cat /proc/cpuinfo| grep "processor"| wc -l
```

18. CPU 使用情况

```
$ awk '/cpu /{print 100*($2+$4)/($2+$4+$5)}' /proc/stat
```

19. 内存使用情况

```
$ free -m          "以 M 为单位"
$ free -g          "以 G 为单位"
$ free -g | sed -n '2p' | awk '{print "used mem is "$3"M,total mem is "$2"M,used percent
is "$3/$2*100"%"}'
```

20. 查看目录大小和挂载点

```
$ df -kh
```

21. 当前用户进程树

```
$ pstree -ap ${USER}
```

22. 查看各系统用户的进程(LWP)数

```
$ ps h -Led -o user | sort | uniq -c | sort -n
```

2.1.2 用户搭建

设计 Linux 系统的初衷之一就是为了满足多个用户同时工作的需求,就算是同一个用户账户,也能在同一时间、同一计算机或不同计算机同时连接进行工作。因此 Linux 系统必须具备很好的安全性和高效性。

Linux 用户有以下三类:

第一类:超级用户 root

虽然以超级管理员用户(root)的身份工作时不会受到系统的限制,具有一切权限,但"能力越大,责任也就越大",因此一旦使用这个超级的 root 管理员权限执行了错误的命令可能会直接毁掉整个系统。

第二类:系统用户

为了满足相应的系统进程对文件属主的要求而建立的,一般是不会被登入的。

第三类:普通用户

这类用户就是由管理员创建的用于日常工作的用户。

实际情况下，只有拥有最高管理员权限才能用 root 用户登录系统进行操作，这个用户只有很少的用户才能掌握，大部分用户必须注册为普通用户，这样才能保证系统的安全性。

磨刀时间：

1. 查看当前用户信息

在查看完系统信息信息后，我们就需要使用 root 管理员用户建立一个普通工作账户，首先进入 home 路径（也称为用户列表目录）下查看当前存在的用户，使用下面命令：

```
# cd /home
# ll -a
```

ll 并不是 Linux 下一个基本的命令，它实际上是 ls-l 的一个简写。

ll-a 的功能：列出所有的文件或者文件夹（包含隐藏文件）。

执行结果：

```
[root@nmc home]#   ll -a
total 8
drwxr-xr-x.  3 root root   17 Sep  4  2019 .
dr-xr-xr-x. 20 root root 4096 May 31 21:48 ..
drwx------. 26 zxq  zxq  4096 Jul  9 12:05 zxq
```

从服务器返回结果可以看见，当前只有一个普通用户 zxq。同时 shell 终端中会显示出好几列的信息。每一列信息含义如下：

第 1 列：表示文件类型（eg. 第 1 个字母 d）和文件属性（eg. rwxr-xr-x），第一个字母“d”表示目录，如果第一个字母是“-”则表示普通文件。属性可分为三段，每段三个字母（常用）组成：[rwx][rwx][r-x]，r 表示具有读取权限，w 表示具有写入权限，x 表示具有执行权限。

第 2 列：表示目录或链接的个数，对于目录文件，表示它的第一级子目录的个数；对于其他文件，表示指向它的链接文件的个数。

第 3 列：表示该文件的所有者/创建者（owner）。

第 4 列：表示该文件其所在的组（group）。

第 5 列：表示文件或目录的大小，如果是文件，则表示该文件的大小，单位为字节。如果是目录，则表示该目录符所占的大小，并不表示该目录下所有文件的大小。

第 6 列：表示文件或目录最后修改日期。

第 7 列：表示文件或目录名称。

如果您既是系统搭建者又是系统管理员，那么首先必须要了解一下目前登录系统的有哪些用户：

显示登录用户的信息的主要有三个命令：w，who，whoami

1）w 命令用于显示登录到系统的用户情况，并且统计数据相对 who 命令来说更加详细。

```
# w
```

执行结果:

```
[root@nmc home]# w
11:48:55 up 239 days, 11:53,  3 users,  load average: 39.57, 37.20, 28.79
USER     TTY      FROM             LOGIN@   IDLE   JCPU   PCPU WHAT
root     pts/0    10.10.248.21     11:25    7.00s  0.07s  0.03s w
zxq      pts/1    10.10.248.21     11:30    18:44  0.08s  0.08s -zsh
root     :0       :0               28Nov19 ?xdm?  213712days 10:21 ...
```

w命令的显示项目按以下顺序排列:当前时间,系统启动到现在的时间,登录用户数目,系统在最近1 s、5 s和15 s的平均负载。然后是每个用户的各项数据(这里部分信息进行了省略)。

显示的每个用户各项数据顺序如下:登录帐号、终端名称、远程主机名、登录时间、空闲时间、JCPU、PCPU、当前正在运行进程的命令行。

JCPU时间指的是和该终端(tty)连接的所有进程占用的时间。

PCPU时间则是指当前进程所占用的时间。

2)who命令主要用于查看当前在线上的用户情况。

```
# who
```

执行结果:

```
[root@nmc home]# who
zxq      pts/0        2020-07-11 10:57 (10.10.248.163)
root     pts/1        2020-07-11 10:58 (10.10.248.163)
root     :0           2019-11-28 19:17 (:0)
```

显示的列内容如下:登录用户名,使用终端设备,登录到系统的时间(IP地址)。

2. 添加新用户

在查看完当前用户信息后,下一步就是添加一个用户,用户名为test,使用下面命令:

```
# sudo useradd test
```

sudo是Linux系统管理指令,是允许系统管理员让普通用户执行一些或者全部的root命令的一个工具。如果您用普通用户进行操作,必须要增加sudo命令在最前端。

useradd命令用来建立用户帐号和创建用户的起始目录,使用权限是终极用户。

执行结果:

```
[root@nmc home]# sudo useradd test
[root@nmc home]# ll -a
total 8
drwxr-xr-x.  4 root root   29 Jul  9 13:04 .
dr-xr-xr-x. 20 root root 4096 May 31 21:48 ..
drwx------   3 test test   92 Jul  9 13:04 test
drwx------. 26 zxq  zxq  4096 Jul  9 12:05 zxq
```

然后使用 **ll-a** 命令列出所有的文件或者文件夹，可以看见，在 home 目录下就出现一个新的文件夹 test。下面为新用户 test 用户添加密码。

```
# sudo passwd test
```

passwd 命令用来设定或更改用户的登录密码。

执行结果：

```
[root@nmc home]# sudo passwd test
Changing password for user test.
New password:
Retype new password:
passwd: all authentication tokens updated successfully.
```

这表示设定或修改密码成功。

3. 修改文件夹控制权限

虽然 Linux 基本的权限控制仅可以对所属用户、所属组、其他用户进行的权限控制，如果想给某个用户设置一个独特的权限，而该用户又不是该文件或目录的属主或属组，这时需要能精确地控制每个用户的权限。

首先通过 getfacl 命令来查看目录或文件访问控制列表信息。

```
[test@nmc home]$ getfacl test
```

执行结果显示：

```
# file: test          #文件名
# owner: test         #文件所属主
# group: test         #文件所属组
user::rwx            #属主的权限
group::r--           #文件属组的权限
mask::rw-            #此文件默认的有效权限
other::r--           #其他任何人的权限
```

如果 IGF 用户希望能访问查看 test 目录的内部情况，需要使用 setfacl 命令来设置 ACL 规则。

```
[test@nmc home]$ setfacl -m u:IGF:rx test
```

再次执行“getfacl test”命令，上述结果中会增加显示下面内容，这时 IGF 就可以 cd 进入所属 test 用户主的 test 文件夹查看信息。

```
user:IGF:r-x            #用户“IGF”的权限
```

2.1.3 建立用户工作目录

home 目录是用户的宿主目录，一个用户登录系统，进入系统后，所处的位置就是/home。

通常用来保存用户的文件。但是往往在实际使用中，为了保持系统的“干净”和独立性，通过分区，Linux 系统单独被分为一个区域，用户的工作目录往往被分为另一个区域，类似 Windows 系统中的 C 盘和 D 盘的概念。这样也容易扩充用户工作的数据空间，而不至于影响系统。

磨刀时间：

本书中，我们的实际工作目录在/data，下面我们先进入目录：

```
# cd /data
# ll -a
```

执行结果：

```
[root@nmc data]#   ll -a
total 28
drwxrwxr-x   4 1000 zxq    4096 Apr 13 12:35 .
dr-xr-xr-x. 20 root root   4096 May 31 21:48 ..
drwxrwxr-x   2 root root 16384 Sep  6  2018 lost+found
drwxr-xr-x   6 zxq  zxq    4096 Apr 13 12:35 zxq
```

（lost+found 是一个特殊目录，用途是用来存放文件系统错误导致文件丢失后找回数据的）

可以看见已经存在一个 zxq 账户建立的文件夹 zxq，它的创建者和所在的组都是 zxq。上面已经建立了一个 test 用户，这里我们要为 test 用户在/data 中建立一个工作目录，取名为 test（这能很好地快速区分文件夹归属，这是对用户顶层工作目录而言）。

```
# mkdir test
# ll -a
```

执行结果：

```
[root@nmc data]#  ll -a
total 32
drwxrwxr-x   5 1000 zxq    4096 Jul 24 22:50 .
dr-xr-xr-x. 20 root root   4096 May 31 21:48 ..
drwxrwxr-x   2 root root 16384 Sep  6  2018 lost+found
drwxr-xr-x   2 root root   4096 Jul 24 22:50 test
drwxr-xr-x   6 zxq  zxq    4096 Apr 13 12:35 zxq
```

可以看出，文件夹 test 已经产生出来，但是它的创建用户和所在的组都是 root，原因是您用 root 账户创建的。如果这时您用 test 账户登录进入 test 进行任何写和执行的操作都会被不允许。例如，下面用 test 账户登录在 test 中建立一个 a 文件夹，就被告知“Permission denied”。

```
[test@nmc test]$ mkdir a
mkdir: cannot create directory ‘a’: Permission denied
```

下面就要使用 root 用户的权限去修改 test 文件夹的用户组权限。

语法：**chgrp-R** 要变为的用户名 目录/文件

```
# chgrp -R test test
# ll -a
```

解释:命令中的第 1 个 test 是要变为的用户名,第二个 test 是 test 文件目录

执行结果:

```
[root@nmc data]# chgrp -R test test
[root@nmc data]# ll -a
total 32
drwxrwxr-x   5 1000 zxq    4096 Jul 24 22:50 .
dr-xr-xr-x. 20 root root   4096 May 31 21:48 ..
drwxrwxr-x   2 root root 16384 Sep  6  2018 lost+found
drwxr-xr-x   2 root test   4096 Jul 24 22:50 test
drwxr-xr-x   6 zxq  zxq    4096 Apr 13 12:35 zxq
```

可以看出,test 文件目录所属用户组已经变为 test,但是第一所有者还是 root 用户,为了后面使用过程中避免出现不必要的错误,还要将 test 的第一所有者赋值给 test 用户。

语法:**chown -R** 要变为的用户名 目录/文件

```
# chgrp -R test test
# ll -a
```

解释:命令中的第 1 个 test 是要变为的用户名,第二个 test 是 test 文件目录

执行结果:

```
[root@nmc data]# chown -R test test
[root@nmc data]# ll -a
total 32
drwxrwxr-x   5 1000 zxq    4096 Jul 24 22:50 .
dr-xr-xr-x. 20 root root   4096 May 31 21:48 ..
drwxrwxr-x   2 root root 16384 Sep  6  2018 lost+found
drwxr-xr-x   2 test test   4096 Jul 24 22:50 test
drwxr-xr-x   6 zxq  zxq    4096 Apr 13 12:35 zxq
```

这时我们就完成了在 Linux 服务器中开通一个属于自己的用户(/home/test)和对应的工作空间(/data/test),接下来的所有的科研和业务工作主要就在工作空间中完成。在使用 test 用户登录后,提示符从#变为了$。

```
[test@nmc ~ ]$ cd /data/test
[test@nmc test]$
```

2.2　系统依赖库

一个预报系统不仅仅是系统内部各模块在预报流程上有着紧密的纵向逻辑联系,整个系

统的外部联系还表现为横向的支撑联系。这里必须引用牛顿曾经说过的一句名言："我之所以比别人看得更远，是因为我站在巨人的肩膀上。"可见，他之所以能够取得如此辉煌的成就，是与前人创造的优秀成果密切联系在一起的。我们的预报系统也同样如此，整个系统需要依赖大量前人开发好的外部库进行支撑，这就好比，当我们去造一辆顶级跑车时，绝不会选择从提炼铁矿石开始，而是要去研究如何将当下市面上能建造跑车需要的零部件都集合起来，进行集成设计和研究，然后改进关键零部件，提升整体效果。

在构建一个庞大的模式订正预报系统也是同一个道理，除了预报模型(即发动机)需要我们自己创新搭建以外，我们还需要前后端的输入输出以及数据监控等辅助流程模块才能完成整个预报流程。这些模块中往往都涉及到国际标准化格式的数据和通用的技术，这就需要依赖大量前人写好的标准化数据程序库(例如:HDF5、GRIB 数据接口库)和通用技术库(python 库)。

另一方面，很多气象工作者对于构建预报模型都有自己的"独门绝技"，他们在 Windows 上或者在已经搭建好各种库环境的 Linux 系统中能轻松地写出一个预报模型程序，并进行后期的试验或者业务运行。但是要将这个预报程序从 Windows 移植到 Linux 环境中，或者从一版本的 Linux 环境中移植到另外一个版本的 Linux 环境中，就会发生困难，甚至令项目夭折，因为在这个新的系统环境中得不到相关依赖库的支持，而要自己去搭建一个全新的库环境，对很多人来说可能是一个巨大的挑战，可能都摸不着头脑如何下手。可见，很多时候对于部分气象工作者来说预报模型其实并不是真正难的，反而是他的预报模型(或其他程序)所依赖的库环境成为了真正的"拦路虎"。但是这个"拦路虎"却是一个"纸老虎"，在您不知道如何下手之时，感觉它高不可攀，而一但您掌握了正确操作它的方式方法，它就会变的那么容易，甚至感觉比 Windows 上安装还要容易。

实际情况下，大部分工作者只有普通用户权限，而且很多业务机器不能连接上互联网，所以需要下载源码进行软件安装。所以本节主要内容先教大家如何一步步地通过源代码编译来安装系统所需要的各种依赖库和未来所需要的各种依赖库，让大家逐渐学会和掌握如何去搭建自己需要的依赖环境。以便能为大家日后能不求于人地独立完成所需要的各项工作打下坚实基础。

磨刀时间:

首先通过 test 用户登录到工作空间(/data/test)下，建立一个 GMOSRR 系统单独运行的总文件夹(GMOSRR_SYS)和存放各种需要安装源码库的文件夹(Program_packages)，下面统称为源目录或源文件夹。

```
$ mkdir -p  GMOSRR_SYS/Program_packages
$ cd GMOSRR_SYS/Program_packages
$ pwd
```

执行结果:

```
[test@nmc Program_packages]$  pwd
/data/test/GMOSRR_SYS/Program_packages
```

这里做一个约定，在本书中所有软件的源程序存放目录和安装目录都做如下约定:

源文路径:SOURCE_PATH=/data/test/GMOSRR_SYS/Program_packages

安装路径：INSTALL_PATH=/data/test/GMOSRR_SYS/Program_files

后面章节中引用 $SOURCE_PATH 和 $INSTALL_PATH 变量都代表上述两个路径。

2.2.1　选定编译器

气象中上大家常用的语言主要是 fortran 和 C，而很多依赖库是基于 C++开发的，所以在安装依赖库之前需要确定我们使用的编译器位置和版本，在后期的安装和开发中应尽量避免交叉使用不同版本和不同类型的编译器，这样能避免很多不必要的错误。本书中使用系统自带的 gcc 和 gfortran 编译器进行编译。

首先确定使用的 gcc 和 gfortran 编译器的位置。

```
$ which gcc
$ which gfortran
```

执行结果：

```
[test@nmc GMOSRR_SYS]$ which gcc
/usr/local/bin/gcc
[test@nmc GMOSRR_SYS]$ which gfortran
/usr/local/bin/gfortran
```

确定使用的 gfortran 编译器版本信息。

```
$ gfortran -version
```

执行结果：

```
[test@nmc GMOSRR_SYS]$ gfortran --version
GNU Fortran (GCC) 7.3.0
Copyright (C) 2017 Free Software Foundation, Inc.
This is free software; see the source for copying conditions.  There is NO
warranty; not even for MERCHANTABILITY or FITNESS FOR A PARTICULAR PURPOSE.
```

确定使用的 gcc 编译器版本信息。

```
$ gcc -v
```

执行结果：

```
[test@nmc GMOSRR_SYS]$ gcc -v
Using built-in specs.
COLLECT_GCC=gcc
COLLECT_LTO_WRAPPER=/usr/local/libexec/gcc/x86_64-pc-Linux-gnu/7.3.0/lto-wrapper
Target: x86_64-pc-Linux-gnu
Configured with: ../gcc-7.3.0/configure --enable-checking=release --enable-
languages=c,c++,fortran --disable-multilib
Thread model: posix
gcc version 7.3.0 (GCC)
```

2.2.2 安装 zlib 库

zlib 是提供数据压缩用的函式库，由 Jean-loup Gailly 与 Mark Adler 所开发，zlib 使用 DEFLATE 算法，最初是为 libpng 函式库所写的，后来普遍为许多软件所使用，很多程序中的压缩或者解压缩函数都会用到这个库，几乎适用于任何计算器硬件和操作系统。

首先到 zlib 的网页(http://www.zlib.net/)下载 zlib-1.2.11.tar.gz 软件包(版本根据时间会有所变化，本书里是 1.2.11 版本)，然后通过 FTP 上传到 Program_packages 目录中。然后在 ssh 终端执行下面命令：

1)进入 Program_packages 目录

```
$ cd /data/test/GMOSRR_SYS/Program_packages
```

2)建立软件安装目录

```
$ mkdir -p /data/test/GMOSRR_SYS/Program_files/zlib
```

3)解压 zlib 软件包到当前目录

```
$ tar -xvf  zlib-1.2.11.tar.gz
```

这时会出现一个 zlib-1.2.11 的文件在同层目录中。软件解压完的目录中一般都有一个 README 或者 INSTALL 的文本文件，里面一般都会记录安装和其他注意事项的详细说明，可以用 vi 或 vim 等命令打开查看。

4)进入解压后产生的 zlib-1.2.11 目录

```
$ cd zlib-1.2.11
```

5)配置

```
$ ./configure --
prefix=/data/test/GMOSRR_SYS/Program_files/zlib
```

“**configure**”是源代码安装的第一步，主要的作用是对即将安装的软件进行配置，检查当前的环境是否满足要安装软件的依赖关系，同时生成 Makefile 文件，为下一步的编译做准备。同时，可执行脚本“**configure**”有大量的命令行选项，对不同的软件包来说，这些选项可能会有变化，但是许多基本的选项是不会改变的。如果需要具体了解每个选项的含义，可以使用“**./configure --help**”命令可以看到可用的所有选项和对应的作用解释。

执行结果：

```
[test@nmc Program_packages]$ ./configure --prefix=
/data/test/GMOSRR_SYS/Program_packages
Checking for gcc...
Checking for shared library support...
Building shared library libz.so.1.2.11 with gcc.
Checking for size_t... Yes.
```

```
Checking for off64_t... Yes.
Checking for fseeko... Yes.
Checking for strerror... Yes.
Checking for unistd.h... Yes.
Checking for stdarg.h... Yes.
Checking whether to use vs[n]printf() or s[n]printf()... using vs[n]printf().
Checking for vsnprintf() in stdio.h... Yes.
Checking for return value of vsnprintf()... Yes.
Checking for attribute(visibility) support... Yes.
```

可以看出没有错误发生(因为第一次安装软件,所以这里尽量详细说明)。

6)编译源码

```
$ make
```

根据 Makefile 编译源代码,连接、生成目标文件,可执行文件。

执行结果:

```
gcc -O3 -D_LARGEFILE64_SOURCE=1 -DHAVE_HIDDEN -I. -c -o example.o test/example.c
gcc -O3 -D_LARGEFILE64_SOURCE=1 -DHAVE_HIDDEN -c -o adler32.o adler32.c
……
……
……
gcc -O3 -D_LARGEFILE64_SOURCE=1 -DHAVE_HIDDEN -I. -D_FILE_OFFSET_BITS=64 -c -o minigzip64.o
test/minigzip.c
gcc -O3 -D_LARGEFILE64_SOURCE=1 -DHAVE_HIDDEN -o minigzip64 minigzip64.o -L. libz.a
```

7)安装

```
$ make install
```

执行结果:

```
rm -f /data/test/GMOSRR_SYS/Program_files/zlib/lib/libz.a
cp libz.a /data/test/GMOSRR_SYS/Program_files/zlib/lib
……
……
……
cp zlib.h zconf.h /data/test/GMOSRR_SYS/Program_files/zlib/include
chmod 644 /data/test/GMOSRR_SYS/Program_files/zlib/include/zlib.h
/data/test/GMOSRR_SYS/Program_files/zlib/include/zconf.h
```

8)测试

```
$ make check
```

有些软件需要先运行 make check 或 make test 来进行一些测试。大部分情况下可以省略。

如果想要修改编译源代码中某些参数或代码,可以执行 makeclean,清除上次 make 命令所产生的 object 中间文件(后缀为“. o”的文件)和可执行文件结果,然后再重新编译,安装时间大概 5 s。

运行完成后,在安装目录/data/test/GMOSRR_SYS/Program_files/zlib 文件夹中产生了三个新文件夹:include,lib,share。

✔ bin 目录:是已经编译的好的可执行文件(zlib 没有)。

✔ include 头文件目录:编写代码时需要包含的头文件,zlib 中包含两个头文件:zconf. h 和 zlib. h。

✔ lib 函式库目录:编译代码时需要连接的库,zlib 中包含两个库文件:libz. a 和 libz. so. 1. 2. 11。

✔ share 共享目录:其中放置一些共享文件和示例文件(example)。

到目前为止,软件安装已经完成了 99%的工作,但还差 1%才能算完全成功安装,因为我们仅仅把源代码编译成可执行文件或者函式库文件的形式存放在 Linux 系统中某个文件夹下,系统并不能自动地知道去哪里找到这些文件。所以我们要告诉系统安装软件的位置,为这个软件添加环境变量。这就像 Windows 系统中的注册表,添加了环境变量之后,用户可以在有权限的任何目录下运行这个可执行文件或调用函式库。

在给安装软件配置环境变量之前,我们必须先给大家说清楚一个过程,就是当您用 shell 终端在登录 Linux 时要执行文件的过程,因为只有搞清楚了这个过程,您才知道配置环境变量的意义。

当用户通过 shell 终端刚登录 Linux 时,系统首先启动/etc/profile 文件,然后再依次读取用户目录下的~/. bash_profile、~/. bash_login,~/. profile,最后读取~/. bashrc,如果不存在就不读取(不同操作系统会有不同),注意这些文件是隐藏文件(前面有一点),必须使用 ll-a 才能显示出来。这里我们只谈~/. bash_profile 和~/. bashrc,因为这两个文件存在用户的 home 文件夹下,我们的环境变量就写在~/. bashrc 之中。在用户的 home(即~)文件夹下一般存在下面几个隐藏文件:

- . bash_history:记录之前输入的命令。
- . bash_logout:记录退出时执行的命令。
- . bash_profile:当您登入 shell 时执行,只在会话开始时被读取一次。默认情况下,它设置一些环境变量,执行用户的 . bashrc 文件。
- . bashrc:当您登入 shell 时执行,文件主要保存个人的一些个性化设置,如命令别名、路径等。即在同一个服务器上,只对某个用户的个性化设置相关,每次打开新的终端时,都要被读取。

我们对 . bashrc 文件进行编辑(vi . bashrc),然后在空白处添加下面环境变量。

```
#软件安装主路径
export INSTALL_PATH=/data/test/GMOSRR_SYS/Program_files
#zlib
export ZLIB=$INSTALL_PATH/zlib
export CPPFLAGS="$CPPFLAGS -I$INSTALL_PATH/zlib/include"
export LDFLAGS="$LDFLAGS -L$INSTALL_PATH/zlib/lib"
export LD_LIBRARY_PATH=${LD_LIBRARY_PATH}:$INSTALL_PATH/zlib/lib
```

到这里我们的软件才算完全安装成功。

当每次对 .bashrc 文件中的环境变量进行修改后，使用 source ~/.bashrc 语句使之立即生效，或者重新打开一个新的 ssh 终端。

2.2.3　安装 szip 库

szip 是基于 Extended-Rice 无损压缩算法的软件包。szip 提供了快速有效的压缩，特别是针对 NASA（美国国家航空航天）地球观测系统（EOS）生成的 EOS 数据。它最初由新墨西哥大学（UNM）开发，并由 UNM 研究人员和开发人员与 HDF4(5)集成。szip 压缩的主要优势在于处理速度。与其他压缩方法相比，szip 在压缩率方面也占有一定优势，这里主要用于后期 HDF5 格式数据的压缩。

首先到网页（https://support.hdfgroup.org/ftp/lib-external/szip/2.1.1/src/）下载 szip-2.1.1.tar.gz 软件包（本书里是 2.1.1 版本），然后通过 FTP 上传到 Program_packages 目录中。然后在 ssh 终端顺序执行下面命令：

1)进入 Program_packages 目录

```
$ cd /data/test/GMOSRR_SYS/Program_packages
```

2)建立软件安装目录

```
$ mkdir -p /data/test/GMOSRR_SYS/Program_files/szip
```

3)解压 szip 软件包到当前目录

```
$ tar -xvf  szip-2.1.1.tar.gz
```

4)进入解压后产生的 szip-2.1.1 目录

```
$ cd szip-2.1.1
```

5)配置

```
$ ./configure --prefix=2/data/test/GMOSRR_SYS/Program_files/szip
```

6)编译源码

```
$ make
```

中间出现“warning:……[-Wfloat-conversion]”信息，不用担心，是正常过程。

7)安装

```
$ make install
```

8)测试

```
$ make check
```

安装时间大概 5 s。运行完成后，在安装目录 $INSTALL_PATH/szip 文件夹中产生了两个新文件夹：include，lib。

include 中包含三个头文件：ricehdf. h，szip_adpt. h 和 szlib. h。

lib 中包含三个库文件：libsz. a，libsz. la 和 libsz. so. 2. 0. 0。

为 szip 软件添加环境变量到 . bashrc 文件中。

```
#szip
export SZIP=$INSTALL_PATH/szip
export CPPFLAGS="$CPPFLAGS -I$INSTALL_PATH/szip/include"
export LDFLAGS="$LDFLAGS -L$INSTALL_PATH/szip/lib"
export LD_LIBRARY_PATH=${LD_LIBRARY_PATH}:$INSTALL_PATH/szip/lib
```

2.2.4　安装 jpeg 库

jpeg 压缩库广泛用于 JPEG 图像的无损压缩。

首先到网页(http://www. ijg. org/)下载 jpegsrc. v9 d. tar. gz 软件包(本书里是 9 d 版本)，然后通过 FTP 上传到 Program_packages 目录中。然后在 ssh 终端顺序执行下面命令(路径变量参考 2.2 节开头)：

1)进入 Program_packages 目录

```
$ cd $ SOURCE_PATH
```

2)建立软件安装目录

```
$ mkdir -p $INSTALL_PATH/jpeg
```

3)解压 jpeg 软件包到当前目录

```
$ tar -xvf $SOURCE_PATH/jpegsrc.v9d.tar.gz
```

4)进入解压后产生的 szip-2. 1. 1 目录

```
$ cd jpeg-9d
```

5)配置

```
$ ./configure --prefix=$INSTALL_PATH/jpeg
```

6)编译源码

```
$ make
```

7)安装

```
$ make install
```

8)测试

```
$ make check
```

安装时间大概 35 s。运行完成后，在安装目录 $ INSTALL_PATH/jpeg 文件夹中产生了 4 个新文件夹：bin，include，lib，share。

为 jpeg 软件添加环境变量到 . bashrc 文件中。

```
#jpeg
export JPEG=$INSTALL_PATH/jpeg
export PATH=$INSTALL_PATH/jpeg/bin:$PATH
export LD_LIBRARY_PATH=${LD_LIBRARY_PATH}:$INSTALL_PATH/jpeg/lib
export LDFLAGS="$LDFLAGS -L$INSTALL_PATH/jpeg/lib"
export LD_RUN_PATH=$INSTALL_PATH/jpeg/lib:${LD_RUN_PATH}
```

2. 2. 5　安装 libpng 库

libpng 是官方的 PNG 参考库，它支持几乎所有 PNG 功能，具有可扩展性，并且经过 23 年多的广泛测试。它需要 zlib 1. 0. 4 或更高版本支持。

首先到网页（http://www. libpng. org/pub/png/libpng. html）下载 libpng-1. 6. 37. tar. gz 软件包（本书里是 1. 6. 37 版本），然后通过 FTP 上传到 Program_packages 目录中。然后在 ssh 终端顺序执行下面命令（路径变量参考 2. 2 节开头）：

1）前 4 步：进入 Program_packages 目录、建立软件安装目录、解压 libpng 软件包到当前目录、进入解压后产生的 libpng-1. 6. 37 目录

```
$ cd $SOURCE_PATH
$ mkdir -p $INSTALL_PATH/libpng
$ tar -xvf $SOURCE_PATH/libpng-1.6.37.tar.gz
$ cd libpng-1.6.37
```

2）配置

```
$ ./configure --prefix=$INSTALL_PATH/libpng
```

3）编译、安装、测试

```
$ make
$ make install
$ make check
```

安装时间大概 100 s。运行完成后，在安装目录 $ INSTALL_PATH/libpng 文件夹中产生了 4 个新文件夹：bin，include，lib，share。

为 jpeg 软件添加环境变量到 . bashrc 文件中。

```
#jpeg
export JPEG=$INSTALL_PATH/jpeg
export PATH=$INSTALL_PATH/jpeg/bin:$PATH
export LD_LIBRARY_PATH=${LD_LIBRARY_PATH}:$INSTALL_PATH/jpeg/lib
export LDFLAGS="$LDFLAGS -L$INSTALL_PATH/jpeg/lib"
export LD_RUN_PATH=$INSTALL_PATH/jpeg/lib:${LD_RUN_PATH}
```

2.2.6 安装 cmake 构建器

"cmake"是"Cross platform make"的缩写，它是一个跨平台的安装工具，虽然名字中含有"make"，但是 cmake 和 Unix 上常见的"make"系统是分开的。它并不直接编译出最终的软件，而是产生标准的建构档（如 Unix 的 Makefile 或 Windows Visual C++的 projects/workspaces），然后再通过一般的建构方式使用。后面很多依赖库都将使用 cmake 进行配置安装（原因是这些软件只提供了 cmake 一种配置安装方式，没有其他方案）。

首先到网页（https://cmake.org/download/）下载 cmake-3.18.0.tar.gz 软件包（本书里是 3.18.0 版本），然后通过 FTP 上传到 Program_packages 目录中。然后在 ssh 终端顺序执行下面命令（路径变量参考 2.2 节开头）：

1）进入 Program_packages 目录、建立软件安装目录、解压 cmake 软件包到当前目录、进入解压后产生的 cmake-3.18.0 目录

```
$ cd $SOURCE_PATH
$ mkdir -p $INSTALL_PATH/cmake
$ tar -xvf $SOURCE_PATH/cmake-3.18.0.tar.gz
$ cd cmake-3.18.0
```

2）配置

```
$ ./bootstrap --prefix=$INSTALL_PATH/cmake
```

或者

```
$ ./configure --prefix=$INSTALL_PATH/cmake
```

3）编译源码、安装

```
$ make
$ make install
```

安装时间大概 15 min。运行完成后，在安装目录 $INSTALL_PATH/cmake 文件夹中产生了 4 个新文件夹：bin，include，lib，share。

为 cmake 软件添加环境变量到 .bashrc 文件中。使用 source ~/.bashrc 使之立即生效。

```
#cmake
export PATH=$INSTALL_PATH/cmake/bin:$PATH
```

通过下面语句测试是否安装成功。

```
$ cmake --version
```

执行结果：

```
[test@nmc GMOSRR_SYS]$ cmake --version
cmake version 3.18.0
CMake suite maintained and supported by Kitware (kitware.com/cmake)
```

2.2.7　安装 jasper 库

jasper 是一个集合图像编码和处理的软件(即库和应用程序)。该软件可以处理图像各种格式的数据,它是一个跨平台开源库,并提供的 JPEG-2000 编解码功能。

首先到网页(https://www.ece.uvic.ca/～frodo/jasper/)下载 jasper-1.900.29.tar.gz 软件包(本书里是 1.900.29 版本),然后通过 FTP 上传到 Program_packages 目录中。然后在 ssh 终端顺序执行下面命令(路径变量参考 2.2 节开头):

1)进入 Program_packages 目录、建立软件安装目录、解压 jasper 软件包到当前目录、进入解压后产生的 jasper-1.900.29 目录

```
$ cd $SOURCE_PATH
$ mkdir -p $INSTALL_PATH/jasper
$ tar -xvf $SOURCE_PATH/jasper-1.900.29.tar.gz
$ cd jasper-1.900.29
```

如果 configure 脚本不是可执行文件时,那么先要执行下面命令将其变为可执行文件:

```
$ chmod a+x configure
```

同时添加用于 C 编译器的参数选项的语句:

```
$ export CFLAGS="-O2 -fPIC"
```

“-O2”是提供最高级的代码优化方案。

“-fPIC”是作用于编译阶段,告诉编译器产生与位置无关代码,既产生动态库,这是为以后安装 GRIBapi 库而准备。

2)配置

```
$ ./configure --prefix=$INSTALL_PATH/jasper
```

自 2.0.0 版本后 jasper 开始用 cmake 进行配置编译,但是部分依赖库并没有更新支持该版本,所以这里仅给出安装语句,供大家参考,这里以最新的 2.0.14 版本为示范:

```
$ mkdir -p $SOURCE_PATH/jasper-2.0.14/BUILD
$ cd $SOURCE_PATH/jasper-2.0.14/BUILD
$ cmake $SOURCE_PATH/jasper-2.0.14 \
        -DCMAKE_INSTALL_PREFIX=$INSTALL_PATH/jasper \
        -DCMAKE_C_COMPILER=/usr/local/bin/gcc \
        -DCMAKE_BUILD_TYPE=Release \
        -DCMAKE_C_FLAGS="-O2 -fPIC"
```

3)编译源码、安装

```
$ make
$ make install
```

安装时间大概 100 s。运行完成后，在安装目录 $INSTALL_PATH/jasper 文件夹中产生了 4 个新文件夹：bin，include，lib，share。

为 jasper 软件添加环境变量到 .bashrc 文件中。使用 source ～/.bashrc 使之立即生效。

```
#jasper
export JASPER=$INSTALL_PATH/jasper
export JASPERLIB=$INSTALL_PATH/jasper/lib
export PATH=$INSTALL_PATH/jasper/bin:$PATH
export CPPFLAGS="$CPPFLAGS -I$INSTALL_PATH/jasper/include"
export JASPERINC=$INSTALL_PATH/jasper/include
export LDFLAGS="$LDFLAGS -L$INSTALL_PATH/jasper/lib"
export LD_LIBRARY_PATH=${LD_LIBRARY_PATH}:$INSTALL_PATH/jasper/lib
```

2.2.8 安装 MPICH 库

MPICH 是由 Argonne National Laboratory 开发的一款运行 MPI 的软件。MPI 是 Message Passing Interface 的简称，它是一种并行计算的标准接口，而不是库或者程序语言。目前广泛使用的 MPI 实现包括 MPICH，OpenMPI 等。这些 MPI 接口实现都支持多核计算机，并且在 Linux 操作系统上运行和使用其效率会更高。

首先到网页(https://www.mpich.org/downloads/versions/)下载 mpich-3.2.tar.gz 软件包(本书里是 3.2 版本)，然后通过 FTP 上传到 Program_packages 目录中。然后在 ssh 终端顺序执行下面命令(路径变量参考 2.2 节开头)：

1)进入 Program_packages 目录、建立软件安装目录、解压 MPICH 软件包到当前目录、进入解压后产生的 mpich-3.2 目录

```
$ cd $SOURCE_PATH
$ mkdir -p $INSTALL_PATH/mpich
$ tar -xvf $SOURCE_PATH/mpich-3.2.tar.gz
$ cd mpich-3.2
```

2)配置

```
$ ./configure --prefix=$INSTALL_PATH/mpich CC=gcc CXX=g++F77=gfortran FC=gfortran
```

3)编译源码、安装

```
$ make
$ make install
```

安装时间大概 645 s。运行完成后，在安装目录 $INSTALL_PATH/mpich 文件夹中产生了 4 个新文件夹：bin，include，lib，share。

为 mpich 软件添加环境变量到 .bashrc 文件中。使用 source ～/.bashrc 使之立即生效。

```
#mpich
export PATH=$INSTALL_PATH/mpich/bin:$PATH
export CPPFLAGS="$CPPFLAGS - I$INSTALL_PATH/mpich/include"
export LDFLAGS="$LDFLAGS - L$INSTALL_PATH/mpich/lib"
export LD_LIBRARY_PATH=${LD_LIBRARY_PATH}:$INSTALL_PATH/mpich/lib
```

2.2.9　安装 HDF5 库

HDF5(Hierarchical Data Format)是一种跨平台数据储存文件[1]，可以存储不同类型的图像和数码数据，并且可以在不同类型的机器上传输，同时还有统一处理这种文件格式的函数库。它由美国伊利诺伊大学厄巴纳-香槟分校(UIUC)开发。

在我们的 GMOSRR 系统中的大部分中间文件都使用 HDF5 格式，HDF5 格式具有自述性，通用性，灵活性，扩展性，跨平台性等优良特性，HDF5 文件一般以 .h5 或者 .hdf5 作为后缀名，需要专门的软件(HDFView)才能打开预览文件的内容。

首先到网页(https://www.hdfgroup.org/downloads/hdf5/source-code/)下载 hdf5-1.12.0.tar.gz 软件包(本书里是 1.12.0 版本)，然后通过 FTP 上传到 Program_packages 目录中。然后在 ssh 终端顺序执行下面命令(路径变量参考 2.2 节开头)：

1)进入 Program_packages 目录、建立软件安装目录、解压 hdf5 软件包到当前目录、进入解压后产生的 hdf5-1.12.0 目录

```
$ cd $SOURCE_PATH
$ mkdir -p $INSTALL_PATH/hdf5
$ tar -xvf $SOURCE_PATH/hdf5-1.12.0.tar.gz
$ cd hdf5-1.12.0
```

2)配置

```
$ CC=$INSTALL_PATH/mpich/bin/mpicc
$ ./configure --prefix=$INSTALL_PATH/hdf5
    --enable-parallel --enable-fortran \
    --enable-threadsafe --enable-unsupported \
    --with-pthread=/usr/local/include,/usr/local/lib64 \
    -with-zlib=$INSTALL_PATH/zlib
```

3)编译源码、安装

```
$ make
$ make install
```

安装时间大概 3000 s。运行完成后，在安装目录 $INSTALL_PATH/hdf5 文件夹中产生了 4 个新文件夹：bin，include，lib，share。

为 mpich 软件添加环境变量到 .bashrc 文件中。使用 source ~/.bashrc 使之立即生效。

```
#HDF5
export HDF5=$INSTALL_PATH/hdf5
export PHDF5=$INSTALL_PATH/hdf5
export PATH=$INSTALL_PATH/hdf5/bin:$PATH
export CPPFLAGS="$CPPFLAGS - I$INSTALL_PATH/hdf5/include"
export LDFLAGS="$LDFLAGS - L$INSTALL_PATH/hdf5/lib"
export LD_LIBRARY_PATH=${LD_LIBRARY_PATH}:$INSTALL_PATH/hdf5/lib
```

2.2.10 安装 NetCDF 库

NetCDF(Network Common Data Form)网络通用数据格式是由美国大学大气研究协会的 Unidata 项目科学家针对科学数据的特点开发的，是一种面向数组型并适于网络共享的数据的描述和编码标准。Netcdf-4 库是 HDF5 库之上的一层，我们认为 NetCDF 数据的压缩效率和并行效率并不如 HDF5 那样高效，但目前有很多数据都使用 NetCDF 库作为存储形式，所以还需要此类接口在系统中。

首先到网页(https://www.unidata.ucar.edu/downloads/netcdf/)下载 netcdf-c-4.7.4.tar.gz 和 netcdf-fortran-4.5.3.tar.gz 软件包，安装有先后顺序，先要安装 netcdf-c，再安装 netcdf-fortran，通过 FTP 上传到 Program_packages 目录中。然后在 ssh 终端顺序执行下面命令(路径变量参考 2.2 节开头)：

1)进入 Program_packages 目录、建立软件安装目录、解压 netcdf 软件包到当前目录、进入解压后产生的 netcdf-c-4.7.4 目录

```
$ cd $SOURCE_PATH
$ mkdir -p $INSTALL_PATH/netcdf
$ tar -xvf $SOURCE_PATH/netcdf-4.7.4.tar.gz
$ cd netcdf-4.7.4
```

2)配置

```
$ CC=$INSTALL_PATH/mpich/bin/mpicc
$ ./configure --prefix=$INSTALL_PATH/netcdf \
            --enable-shared --disable-dap
```

如果安装 netcdf-fortran，使用下面配置语句：

```
$ ./configure --prefix=$INSTALL_PATH/netcdf
```

3)编译源码、安装

```
$ make
$ make install
```

安装 netcdf-c 后，要先进行环境变量的配置，然后再重复 1-3 安装 netcdf-fortran。因为 netcdf-fortran 库依赖 netcdf-c，安装时间大概 3000 s。运行完成后，在安装目录 $ INSTALL_PATH/netcdf 文件夹中产生了 4 个新文件夹：bin，include，lib，share。

为 netcdf 软件添加环境变量到 . bashrc 文件中。使用 source ～/. bashrc 使之立即生效。

```
#NetCDF
export NETCDF =$INSTALL_PATH/netcdf
export PATH=$INSTALL_PATH/hdf5/bin:$PATH
export NETCDF_INC=$INSTALL_PATH/netcdf/include
export NETCDF_LIB=$INSTALL_PATH/netcdf/lib
export CPPFLAGS="$CPPFLAGS - I$INSTALL_PATH/netcdf/include"
export LDFLAGS="$LDFLAGS - L$INSTALL_PATH/netcdf/lib"
export LD_LIBRARY_PATH=${LD_LIBRARY_PATH}:$INSTALL_PATH/netcdf/lib
```

2. 2. 11　安装 Python 软件

Python 是一种跨平台的计算机程序设计语言，是一个高层次的结合了解释性、编译性、互动性和面向对象的脚本语言。目前被广泛用于：网络开发，科学计算和统计，人工智能，软件开发等领域。Python 提供了丰富的 API 和工具，以便程序员能够轻松地使用 C 语言、C++等来编写扩充模块。Python 编译器本身也可以被集成到其他需要脚本语言的程序内。因此，也被称为“胶水语言”。本书中的网格预报系统 90%的编程语言都使用 Python 进行开发完成。

首先到网页（https://www. python. org/downloads/release/python-385/）下载 Python-3. 8. 5. tgz 软件包（本书里是 3. 8. 5 版本），然后通过 FTP 上传到 Program_packages 目录中。然后在 ssh 终端顺序执行下面命令（路径变量参考 2. 2 节开头）：

1）进入 Program_packages 目录、建立软件安装目录、解压 Python 软件包到当前目录、进入解压后产生的 Python-3. 8. 5 目录

```
$ cd $SOURCE_PATH
$ mkdir -p $INSTALL_PATH/Python
$ tar -xvf $SOURCE_PATH/Python-3. 8. 5. tgz
$ cd Python-3. 8. 5
```

2）配置

```
$ export CFLAGS="-fPIC"
$ . /configure --prefix=$INSTALL_PATH/Python3. 8
```

3）编译源码、安装

```
$ make
$ make install
```

安装时间大概 227 s。运行完成后，在安装目录 $ INSTALL_PATH/python 文件夹中产生了 4 个新文件夹：bin，include，lib，share。

为 python 软件添加环境变量到 . bashrc 文件中。使用 source ～/. bashrc 使之立即生效。

```
#Python3
pyversion=Python3.8
export PythonPATH=$INSTALL_PATH/$pyversion/lib/$pyversion/site-packages
export PATH=$INSTALL_PATH/$pyversion/bin:$PATH
```

输入命令 python3 出现如下信息，则说明 python3 安装成功。

```
[test@nmc GMOSRR_SYS]$ Python3
Python 3.6.5 (default, Jul 28 2020, 13:39:24)
[GCC 7.3.0] onLinux
Type "help", "copyright", "credits" or "license" for more information.
>>>
```

pip 是一个 Python 包管理工具，提供了对 Python 包的查找、下载、安装和卸载功能。由于 Python3 自带 pip，所以无需另外安装 pip 如果同时装有 python2 和 python3：

pip 默认给 python2 用；

pip3 指定给 python3 用。

输入命令 pip3 出现如下信息，则说明 pip3 安装成功。

```
[test@nmc GMOSRR_SYS]$ pip3
Usage:
  pip <command> [options]
Commands:
  install                         Install packages.
```

2.2.12　安装 ecCodes 库

ecCodes 是 ECMWF 开发的软件包，它提供遵循 WMO FM-92 标准的 GRIB1 和 GRIB2 格式文件和遵循 WMO FM-94 标准的 BUFR 格式文件的解码和编码接口和一些列配套工具，目前主要的开发语言 C，Fortran-90 和 Python3 等都能轻松和其进行对接。ecCodes 是由 GRIB-api 发展而来，主要是为用户提供一种以键值方式就能简单访问多种数据格式的功能。

首先到网页（https://confluence.ecmwf.int/display/ECC/Releases）下载 eccodes-2.18.0-Source.tar.gz 软件包，然后通过 FTP 上传到 Program_packages 目录中。然后在 ssh 终端顺序执行下面命令(路径变量参考 2.2 节开头)：

1)进入 Program_packages 目录、建立软件安装目录、解压 eccodes 软件包到当前目录、进入解压后产生的 eccodes-2.18.0-Source 目录

```
$ sversion=2.18.0
$ cd $SOURCE_PATH
$ mkdir -p $INSTALL_PATH/eccodes
$ tar -xvf $SOURCE_PATH/eccodes-$sversion-Source.tar.gz
$ cd eccodes-$sversion-Source
```

2)配置

```
$ mkdir -p $SOURCE_PATH/eccodes-$sversion-Source/build
$ cd $SOURCE_PATH/eccodes-$sversion-Source/build
$ cmake $SOURCE_PATH/eccodes-$sversion-Source \
        -DCMAKE_INSTALL_PREFIX=$INSTALL_PATH/eccodes \
        -DCMAKE_C_COMPILER=/usr/local/bin/gcc \
        -DCMAKE_Fortran_COMPILER=/usr/local/bin/gfortran \
        -DPython_EXECUTABLE=$INSTALL_PATH/$ pyversion/bin/Python3 \
        -DNETCDF_PATH=$NETCDF \
        -DNETCDF_C_FOUND=$NETCDF_LIB \
        -DNETCDF_INCLUDE_DIRS=$NETCDF_INC \
        -DENABLE_NETCDF=ON
```

3)编译源码、安装

```
$ make
$ make install
```

安装时间大概 227 s。运行完成后，在安装目录 $ INSTALL_PATH/python 文件夹中产生了 4 个新文件夹：bin，include，lib，share。

为 eccodes 软件添加环境变量到 . bashrc 文件中。使用 source ～/. bashrc 使之立即生效。

```
#eccodes
export ECCODES_DIR=$INSTALL_PATH/eccodes
export PATH=$INSTALL_PATH/eccodes/bin:$PATH
export EcCodes_INCLUDE_DIR=$INSTALL_PATH/eccodes/include
export EcCodes_LIBRARY_DIR=$INSTALL_PATH/eccodes/lib
export ECCODES_DEFINITION_PATH=$INSTALL_PATH/eccodes/share/eccodes/definitions
export LD_LIBRARY_PATH=${LD_LIBRARY_PATH}:$INSTALL_PATH/eccodes/lib
export LD_RUN_PATH=$INSTALL_PATH/eccodes/lib:${LD_RUN_PATH}
export CPPFLAGS="$CPPFLAGS - I$INSTALL_PATH/eccodes/include"
export LDFLAGS="$LDFLAGS - L$INSTALL_PATH/eccodes/lib"
```

输入命令 codes_info 出现如下信息，则说明安装成功。

```
[test@nmc eccodes]$ codes_info
ecCodes Version 2. 18. 0
Definition files path from environment variable GRIB_DEFINITION_PATH=/data/test/GMOSRR_
SYS/Program_files/eccodes/share/eccodes/definitions
……
```

如果要使用 python 对 eccodes 进行解码还需要安装一个 python 与 eccodes 之间的链接库。

首先到网页（https://pypi. org/）搜索 eccodes 安装包 eccodes-0. 9. 8-py2. py3-none-any. whl(wheel 即轮子简称，是一种诙谐叫法)，同时在上述网址用相同方法下载 attrs、pycparser、cffi 三个依赖库，下载后然后通过 FTP 上传到 Program_packages/python_whl 目录

中。然后在ssh终端按照顺序执行下面命令：

```
#eccodes
$ pip3 install --user attrs-19.1.0-py2.py3-none-any.whl
$ pip3 install --user pycparser-2.20-py2.py3-none-any.whl
$ pip3 install --user cffi-1.14.1-cp36-cp36m-manyLinux1_x86_64.whl
$ pip3 install --user eccodes-0.9.8-py2.py3-none-any.whl
```

安装完成后，执行pip3 list命令，执行结果：

```
[test@nmc eccodes]$ pip3 list
attrs (19.1.0)
cffi (1.14.1)
eccodes (0.9.8)
numpy (1.14.0)
pip (9.0.3)
pycparser (2.20)
setuptools (39.0.1)
```

结果显示eccodes接口库已经安装成功，但是还得进行实际程序测试，使用eccodes读取GRIB文件有如下两种方式：

- 方式1，使用codes_GRIB_new_from_file函数获得唯一的标识号。代码如下：

```
1. # -* - coding:utf-8
2. from eccodes import *
3. #GRIB 文件地址
4. sfile="2020072712_003_C1D07271200072715001"
5. #打开文件
6. with open(sfile) as fh:
7.   #加载第1条GRIB信息,获得第1条GRIB信息的编号
8.   iGRIB = codes_GRIB_new_from_file(fh)
9.   if iGRIB is not None:
10.     #日期
11.     date = codes_get(iGRIB,"dataDate")
12.     #层次类型
13.     levtype = codes_get(iGRIB,"typeOfLevel")
14.     #层次
15.     level = codes_get(iGRIB,"level")
16.     #值
17.     values = codes_get_values(iGRIB)
18.     print (date,levtype, level, values[0], values[len(values)-1])
```

```
19.     #释放本条 GRIB 信息
20.     codes_release(iGRIB)
```

执行结果：

```
[test@nmc eccodes]$ Python3 eccodes_demo.py
20200727 surface 0 0.0 3.814697265625e-06
```

表明 eccodes 库和 eccodes 的 python 接口库安装成功。

➡方式 2，使用 GRIBFile 函数获得 GRIB 文件类，循环读取。代码如下：

```
1.  # -* - coding:utf-8
2.  from eccodes import *
3.  GRIB 文件地址
4.  sfile="2020072712_003_C1D07271200072715001"
5.  #打开文件
6.  with GRIBFile(sfile) as GRIB:
7.    #如果是一条 message 里面有多个数据，请打开下面语句
8.    #eccodes.codes_grib_multi_support_on()
9.    #循环获取 GRIB 信息
10.   for msg in GRIB:
11.     #当前 GRIB 的短名
12.     print(msg["shortName"])
13.     #当前 GRIB 的层次
14.     print(msg["level"])
15.     #当前 GRIB 的层次类型
16.     print(msg["typeOfLevel"])
17.     #当前 GRIB 占用内存大小(字节)
18.     print(msg.size())
19.     #当前 GRIB 的所有关键词
20.     print(msg.keys())
```

执行结果：

```
[test@nmc eccodes]$ Python3 eccodes_demo.py
cp
0
surface
539790
['globalDomain', 'GRIBEditionNumber',……]
```

表明 eccodes 库和 eccodes 的 python 接口库安装成功。

2.2.13　安装 GRIB-api 库

ECMWF 的 GRIB-api 是 ecCodes 的前身，它是一个可以使用 C、FORTRAN 和 Python 程序访问的应用程序接口，这些程序是为编码和解码 WMO FM-92 GRIB1 和 GRIB 2 文件而开发的，该函数库还提供了一组有用的命令行工具来快速访问 GRIB 文件。

2019 年以后 GRIB-API 就基本停止更新，ECMWF 就全面转向 ecCodes，但并不影响其使用。首先下载 GRIB_api-1.25.0-Source.tar.gz 软件包，然后通过 FTP 上传到 Program_packages 目录中。然后在 ssh 终端顺序执行下面命令（路径变量参考 2.2 节开头）：

1）进入 Program_packages 目录、建立软件安装目录、解压 GRIB 软件包到当前目录、进入解压后产生的 GRIB_api-1.25.0-Source 目录

```
$ pyversion=Python3.6
$ sversion=1.25.0
$ cd $SOURCE_PATH
$ mkdir -p $INSTALL_PATH/GRIB_api
$ tar -xvf $SOURCE_PATH/GRIB_api-$sversion-Source.tar.gz
$ cd GRIB_api-$sversion-Source
```

2）配置

```
$ export FCFLAGS="-O2 -fPIC"
$ export CFLAGS="-O2 -fopenmp -fPIC"
$ export Python="$INSTALL_PATH/$pyversion/bin/Python3"
$ export Python_LIBS="$INSTALL_PATH/$pyversion/lib/
                    $pyversion/site-packages"
$ export Python_INCLUDES="$INSTALL_PATH/$pyversion/include"
$ ./configure --prefix=$INSTALL_PATH/GRIB_api
            --enable-pthread \
            --enable-omp-packing --enable-Python  \
            --with-netcdf=$INSTALL_PATH/netcdf \
            --with-openjpeg=$INSTALL_PATH/jpeg \
            --with-jasper=$INSTALL_PATH/jasper
```

3）编译源码、安装

```
$ make
$ make install
```

安装时间大概 128 s 左右。运行完成后，在安装目录 $INSTALL_PATH/python 文件夹中产生了 4 个新文件夹：bin，include，lib，share。

为 eccodes 软件添加环境变量到 .bashrc 文件中。使用 source ～/.bashrc 使之立即生效。

```
#GRIB_API
export GRIB_API=$INSTALL_PATH/GRIB_api
export PATH=$INSTALL_PATH/GRIB_api/bin:$PATH
export GRIB_API_INCLUDE=$INSTALL_PATH/GRIB_api/include
export GRIB_API_LIB=$INSTALL_PATH/GRIB_api/lib
export GRIB_DEFINITION_PATH=$INSTALL_PATH/GRIB_api/share/GRIB_api/definitions
export LD_LIBRARY_PATH=${LD_LIBRARY_PATH}:$INSTALL_PATH/GRIB_api/lib
export LD_RUN_PATH=$INSTALL_PATH/GRIB_api/lib:${LD_RUN_PATH}
export CPPFLAGS="$CPPFLAGS - I$INSTALL_PATH/GRIB_api/include"
export LDFLAGS="$LDFLAGS - L$INSTALL_PATH/GRIB_api/lib"
```

PyGRIB 是一个 Python 的扩展库，在 GRIB_api 基础上再次对接口进行了封装，让读取和处理 GRIB 数据更加方便和灵活。安装如下：

```
#pyGRIB
$ pip3 install --user pyproj-1.9.5.1.tar.gz
$ pip3 install --user pyGRIB-2.0.2.tar.gz
```

安装完成后，执行 pip3 list 命令，执行结果：

```
[test@nmc eccodes]$ pip3 list
attrs (19.1.0)
cffi (1.14.1)
eccodes (0.9.8)
numpy (1.14.0)
pip (9.0.3)
pycparser (2.20)
pyGRIB (2.0.2)
pyproj (1.9.5.1)
setuptools (39.0.1)
```

结果显示 pyGRIB 库已经安装成功，但是还需进行实际程序测试，

```
1. # -* - coding:utf-8
2. import pyGRIB
3. #GRIB 文件地址
4. sfile="2020072712_003_C1D07271200072715001"
5. grbs = pyGRIB.open(sfile)
6. for grb in grbs:
7.   #经向格点数
8.   print(grb['Nj'])
9.   #纬向格点数
10.  print(grb['Ni'])
```

```
11.    #变量简写名称
12.    print(grb.shortName)
13.    #变量值
14.    print(grb['values'])
15.    break
16. grbs.close()
```

执行结果：

```
[test@nmc eccodes]$ ./eccodes_demo.sh
481
561
cp
[[……]]
```

表明 GRIB_api 库和 pyGRIB 库安装成功。

PyGRIB 中的具体函数使用可以到如下网址查看库中每个函数的使用规则，并有相关示例(https://jswhit.github.io/pyGRIB/docs/index.html)。

2.2.14 安装 sqlite 库

sqlite 是一款轻型的数据库软件，它的数据库就是一个文件，sqlite 是由 C 语言编写，软件体量很小。PROJ 库依赖该库。Python 中内置了 sqlite3，所以，在 Python 中使用 sqlite，不需要安装任何东西，直接使用。

首先到网页 https://www.sqlite.org/download.html 下载 sqlite-autoconf-3310100.tar.gz 软件包，然后通过 FTP 上传到 Program_packages 目录中。然后在 ssh 终端顺序执行下面命令(路径变量参考 2.2 节开头)：

1)进入 Program_packages 目录、建立软件安装目录、解压 sqlite 软件包到当前目录、进入解压后产生的 sqlite-autoconf-3310100 目录

```
$ sver_name=sqlite-autoconf-3310100
$ sdir_name=sqlite
$ cd $SOURCE_PATH
$ mkdir -p $INSTALL_PATH/$sdir_name
$ tar -xvf $SOURCE_PATH/$sver_name.tar.gz
$ cd $ SOURCE_PATH/$ sver_name
```

2)配置

```
$ ./configure --prefix=$INSTALL_PATH/$sdir_name
```

3)编译源码、安装

```
$ make
$ make install
```

运行完成后，在安装目录 $ INSTALL_PATH/sqlite 文件夹中产生了 4 个新文件夹：bin，include，lib，share。

为 sqlite 软件添加环境变量到 . bashrc 文件中。使用 source ～/. bashrc 使之立即生效。

```
#sqlite
export PATH=$INSTALL_PATH/sqlite/bin:$PATH
export SQLITE3_CFLAGS=-I$INSTALL_PATH/sqlite/include
export CPPFLAGS="$CPPFLAGS -I$INSTALL_PATH/sqlite/include"
export SQLITE3_LIBS=$INSTALL_PATH/sqlite/lib
export LDFLAGS="$LDFLAGS -L$INSTALL_PATH/sqlite/lib"
export LD_LIBRARY_PATH=${LD_LIBRARY_PATH}:$INSTALL_PATH/sqlite/lib
export LD_RUN_PATH=$INSTALL_PATH/sqlite/lib:${LD_RUN_PATH}
```

2. 2. 15　安装 PROJ 库

PROJ 是一个开源的坐标转换(地图投影)库，它将地理空间坐标从一个坐标系转换为另一个坐标系，它允许用户使用许多不同的制图投影将大地坐标转换为投影坐标，并支持 100 多种不同的地图投影。

首先到网页 https://proj. org/download. html 下载 proj-6. 2. 0. tar. gz 软件包，然后通过 FTP 上传到 Program_packages 目录中。然后在 ssh 终端顺序执行下面命令(路径变量参考 2. 2 节开头)：

1)进入 Program_packages 目录、建立软件安装目录、解压 proj 软件包到当前目录、进入解压后产生的 proj-6. 2. 0 目录

```
$ sver_name=proj-6.2.0
$ sdir_name=proj6
$ cd $SOURCE_PATH
$ mkdir -p $INSTALL_PATH/$sdir_name
$ tar -xvf $SOURCE_PATH/$sver_name.tar.gz
$ cd $SOURCE_PATH/$sver_name
```

2)配置

```
$ export LIBS="-lsqlite3"
$ ./configure --prefix=$INSTALL_PATH/$sdir_name
```

3)编译源码、安装

```
$ make
$ make install
```

安装时间大概 680 s。运行完成后，在安装目录 $ INSTALL_PATH/proj6 文件夹中产生了 4 个新文件夹：bin，include，lib，share。

为 proj 软件添加环境变量到 . bashrc 文件中。使用 source ～/. bashrc 使之立即生效。

```
#PROJ
export proj_dir=proj6
export PATH=$INSTALL_PATH/$proj_dir/bin:$PATH
export PROJ_DIR=$INSTALL_PATH/$proj_dir
export PROJ_LIB=$INSTALL_PATH/$proj_dir/lib
export PROJ_INC=$INSTALL_PATH/$proj_dir/inclue
export CPPFLAGS="$CPPFLAGS -I$INSTALL_PATH/$proj_dir/include"
export LDFLAGS="$LDFLAGS -L$INSTALL_PATH/$proj_dir/lib"
export LD_LIBRARY_PATH=${LD_LIBRARY_PATH}:$INSTALL_PATH/$proj_dir/lib
```

2.2.16　安装 GEOS 库

GEOS 是一个开源的计算矢量数据拓扑关系的引擎。计算几何对象之间的空间位置，例如相交、覆盖、包含、接触、穿过等。是一个集合形状的拓扑关系操作实用库，它依赖 PROJ 库，而后面的 Cartopy 画图库依赖 GEOS 库。

首先到网页 https://trac.osgeo.org/geos/下载 geos-3.6.1.tar.bz2 软件包，然后通过 FTP 上传到 Program_packages 目录中。然后在 ssh 终端顺序执行下面命令(路径变量参考 2.2 节开头)：

1)进入 Program_packages 目录、建立软件安装目录、解压 geos 软件包到当前目录、进入解压后产生的 geos-3.6.1 目录

```
$ sver_name=geos-3.6.1
$ sdir_name=geos
$ cd $SOURCE_PATH
$ mkdir -p $INSTALL_PATH/$sdir_name
$ tar -xvf $SOURCE_PATH/$sver_name.tar.gz
$ cd $SOURCE_PATH/$sver_name
```

2)配置

```
$ ./configure --prefix=$INSTALL_PATH/$sdir_name
```

3)编译源码、安装

```
$ make
$ make install
```

运行完成后，为 GEOS 软件添加环境变量到 .bashrc 文件中。使用 source ~/.bashrc 使之立即生效。

```
#GEOS
export PATH=$INSTALL_PATH/geos/bin:$PATH
export GEOS_DIR=$INSTALL_PATH/geos
export GEOS_INC=$INSTALL_PATH/geos/include
export GEOS_LIB=$INSTALL_PATH/geos/lib
```

```
export CPPFLAGS="$CPPFLAGS - I$INSTALL_PATH/geos/include"
export LDFLAGS="$LDFLAGS - L$INSTALL_PATH/geos/lib"
export LD_LIBRARY_PATH=${LD_LIBRARY_PATH}:$INSTALL_PATH/geos/lib
```

2.3　Python 扩展库安装

本节主要介绍以下 GMOSRR 系统中用到和未来将会使用的一些常用 Python 扩展库。所有库都可以从网页(https://pypi.org/)搜索并下载到。扩展库应按照本书安装顺序进行安装。扩展库安装成功后都会出现如下信息：

```
Successfully installed 安装的扩展库名称
```

NumPy 主要针对数组运算提供大量的科学或数值计算函数。该库支撑着几乎每一个 Python 其他库[2](图 2.5),NumPy 的中文介绍网址 https://www.numpy.org.cn/。

```
$ pip3 install --user numpy-1.14.0-cp36-cp36m-manyLinux1_x86_64.whl
```

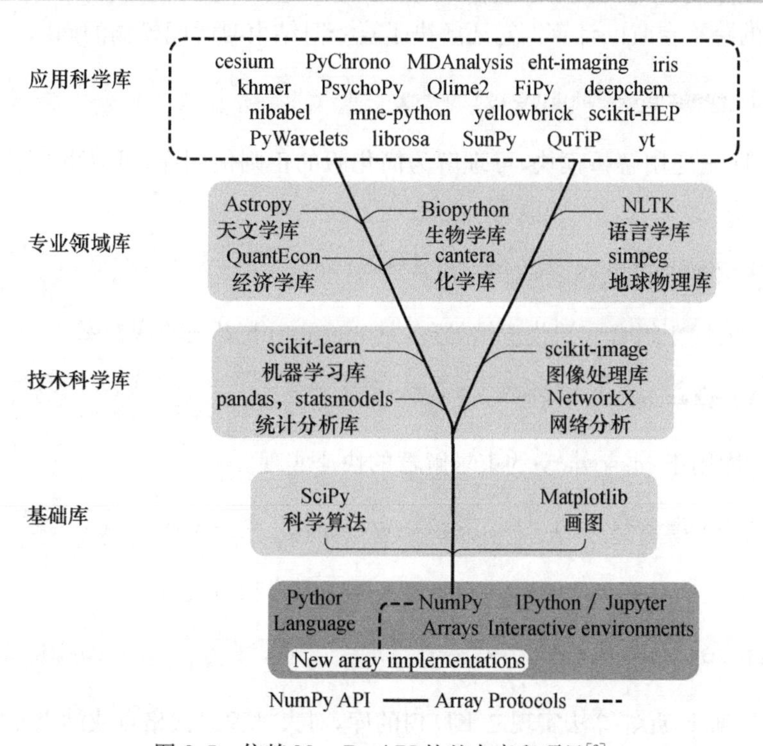

图 2.5　依赖 NumPy API 的基本库和项目[2]

Scipy 是一个用于数学、科学、工程领域的常用软件包,可以处理插值、积分、优化、图像处理、常微分方程数值解的求解、信号处理等问题。

```
$ pip3 install --user scipy-0.19.1-cp36-cp36m-manyLinux1_x86_64.whl
```

Cython 是一个编程语言,它通过类似 Python 的语法来编写 C 扩展并可以被 Python 调用。既具备了 Python 快速开发的特点，又可以让代码运行起来几乎与 C 一样快，同时还可以方便地调用 C 库，后续安装的很多库都依赖该库。

```
$ pip3 install --user Cython-0. 29. 14-cp36-cp36m-manyLinux1_x86_64. whl
```

six 是 Python 2 和 3 的兼容性库。它提供了一些实用程序函数，用于消除 Python 版本之间的差异，目的是编写在两个 Python 版本上都兼容的 Python 代码，后续安装的很多库都需要该库。

```
$ pip3 install --user Cython-0. 29. 14-cp36-cp36m-manyLinux1_x86_64. whl
```

pyproj 是与 PROJ 的 Python 接口，用于制图投影和地理坐标转换。

```
$ pip3 install --user pyproj-1. 9. 5. 1. tar. gz
```

dateutil 模块是 python 中的主要时间处理库，提供了强大的扩展标准的 datetime 模块。

```
$ pip3 install --user Python_dateutil-2. 6. 1-py2. py3-none-any. whl
```

pytz 库常用于时区的转换，并配合 datetime 一起使用。该库允许使用 Python 2. 4 或更高版本进行准确的跨平台时区计算。它还解决了夏令时结束时时间模糊的问题。

```
$ pip3 install --user pytz-2020. 1-py2. py3-none-any. whl
```

pyparsing 库是通用解析模块，可理解为简化版的正则使用库，可以更“人性”地理解和使用正则表达式。

```
$ pip3 install --user pyparsing-2. 2. 0-py2. py3-none-any. whl
```

cycler 库主要用于组合和迭代逻辑处理，是 matplotlib 必须的依赖库。

```
$ pip3 install --user cycler-0. 10. 0-py2. py3-none-any. whl
```

kiwisolver 库用于 cassowary 约束求解器的快速实现。

```
$ pip3 install --user kiwisolver-1. 1. 0-cp36-cp36m-manyLinux1_x86_64. whl
```

configobj 是一个简单但功能强大的配置文件读取器和写入器。

```
$ pip3 install --user configobj-5. 0. 6. tar. gz
```

pykdtree 针对 K 近邻算法实现之 KD 树的库，对大规模寻找格点或站点非常有用。

```
$ pip3 install --user pykdtree-1. 3. 1. tar. gz
```

ipython_genutils 是用于 IPython 的 Vestigial 实用程序。

```
$ pip3 install --user iPython_genutils-0. 2. 0-py2. py3-none-any. whl
```

decorator 是 python 的装饰器模块。

```
$ pip3 install --user decorator-4.4.0-py2.py3-none-any.whl
```

traitlets 是一个纯 Python 库，可实现对 Python 对象的属性强制执行强类型化，动态计算默认值等功能。

```
$ pip3 install --user traitlets-4.3.2-py2.py3-none-any.whl
```

h11 是一个用 Python 从头开始编写的 HTTP 轻量级库。

```
$ pip3 install --user h11-0.9.0-py2.py3-none-any.whl
```

chardet 适用于 Python 2 和 3 的通用编码检测器。

```
$ pip3 install --user chardet-3.0.4-py2.py3-none-any.whl
```

urllib3 是一个功能强大且友好的 Python HTTP 客户端。

```
$ pip3 install --user urllib3-1.25.3-py2.py3-none-any.whl
```

certifi 用于提供 Mozilla 的根证书集合的 Python 软件包。

```
$ pip3 install --user certifi-2019.6.16-py2.py3-none-any.whl
```

idna 用于指定应用程序中的国际化域名的 Python 软件包。

```
$ pip3 install --user idna-2.8-py2.py3-none-any.whl
```

requests 是一个 Python 的 HTTP 客户端库，支持的 HTTP 特性。

```
$ pip3 install --user requests-2.22.0-py2.py3-none-any.whl
```

appdirs 用于获得不同平台的特定目录。

```
$ pip3 install --user appdirs-1.4.3-py2.py3-none-any.whl
```

packaging 是用于 Python 安装包的核心公用程序，包括版本处理、标记等。

```
$ pip3 install --user packaging-19.0-py2.py3-none-any.whl
```

pooch 用于管理 Python 库的示例数据文件。

```
$ pip3 install --user pooch-0.5.1-py3-none-any.whl
```

Pint 用于定义、操作和控制物理量，即不同度量单位之间的乘积和转换。

```
$ pip3 install --user Pint-0.9-py2.py3-none-any.whl
```

matplotlib 是基于 Python 的图表绘图系统。官方网址：https://matplotlib.org/

```
$ pip3 install --user matplotlib-3.1.1-cp36-cp36m-manyLinux1_x86_64.whl
```

pandas是一个强大的分析结构化数据的工具集，它的使用基础是Numpy（提供高性能的矩阵运算）；用于数据挖掘和数据分析，同时也提供数据清洗功能。官方网址：https://pandas.pydata.org/。

```
$ pip3 install --user pandas-0.24.1-cp36-cp36m-manyLinux1_x86_64.whl
```

seaborn是基于matplotlib的图形可视化Python包，它提供了一种高度交互式界面，便于用户能够做出各种有吸引力的统计图表。官方网址：http://seaborn.pydata.org/

```
$ pip3 install --user seaborn-0.9.0-py3-none-any.whl
```

xarray是在NumPy的基础上引入了标签化的变量名称和坐标索引，使处理多维数组更加简单、直观和简洁。官方网址：http://xarray.pydata.org/en/stable/。

```
$ pip3 install --user xarray-0.12.1-py2.py3-none-any.whl
```

joblib是一组用于在Python中提供轻量级流水线的工具，用来快速保存和读取保存机器学习的模型。

```
$ pip3 install --user joblib-0.14.0-py2.py3-none-any.whl
```

SciKit learn的简称是SKlearn，是一个Python库，专门用于机器学习的模块（不包括神经网络）。官方网址：https://scikit-learn.org/。

```
$ pip3 install --user scikit_learn-0.21.3-cp36-cp36m-manyLinux1_x86_64.whl
```

pyshp是Shapefile的Python库，用纯Python读写ESRI Shapefile文件。

```
$ pip3 install --user pyshp-2.1.0.tar.gz
```

Shapely用于在笛卡尔平面中处理和分析几何对象的Python库。

```
$ pip3 install --user Shapely-1.6.4.post2-cp36-cp36m-manyLinux1_x86_64.whl
```

Cartopy是一个用于地理空间数据处理，以便生成地图和其他地理空间数据分析的Python包。通过与强大的PROJ4、NumPy和Shapely库结合，并在Matplotlib之上构建了一个编程接口，用于创建发布质量的地图。官方网址：https://scitools.org.uk/cartopy/docs/latest/。

```
$ export CFLAGS="-DACCEPT_USE_OF_DEPRECATED_PROJ_API_H"
$ tar -xvf Cartopy-0.17.0.tar.gz
$ cd Cartopy-0.17.0
$ Python3 setup.py install
```

安装成功后都会出现如下信息：

```
Finished processing dependencies for Cartopy==0.17.0
```

安装基于 xarray 库读取 GRIB 文件的 cfGRIB 库函数，并按照顺序安装下列依赖库文件。

```
$ pip3 install --user typing_extensions-3.10.0.0-py3-none-any.whl
$ pip3 install --user zipp-3.4.1-py3-none-any.whl
$ pip3 install --user importlib_metadata-4.3.1-py3-none-any.whl
$ pip3 install --user click-8.0.1-py3-none-any.whl
$ pip3 install --user attrs-21.2.0-py2.py3-none-any.whl
$ pip3 install --user cfGRIB-0.9.9.0-py3-none-any.whl
```

安装完成后运行如下程序，进行测试。

```
1. #导入库
2. import xarray as xr
3. #GRIB 文件路径
4. filein = '20210528_00_02_02_CLDAS_Temp.GRB2'
5. #打开 GRIB 文件
6. data = xr.open_dataset(filein, engine='cfGRIB')
7. #筛需要的数据
8. data = xr.open_dataset(filein, engine='cfGRIB', backend_kwargs={'filter_by_keys':
   {'typeOfLevel': 'isobaricInhPa'}})
9. print(data)
10. #指定气压层数据
11. data = xr.open_dataset(filein, engine='cfGRIB', backend_kwargs={'filter_by_keys':
   {'typeOfLevel': 'isobaricInhPa','level':500}})
12. #数据转为 nc 格式
13. data.to_netcdf('output.nc')
```

如果出现如下错误，请检查环境变量（～/.bashrc）中 eccodes 的路径设置。

```
Traceback (most recent call last):
  File "cfGRIB_demo.py", line 15, in <module>
    data = xr.open_dataset(filein, engine='cfGRIB')
  ......
    raise RuntimeError("Could not load the ecCodes library!")
RuntimeError: Could not load the ecCodes library!
```

2.3.1　CUDA 安装

在使用显卡前需要在 Linux 服务器上安装好与显卡硬件相对应的驱动程序和 CUDA 驱动，CUDA 是一种由 NVIDIA 推出的通用并行计算架构，利用 GPU 解决复杂的计算问题。

检查 GPU PCI 设备信息（NVIDIA 显卡简称 N 卡）：

```
$ lspci | grep -i nvidia
```

执行结果：

```
1b:00.0 3D controller: NVIDIA Corporation GV100GL [Tesla V100 PCIe 32GB] (rev a1)
1d:00.0 3D controller: NVIDIA Corporation GV100GL [Tesla V100 PCIe 32GB] (rev a1)
```

检查 GPU 驱动信息：

```
$ cat /proc/driver/nvidia/version
```

执行结果：

```
NVRM version: NVIDIA UNIX x86_64 Kernel Module   418.74   Wed May 1 …
GCC version:  gcc version 4.8.5 20150623 (Red Hat 4.8.5-36) (GCC)
```

表明驱动程序已经安装成功，下面进行 CUDA 安装。

首先到 CUDA 网页（https://developer.nvidia.com/cuda-toolkit-archive）下载 cuda_10.1.105_418.39_Linux.run 软件包(根据自己需要选择版本，本书里是 10.1 版本，CUDA 最好使用 root 进行安装，这样所有用户都能共同使用。)然后通过 FTP 上传到 Program_packages 目录中。然后在 ssh 终端执行下面命令：

```
# su
# 手动输入 root 密码
# run_bin=cuda_10.1.105_418.39_Linux.run
# chmod a+x $run_bin
# ./$run_bin --toolkit   --toolkitpath=/usr/local/cuda10.1/toolkit \
            --samples --samplespath=/usr/local/cuda10.1/samples
```

运行后通过输入 accept 回车进入下一步，然后选择 Install 进行安装。

运行完成后，为 CUDA 驱动添加环境变量到 .bashrc 文件中。使用 source～/.bashrc 使之立即生效。

```
#CUDA
export CUDA_PATH=/usr/local/cuda10.1
export PATH=$CUDA_PATH/toolkit/bin/:$PATH
export LD_LIBRARY_PATH=${LD_LIBRARY_PATH}:$CUDA_PATH/toolkit/lib64/
```

安装完成后，检查 CUDA 安装是否成功，需进行一些测试，通过运行下面语句，查看 CUDA 版本信息：

```
$ nvcc -V
```

执行结果：

```
Finished processing dependencies for Cart
nvcc: NVIDIA (R) Cuda compiler driver
```

```
Copyright (c) 2005-2018 NVIDIA Corporation
Built on Sat_Aug_25_21:08:01_CDT_2018
Cuda compilation tools, release 10.0, V10.0.130
```

使用下面命令，检查显卡驱动和 CUDA 安装信息：

```
$ nvidia-smi
```

执行结果：

```
[IGF@localhost GMOSRR_SYS]$ nvidia-smi
Mon Nov 23 18:45:03 2020
+-----------------------------------------------------------------------------+
| NVIDIA-SMI 418.39       Driver Version: 418.39       CUDA Version: 10.1     |
|-------------------------------+----------------------+----------------------+
| GPU  Name        Persistence-M| Bus-Id        Disp.A | Volatile Uncorr. ECC |
| Fan  Temp  Perf  Pwr:Usage/Cap|         Memory-Usage | GPU-Util  Compute M. |
|===============================+======================+======================|
|   0  Tesla V100-PCIE...  Off  | 00000000:1B:00.0 Off |                    0 |
| N/A   48C    P0    30W / 250W |      0MiB / 32480MiB |      0%      Default |
+-------------------------------+----------------------+----------------------+
|   1  Tesla V100-PCIE...  Off  | 00000000:1D:00.0 Off |                    0 |
| N/A   46C    P0    29W / 250W |      0MiB / 32480MiB |      0%      Default |
+-------------------------------+----------------------+----------------------+

+-----------------------------------------------------------------------------+
| Processes:                                                       GPU Memory |
|  GPU       PID   Type   Process name                             Usage      |
|=============================================================================|
|  No running processes found                                                 |
+-----------------------------------------------------------------------------+
```

注意事项：

1)缺少依赖库

在安装 CUDA 的过程中，如果出现如下错误信息，就说明缺少需要的依赖库。

```
Missing recommended library:libGLU.so,libX11.so,libXi.so,libXmu.so
```

使用 CentOS 中的 shell 前端软件包管理器 yum 进行相关依赖库安装。

```
$ sudo yum install redhat-lsb
$ sudo yum install freeglut-devel
$ sudo yum install libX11-devel
$ sudo yum install libXi-devel
$ sudo yum install libXmu-devel
$ sudo yum install mesa-libGLU-devel
```

如果目前安装的服务器无法联网，那么就需要从本地源中进行安装。首先要挂载上当前安装系统的镜像文件。

```
# cdrom_path=/media/cdrom
# iso_path=/root/CentOS-7-x86_64-DVD-1810.iso
# 新建镜像文件挂载目录
# mkdir -p /media/cdrom
```

```
# 挂载系统镜像
# mount -t iso9660 -o loop $iso_path $cdrom_path
```

然后配置本地 yum 源，进入 yum 源文件夹：

```
# cd /etc/yum.repos.d/
```

建立基于本地源 iso 文件的 yum 配置文件（文件名：rhel-media.repo），并在文件中写入相关信息。

```
cat>rhel-media.repo<<EOF
[rhel-media]
name=Red Hat EnterpriseLinux 7.0
baseurl=file:///media/cdrom
enabled=1
gpgcheck=1
gpgkey=file:///media/cdrom/RPM-GPG-KEY-CentOS-7
EOF
```

其中：gpgcheck 是设置此源是否校验。

enabled 是设置此源是否可用，1 表示可用，0 表示禁用。

gpgkey 是公钥文件地址（本地源 iso 文件中存在）。

然后清除 yum 缓存。

```
# yum clean all
```

重新建立一个缓存，把服务器的包信息下载到本地电脑缓存起来，以后用 install 时就在缓存中搜索，提高了速度。

```
# yum makecache
```

然后返回重新使用 yum install 进行依赖库安装。

安装完成后，如果要卸除挂载在 Linux 目录中的文件系统，使用下面命令：

```
# umount /media/cdrom
```

2）关闭 X Server

在安装 CUDA 的时候，会出现如下错误信息，导致无法安装完成，需要关闭 X Server。

```
[INFO]: ERROR: You appear to be running an X server; please exit X
before installing.
```

首先查看系统上所有 gdm 服务（gdm 是 GNOME 显示环境的管理器）。

```
# systemctl --all | grep gdm
```

执行结果：

```
session-c11.scope
loaded     active    running    Session c11 of user gdm
gdm.service
loaded     active    running    GNOME Display Manager
user-42.slice
loaded     active    active     User Slice of gdm
```

通过下面命令来关掉 X Server。

```
# systemctl stop gdm.service
```

cuda10.1 安装完毕后，通过下面命令重新启动 X Server。

```
# systemctl start gdm.service
```

3)缺少 GLIBCXX_3.4.21 库文件

安装 CUDA 后，通过对 $CUDA_PATH/samples/1_Utilities/路径下的 deviceQuery 程序进行编译和运行，来确认 CUDA 编译环境是否确定搭建完成。

```
# sudo make
# ./deviceQuery
```

测试过程中，如果出现如下错误信息，主要原因是系统在升级 gcc 后，生成的动态库没有替换旧版本的动态库。

```
/usr/lib64/libstdc++.so.6: version 'GLIBCXX_3.4.20' not found (required by……
```

首先检查/usr/lib64/路径中存在的 GLIBCXX 版本。

```
# strings /usr/lib64/libstdc++.so.6 | grep GLIBCXX
```

执行结果：

```
GLIBCXX_3.4
……
GLIBCXX_3.4.18
GLIBCXX_3.4.19
GLIBCXX_3.4.20
GLIBCXX_DEBUG_MESSAGE_LENGTH
```

说明 GLIBCXX_3.4.21 不存在，接下来按照下述步骤就能快速解决解决上述出现的问题。

```
# cd /usr/local/lib64
# 根据升级后的 gcc 版本不同，拷贝的文件名后面的部分数字会有不同
# cp libstdc++.so.6.0.24 /lib64
# cd /lib64
# rm -rf libstdc++.so.6
# 将拷贝进来的文件建立软连接
# ln -s libstdc++.so.6.0.24 libstdc++.so.6
```

再次执行 GLIBCXX 版本检查命令，以确认需要的版本出现在结果中。

```
# strings /usr/lib64/libstdc++. so. 6 | grep GLIBCXX
```

4)CUDA 安装出现 Segmentation fault 错误

在运行 ./cuda_xxx. run 安装之后，如果出现如下错误信息：

```
Log file not open.
......Segmentation fault (core dumped).....
```

原因在于同一台服务器中有其他用户已经安装过不同版本的 CUDA 软件了，在前一次安装过程中，在/tmp/下面生成了 cuda-installer. log 文件，该文件生成之后就不能被其他用户改动了，所以必须通过 root 身份(su 命名)进入/tmp 目录，删除目录中的 cuda-installer. log 文件，再次进行新版本的 CUDA 的安装。

2.3.2 深度学习库安装

2.3.2.1 cuDNN 安装

NVIDIA CUDA 深度神经网络库 cuDNN(CUDA Deep Neural Network)是 GPU 在计算时用于加速的深层神经网络的基元库。它可大幅优化标准例程(例如用于前向传播和反向传播的卷积层、池化层、归一化层和激活层)的实施。

首先到 cuDNN 网页(https://developer. nvidia. com/zh-cn/cudnn)下载 libcudnn7-7. 6. 3. 30-1. cuda10. 1. x86_64. rpm 软件包(根据自己需要选择版本，本书里是 7. 6 版本，cuDNN 最好使用 root 进行安装，这样所有用户都能共同使用)，然后通过 FTP 上传到 Program_packages 目录中。然后在 ssh 终端执行下面命令进行安装：

```
# rpm -ivh libcudnn7-7. 6. 3. 30-1. cuda10. 1. x86_64. rpm
```

cuDNN 库会安装在/usr/lib64/路径下，如果您希望安装到 CUDA 的 cuda10. 1/toolkit/lib64 路径下，就要先把 rpm 文件解压到当前路径。

```
$ rpm2cpio libcudnn7-7. 6. 3. 30-1. cuda10. 1. x86_64. rpm | cpio -idmv
```

解压后出现/usr/lib64/libcudnn. so. 7. 6. 3 和对应的链接 libcudnn. so. 7，将解压后的文件复制到 cuda10. 1/toolkit/lib64 的路径下。

2.3.2.2 pytorch 安装

pytorch 是一个开源的 Python 机器学习库，主要用来提供一个可以使用 GPU 和 CPU 优化的、灵活的深度学习开发平台(也称为张量库)，它比较有利于研究人员、小规模项目等快速产生深度学习原型。它主要由 Facebook 的人工智能研究小组开发。

从下载网址 https://pytorch. org/get-started/locally/或 https://download. pytorch. org/whl/torch_stable. html 中找到需要的版本，下载并安装。安装命令如下：

```
$ pip3 install --user torch-1. 7. 0+cu101-cp36-cp36m-Linux_x86_64. whl
```

安装完成后，执行如下 python3 命令，查看是否能成功调用 GPU 运算。

```
1. import torch
2. from torch.backends import cudnn
3. x = torch.Tensor([1.0])                                #创建张量
4. y = x.cuda()                                           #内存数据转到显存上存储
5. print(y)
6. print(cudnn.is_available())                            #cudnn 是否可用
7. print(cudnn.is_acceptable(y))                          #cudnn 与 cuda 版本是否匹配
```

正确执行结果：

```
tensor([1.], device='cuda:0')
True
True
```

注意事项：

在安装深度学习库的过程中，在机器不能连接互联网的时候，如果出现下面类似的警告信息，表明缺少相关的依赖库（例子中缺少 future 库），这时您需要先下载相关依赖库（对应 Python 版本和深度学习库版本）进行安装，依赖库安装完成后才能再安装深度学习库。

```
Collecting future (from torch==1.7.0+cu101)
WARNING: Retrying (Retry(total=4, connect=None, read=None, redirect=None, status=None))
after connection broken by 'NewConnectionError('<pip._vendor……>: Failed to establish a
new connection: [Errno 101] Network is unreachable',)':
```

2.3.2.3　TensorFlow 安装

TensorFlow 是一个端到端开源机器学习平台。它拥有一个全面而灵活的生态系统，其中包含各种工具、库和社区资源，可助力研究人员推动先进机器学习技术的发展，并使开发者能够轻松地构建和部署由机器学习提供支持的应用。它主要由谷歌人工智能团队谷歌大脑（Google Brain）开发和维护。

从下载网址 https://pypi.org/project/tensorflow/中找到需要的版本，下载并安装。安装命令如下：

```
$ pip3 install --user tensorflow-2.3.1-cp35-cp35m-manyLinux2010_x86_64.whl
```

安装完成后，执行如下 python3 命令，查看是否能成功调用 GPU 运算。

```
1. import os
2. import tensorflow as tf
3. os.environ['TF_CPP_MIN_LOG_LEVEL'] = '2'                #屏蔽信息级别
4. print(tf.__version__)                                   #版本信息
5. print(tf.config.list_physical_devices('GPU'))           #GPU 设备列表
6. print(tf.config.list_physical_devices('CPU'))           #CPU 设备列表
7. print(tf.test.is_built_with_cuda())                     #是否与 CUDA 建立联系
```

正确执行结果：

```
2.3.1
[PhysicalDevice(name='/physical_device:GPU:0',device_type='GPU'),
PhysicalDevice(name='/physical_device:GPU:1', device_type='GPU')]
[PhysicalDevice(name='/physical_device:CPU:0', device_type='CPU')]
True
```

参考文献

[1] Pen-Shu Yeh, Wei Xia-Serafino, Lowell Miles, et al. Implementation of CCSDS Lossless Data Compression in HDF[C]. Earth Science Technology Conference-2002, 11—13 June 2002, Pasadena, California.

[2] Harris C R, Millman K J, van der Walt S J, et al. Array programming with NumPy[J]. Nature, 2020, 585: 357-362.

第 3 章　系统搭建与核心算法

3.1　系统概述

预报系统的开发是所有气象系统中最为复杂、难度最大、综合能力要求最高的一项工作。它不仅要求研发者具有一定的气象学知识,还要求研发者具有较深的数学功底,能够熟练运用最新计算机编程语言,且具有系统搭建的经验,熟悉整个预报业务流程等必备技能。除此之外,研发者还需要拥有一个经过几百次理论试验,经受住大规模预报检验,预报结果优于目前最高水平的预报模型作为整个系统的核心"发动机"。一个好的预报系统是全方位的,不仅要具有预报性能优良的核心预报模型,还要具有使用方便、运行稳定和开发便捷等优点的系统性能。这就好比一辆汽车,发动机固然是非常重要的,但是我们不可能开着单独一个发动机出门,既不安全又不方便更不美观。这辆汽车还需要传动系统、电子系统、安全系统和装饰部件等辅助工具配合才能组成一辆完整合格的汽车。我们的预报系统也同样如此。

汽车的发动机并不是一成不变的,它是随着科学和工业工艺的进步而逐步更新的。这与我们的预报系统也是一样的,随着数学和计算机的发展,以及科研工作者对天气机理的认识的加深,预报模型也将更加完善,预报水平也会得到大幅提高。然而,要替换一个预报系统中的核心预报模型就会牵扯到非常多的问题,这包括了数据的输入和输出,甚至整个系统的框架结构以及流程部署。过去非常多的预报系统都因为无法替换核心预报模块,或者要替换的成本代价过于高昂而不得不放弃整个预报系统,转而进行新系统的开发。但是,新系统的开发由于没有经受过业务的检验,开发者经验不足,就会出现很多没有考虑到的问题,同时往往开发新系统的研发者不一定具有丰富的背景技能,系统的稳定性、可移植性和拓展性等都可能会出问题,这就造成新老系统交替变得异常困难,这也是很多新研发的预报系统半路夭折的原因。一个科研工作者可能很善于研发一个新的预报方法(发动机),但是要他把这个预报模型系统性地集成到业务中实际应用,可能就出现很多问题。他还需要与富有经验的"高级工程师"合作来完成。从模型研发到真正的系统业务集成,还需要一个漫长的过程。

3.1.1　系统框架

对于模式输出统计订正预报流程目前国内并没有一个统一的标准,但是我们经过多年的实践,也总结出了一些经验教训,并通过对网格模式输出统计快速更新系统(Grid Model Output Statistics Rapid Refresh,简称 GMOSRR)的介绍在本书中逐步地阐述清楚。我们最终将整个订正预报系统的总框架分为五个部分(图 3.1):

1. 预报系统:GMOSRR 是核心预报订正系统,控制整个预报流程。

2. 输入源:DataBase 是 GMOSRR 系统的源数据集,是唯一输入源,包括多个模式预报产品文件、格点融合产品文件、站点产品文件等。

3. 输出地:GMOSRR_Result 是 GMOSRR 系统的唯一输出地。

4. 监控助手:GMOSRR_Help 是对所有数据进行追踪监控的网页。

5. 依赖库:Program_files 是 GMOSRR 系统的依赖库,即在上述第 2 章中所有安装的库和软件都存在于该文件夹下。

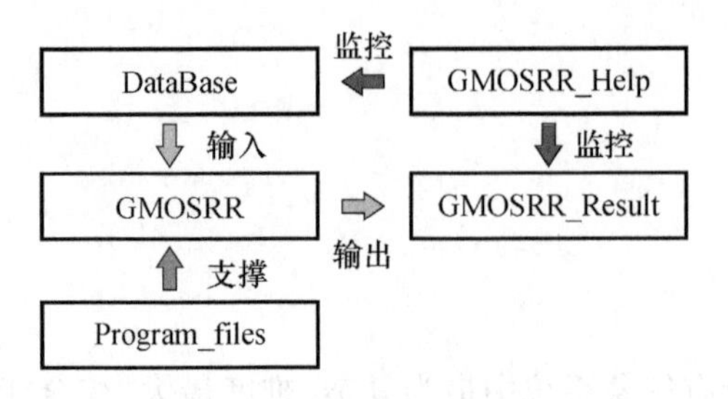

图 3.1　订正预报系统总框架

3.1.2　系统预报流程

图 3.2 展示了 GMOSRR 系统的流程结构。整个预报流程主要分为 7 个部分:第一步是资料下载(1DownLoad_Data),第二步是数据入库(2Write_DataBase),第三步是数据预处理(3PreProcess),第四步是模型建立(4Modeling),第五步是预报(5Forecast),第六步是检验(6Validate),第七步是推送(7Push)。每个步骤都非常必要,这样设计有两个优点:一是将整个预报流程都进行了标准模块化,便于管理;二是利用数字开头将流程顺序步骤化,清楚明了,使用系统的任何人第一时间都能看懂整个流程的逻辑顺序。整个系统还包括通用参数模块、公共函数模块、公有信息模块。其他功能模块被放置在分析模块中。图 3.2 中显示的每个模块都被称为 GMOSRR 系统的一级目录。

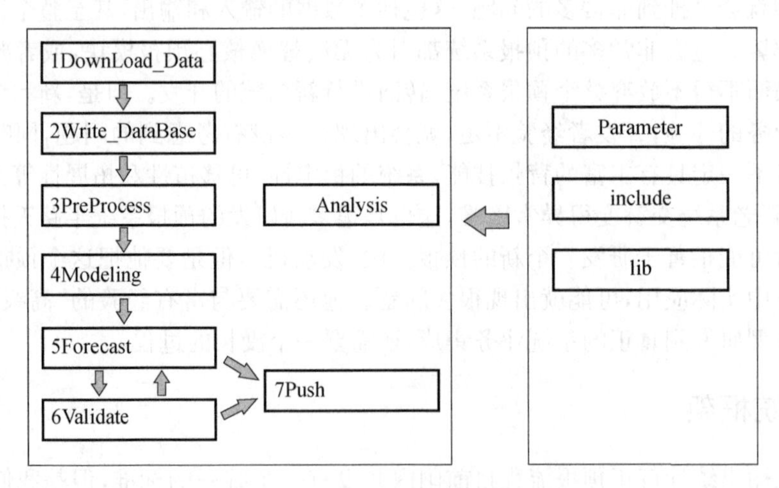

图 3.2　订正预报系统流程

GMOSRR 系统的输入和输出文件都采用 GRIB 和 HDF5 格式,这两种格式都具有两个优点:一是两种格式都是标准化的通用格式,任何人拿到文件都能容易的查看里面的内容。二是两种格式都具有高压缩性,存储多个物理量的 GRIB 或 HDF5 文件要远远小于释放后的十进制或二进制文件。以前某气象部门的预报订正系统数据源采用的就是自定义的二进制文件,按照每个要素分别存储,这种方式存在很大的缺点,在使用中很容易造成资料的不完整性,同时可读性较差,存储空间也耗费巨大,GMOSRR 系统完全摒弃了该数据源存储方式。另外,数据源的存储路径务必按照时间递增方式整体保存原始文件,这样对编写程序和查找文件都具有极大的便捷性。例如,本系统中模式数据按照如下路径:/模式名称/年份/日期/模式起报时间/GRIB 文件(例如./DataBase/EC_New/2020/20200103/20/2020010300_003_C1D01030000010303001)。

GMOSRR 系统中每个预报流程产生的数据都会在输出路径下的对应模块名称中进行数据保存,每一步流程模块程序与数据保存路径都形成了一一对应的关系(图 3.3),这样能快捷地找到输出数据的信息,同时增强了系统的可读性和可扩展性,让整个系统具有更强的生命力。

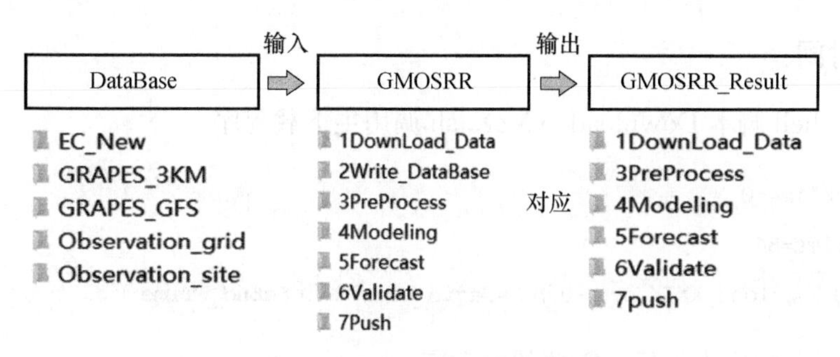

图 3.3 预报系统的输入输出关系

3.2 数据下载

GMOSRR 系统中的第一个流程步骤就是数据下载。在一级目录(1DownLoad_Data)下设置产品下载二级子目录,包括:EC 模式产品(EC_New),GRAPES_3KM 产品,GRAPES_GFS 产品,格点融合产品(Obs_Grid),站点资料(Cimiss)等(图 3.4)。目前我们的数据源通常是从国家气象信息中心的服务器上获取数据,很多数据是通过 FTP 或 SFTP 形式获取,有的数据是通过全国综合气象信息共享平台(CIMISS)统一数据环境和服务接口进行获取,还有的通过单位内部的共享机制获取。除了具有 api 接口的服务器(CIMISS)外,就需要一个能从网络或 FTP 服务器自动下载的工具,wget 就是这个专职的下载利器,并且 Linux 系统都自带 wget 软件,不用再去安装。wget 最大的优点在于支持文件的断点下载和最新文件更新替换。同时支持通过 HTTP、HTTPS、FTP 三个最常见的 TCP/IP 协议下载。

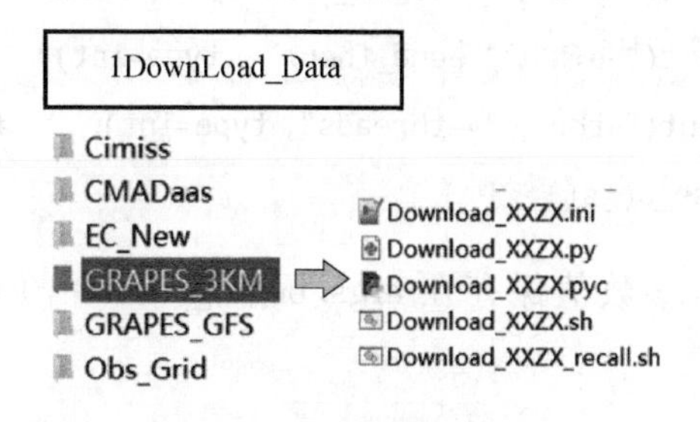

图 3.4 下载模块结构

每个下载单元中主要由三个文件组成：

1. .ini 静态参数文件，包括下载路径，下载用户名，下载密码。

2. .pyc 主下载程序：由源程序 py 编译而成。

3. .sh 调用程序：利用 shell 脚本调用 pyc 脚本，并进行动态传输参数。在实际系统调度中，并不直接调度 python 程序，而是通过 shell 脚本再调用 python 脚本，这样做的好处是可以增加程序的复用性，同时也更容易替换，在不需要更改总控程序时就能改变主下载程序。

下面我们将下载主程序进行分析，并通过代码分析，逐步介绍一些重要技能和如何调度 wget 进行数据下载。由于源代码比较庞大，本书进行了简化和抽象，这里仅仅给出了重要的程序知识点。

磨刀时间：

首先通过 shell 脚本 Download_XXZX.sh 调用主下载程序。

```
1. sBegin_FTime=0
2. sEnd_FTime=84
3. Python3 Download_XXZX.pyc -bfh $sBegin_hour -efh $sEnd_FTime
```

然后在主下载程序中先导入需要的函数库。

```
1. import os              # 处理路径操作、进程管理、环境参数库
2. import sys             # 系统环境交互库
3. import datetime        # 时间处理库
4. import numpy as np     # 数值计算库
5. from multiprocessing import Pool, cpu_count   # 多进程模块
6. import argparse        # 命令行参数解析库
7. import bz2             # bz2 解压库
```

进程序的主入口。

```
8. if __name__ == '__main__':
9.     #首先获得 shell 传入的参数信息
10.    parser = argparse.ArgumentParser()
11.    parser.add_argument("-bfh", "--begin_fhour", type=int)  #开始时效
12.    parser.add_argument("-efh", "--end_fhour" , type=int)   #结束时效
13.    parser.add_argument("-thr", "--threads", type=int)      #线程数
14.    args = parser.parse_args()
```

通过获取动态参数后，参数值保存在 args.begin_fhour＝0 和 args.end_fhour＝84 变量中。

```
1. sCurrent_Path=os.getcwd()                  #获得当前绝对路径
2. ltwork=sCurrent_Path.split(os.sep)          #将路径进行分割
3. sModel_name,sinfo=ltwork[-1].split("_")     #获得当前文件夹名（下载产品）
```

os.sep 是路径分隔符，不同系统会不同，这样跨平台时代码就不用改变。ltwork[-1]="EC_New"获得当前文件夹名称(产品名)，并再次进行了拆分。

```
1. #读取静态参数文件
2. sIn_abs_Path = os.path.join(sys.path[0],args.file_name)  #文件路径
3. with open(sIn_abs_Path,'r') as fh:
4.   sFTPaddr  = fh.readline().split()[0] # ftp 地址(去掉了换行符)
5.   sUsername = fh.readline().split()[0] # 用户名
6.   sPassword = fh.readline().split()[0] # 密码
```

利用 sys.path[0]当前和 args.file_name 脚本名拼接得到静态参数文件绝对路径，并对参数文件进行读取，读取时只保留每行第 1 个空格前的信息。

对下载时间段进行分解，可以通过动态参数传入开始结束日期。

```
1. #需要进行下载的日期
2. dstart_date = datetime.datetime(2020, 2, 27)  #开始日期(年月日)整数
3. dend_date   = datetime.datetime(2020, 2, 28)  #结束日期
4. #两个日期之间间隔天数
5. iN_days = (dend_date - dstart_date).days + 1
6. #起始结束日期之间的日期 保存在列表中(格式:['20200227','20200228'])
7. ltdates=[]
8. for iday in range(iN_days):
9.   ltdates.append((dstart_date + datetime.timedelta(days = iday)).date().strftime
   ("% Y% m% d"))
```

通过下面函数将北京时间变为世界时间。时间变量保存在列表中，python 中的列表可以理解为一个“框”，什么变量都可以往里“装”。

```
1. """北京时-->世界时"""
2. def dBJT_to_UTC(syear, smonth, sday, shour):#输入字符串年(4)月(2)日(2)时(2)
3.   return time.strftime("%Y%m%d%H",\  #\换行符
4.          time.gmtime(time.mktime(time.strptime(syear+smonth+sday+shour,\
5.          "%Y%m%d%H"))))
```

strptime()函数根据指定的格式把一个时间字符串解析为时间元组。

mktime()返回用秒数来表示时间的浮点数。

gmtime()函数将一个时间戳转换为 UTC 时区(0 时区)。

strftime()函数用来格式化接收的时间元组。

```
1.  #下载 1 个文件的函数
2.  def dDL_1file(sUsername, sPassword, slocal_rootdir, \
3.                sremote_rootdir, sremote_filename, slog_abs_path):
4.    #wget 的下载语句拼接
5.    scommand = "wget -c -t 3 -N ftp://"+ sUsername+":"+ sPassword + "@" + \
6.               sremote_rootdir + r"/" + sremote_filename + \
7.               " -P " + slocal_rootdir + " -a " + slog_abs_path
8.    #执行下载语句
9.    os.system(scommand)
10.
11.   #如果下载文件是 bz2 文件,就进行解压缩
12.   with bz2.BZ2File(sbz2_abs_path,"rb") as zipfile: # 打开 bz2 文件
13.     data = zipfile.read()                          # 获得解压数据
14.   with open(temp_path, 'wb') as fh:               # 保存到新文件中
15.     fh.write(data)
16.   return
```

wget 单个文件下载模板如下：

“wget-c-t 3-N ftp://用户名:密码@ip 地址:端口/文件绝对路径-P 下载到本地地址”,其中：

-c:断点续传。

-t:下载重试次数(连接不上不服务器不断重试次数)。

-N:只获取比本地文件新的文件。

-P:将下载的所有内容存放到指定目录。

wget 递归下载整个远程目录的下载模板如下：

“wget-c-nH-t 3-r-L--cut-dirs＝数目-N ftp://用户名:密码@ip 地址:端口/目录路径-P 本地目录地址-a 日志保存在本地路径”,其中：

-r:递归下载。

-L:只跟踪有关系的链接。

--cut-dirs:忽略远程目录中的前 n 个顶部目录层次。

-nH:不要创建主目录。

-a:下载日志信息保存文件。

wget 递归下载主要用在对整个数据集或部分数据集的备份作用。

在实际业务中,为了达到较高的效率,通常都是并行作业(Linux 真并行),所以先对单个下载程序进行封装,满足并行函数的要求。

```
1.  def dmulti_Download(args):
2.    return dDL_1file(*args)
```

利用多进程模块进行并发下载。

```
1. #并发下载
2. ltPara=[[函数参数 1],[函数参数 2],...]   #列表多个函数参数表(dDL_1file 参数)
3. iN_Process=max(1,args.thread)           #获得进程数
4. pool = Pool(processes = iN_Process)     #建立进程池(设置并发数)
5. results = pool.map(dmulti_Download,ltPara) #参数并发到函数
6. pool.close()                            #阻塞主进程并等待工作完成
7. pool.join()                             #让子进程继续运行完成
```

wget 会遇到有的用户密码具有特殊字符(@!$),可以将密码中特殊符号前加转义符(\反斜杠),或者只用 curl 进行下载,curl 在大部分 Linux 系统中也是,curl 的下载模板如下:

"curl-s-C--k--ftp-create-dirs sftp://远程文件绝对路径--user 用户名:密码-o 本地文件绝对路径",其中:

-s:Silent 模式。

-C:断点续转。

-k:允许连接到 SSL 站点,而不使用证书。

如果 curl 软件没有被安装,可以从 https://curl.haxx.se/download.html 下载进行编译。

在实际使用中,我们会在启动并行程序后,中途希望撤销运行程序,这时就得找出 wget 进程 id,选择性的 kill 掉进程。

```
$ pgrep wget | xargs ps -u --pid
```

或在找到全部进程的同时全部 kill 掉所有进程。

```
$ pgrep wget | xargs kill -9
```

3.3　数据入库

数据入库是系统中第二个流程步骤,数据入库并不是要将数据写入到专门的数据库中,而是将数据根据存放规则统一放在指定目录下,成为有序数据集,这既方便读取又方便维护,由于数据集中大部分都是 GRIB 格式存储的模式产品数据,所以占用空间也会比专门的数据库存储要小。该模块中在一级目录(2Write_DataBase)下设置不同产品二级子目录,包括:EC 模式产品(EC_New),GRAPES_3KM 产品,GRAPES_GFS 产品,格点融合产品(Obs_Grid)等(图 3.5)。通过第一步的数据下载后,下载获得的都是原始的 GRIB 格式数据,资料中有的是全球范围,有的资料是中国区域范围,有的资料包括所有模式输出变量,在这些产品中并不是所有范围和变量信息都是需要的,大部分省(区、市)也没有足够的资源来存储,所以就设计到数据产品信息的筛选和空间范围的截取。该流程主要任务就完成这项工作。

GRIB 码属于表格驱动码编码中的一种格式,是世界气象组织(WMO)推广的一种用于信息传输和资料交换的信息代码,能反映气象信息的全貌,适应高速电路传输和计算机处理,它

与计算机无关的压缩的二进制编码，主要用来表示数值预报产品资料。现行的 GRIB 码版本有 GRIB1 和 GRIB2 两种格式[1]。

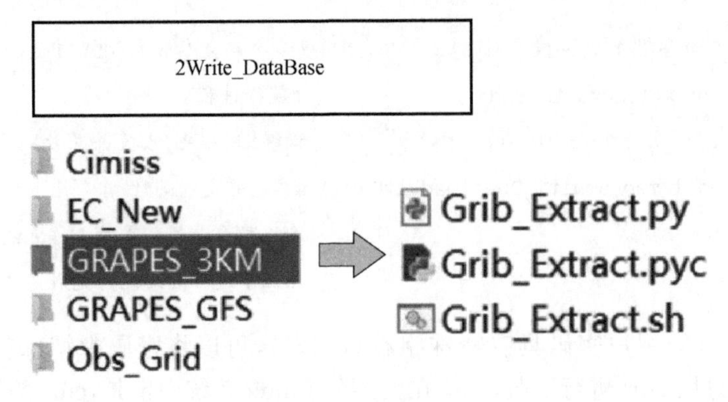

图 3.5　入库模块结构

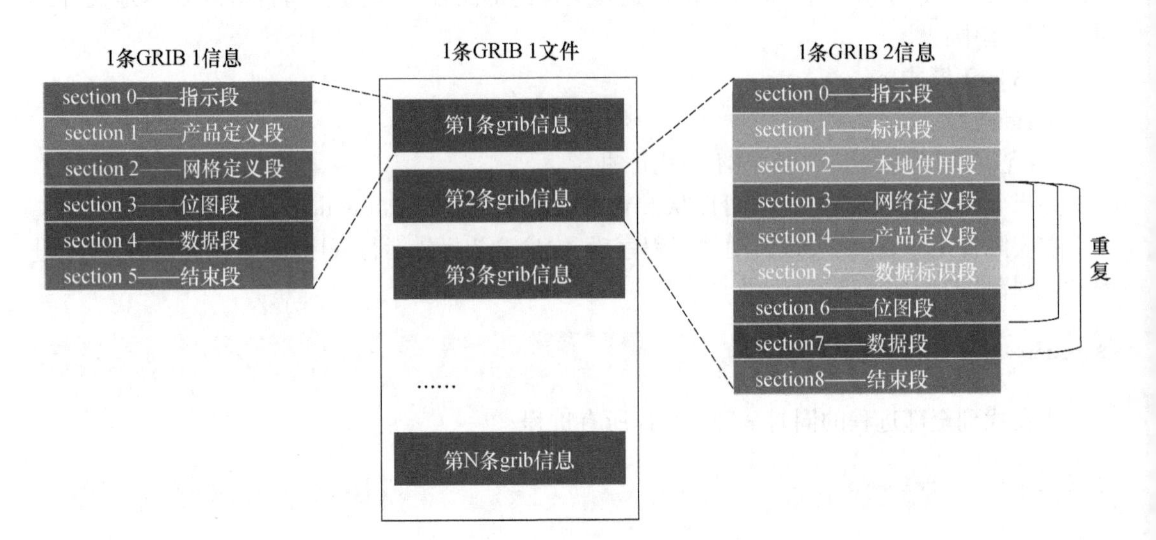

图 3.6　GRIB 文件结构示意图

GRIB 文件的主要结构如图 3.6 所示，一个 GRIB 文件中包含了多条 GRIB 格式信息，每条信息的格式有可能是 GRIB1 或者 GRIB2，GRIB1 信息中有 5 个段定义数据结构，GRIB2 信息中有 8 个段定义数据结构，并在 3～7 段可以重复。

下面我们将重点对 GRIB 文件的读取、内部信息获取、空间截断、GRIB 保存进行技术讲解，本书对代码进行了简化和抽象，这里仅仅给出我们认为重要的程序知识点。

磨刀时间：

首先通过 shell 脚本 GRIB_Extract. sh 调用入库程序：

```
1.  sBegin_date=$(date -d "1 days ago" +%Y%m%d)      #获取前 1 天的日期
2.  sEnd_date=$(date --date="today" +"%Y%m%d")      #获取当天系统日期
3.  Python3 GRIB_Extract. pyc -bd $sBegin_date -ed $sEnd_date
```

在入库程序(Python 程序)中主要需要以下函数库:

```
1. import os             # 处理路径操作、进程管理、环境参数库
2. import sys            # 系统环境交互库
3. import datetime       # 时间处理库
4. import argparse       # 命令行参数传入解析库
5. import numpy as np    # 数值计算库
6. import pyGRIB         # GRIB 文件处理库
7. from multiprocessing import Pool, cpu_count   # 多进程模块
```

判断输入的 GRIB 件是否存在,并建立输出临时文件。这里有个很重要的小技巧:我们并不直接在指定输出文件中写入数据,而是先建立一个临时输出文件,然后输出完数据后,将临时文件名改为指定输出文件名。这种做法可以避免在未写完数据的同时,被其他程序读取造成错误。

```
1. sIn_Abs_Path='GRIB 文件的绝对路径'
2. if os. path. exists(sIn_Abs_Path):     #检查输入文件是否存在
3.   temp_path = sOut_Abs_Path+". tmp"    #建立临时输出文件绝对路径
4.   if os. path. exists(temp_path):      #如果输出临时文件存在,先进行删除
5.     os. remove(temp_path)
```

下面对一个 GRIB 文件进行读取,并裁剪到需要的区域。这里注意,裁剪输入区域最好与网格经纬度对齐,如果在裁剪边界线正好在数据两个网格点之间,裁剪出来的区域就要小于指定区域。

```
1. #新建 1 个临时输出文件
2. with open(temp_path,'wb') as grbout:
3.   #打开原始 GRIB 文件
4.   grbs = pyGRIB. open(sIn_Abs_Path)
5.   #循环读取每条信息
6.   for grb in grbs: #grb 保存了每条信息的类
7.     #数据裁剪
8.     subdata, lats, lons = grb. data(lat1=起始纬度,lat2=结束纬度,lon1=开始经度,lon2=结
  束经度)
9.     #修改经度坐标
10.    grb['longitudeOfFirstGridPointInDegrees'] = lons[0,0]
11.    grb['longitudeOfLastGridPointInDegrees']  = lons[-1,-1]
12.    #修改纬度坐标
13.    grb['latitudeOfFirstGridPointInDegrees']  = lats[0,0]
14.    grb['latitudeOfLastGridPointInDegrees']   = lats[-1,-1]
```

```
15.     #修改格点数
16.     grb['Nj']                                   = lons.shape[0]
17.     grb['Ni']                                   = lons.shape[1]
18.     #修改数值
19.     grb['values']                               = subdata
20.     #将修改后的GRIB信息写入新文件中
21.     grbout.write(grb.tostring())
22.   grbs.close()
```

我们在这里列举几个GRIB中常用到的关键词：

‘parameter Category’：变量类。

‘parameter Number’：变量号。

通过这两个关键词的结合可以在GRIB的驱动表中确定变量具体含义。

‘parameter Units’：变量单位。

‘parameter Name’：变量名。

‘parameter Units’：变量单位。

‘short Name’：变量名缩写。

‘name’：完整变量名。

‘type Of Level’：变量层次类型，例如：等压层，eta层，地面高度层，地下深度层。

‘level’：具体层次，例如：500 hPa或2 m等。

通过keys()来获取1条GRIB信息中的所有关键词，然后判断输入的关键词是否存在所有keys列表中，然后再进行处理。例如：

```
1.  ltkeys=grb.keys()
2.  if skey in ltkeys:
3.     #进行处理
```

最后使用os中的rename函数将临时文件名变为指定输出文件名。

```
1.  os.rename(输入文件名，输出文件名)
```

3.4　数据预处理

数据预处理是系统中第三个流程步骤，是一个非常重要的步骤。以前很多订正系统把这个步骤与预报模型建立混合在一个大程序中，我们不建议那样设计，因为有两个重要的原因：第一，对数据进行预处理的需求是多种多样的，处理的方法也是随业务的发展而变化的，因此必须将其设计为一个独立模块，才能随着业务的变化而不断升级和调整；第二，每种预处理结果可能被不同的建模方案所使用，这种独立设计能提高数据重复使用效率。

数据预处理在一级目录（3PreProcess）下设置不同处理方案的二级子目录，目前主要包括:站点插值(4Interpto1),时空插值(Interp_hourly),累积量提取(Cumulant_Decompose),日极值提取(MaxMin_24h)等处理步骤,在二级子目录下又根据需要,选取设置不同产品处理三级子目录,包括:模式产品和格点融合产品等。如图 3.7 所示。

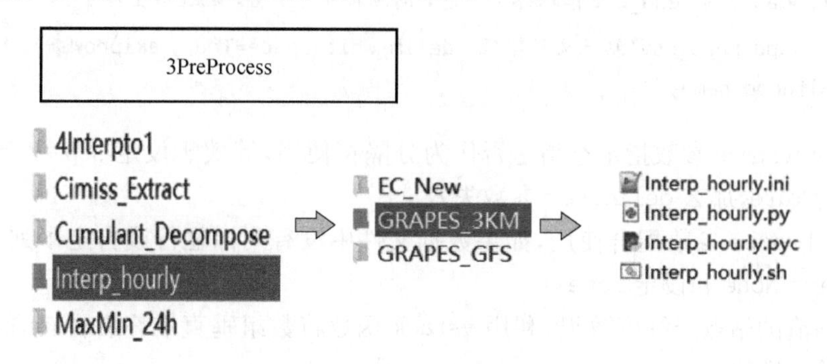

图 3.7　数据预处理模块结构

3.4.1　格点插站点

站点插值用到下面函数库,在导入 pyGRIB 时通过 try 和 except 异常处理语句来查看库文件是否被安装。

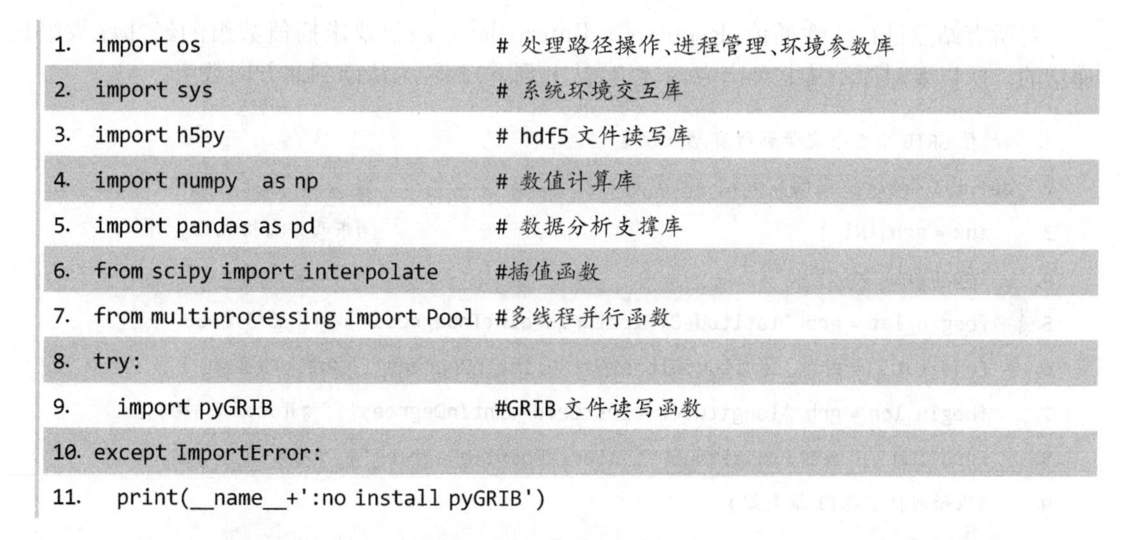

```
1.  import os                           # 处理路径操作、进程管理、环境参数库
2.  import sys                          # 系统环境交互库
3.  import h5py                         # hdf5 文件读写库
4.  import numpy  as np                 # 数值计算库
5.  import pandas as pd                 # 数据分析支撑库
6.  from scipy import interpolate       #插值函数
7.  from multiprocessing import Pool    #多线程并行函数
8.  try:
9.    import pyGRIB                     #GRIB 文件读写函数
10. except ImportError:
11.   print(__name__+':no install pyGRIB')
```

先使用 pandas 库中的 read_csv 函数读取文件中保存的站点列表,文件格式如表 3.1 所示(数据进行了加密),获得一个 dataframe 的数据结构。

表 3.1　站点样表

site_code	ProvPY	Lon	Lat	Alt	Name	ProvChi
11111	xinjiang	126.33	35.45	1250.9	站点 1	新疆
22222	xinjiang	126.97	35.18	1239.2	站点 2	新疆
33333	xinjiang	125.73	34.78	2241.8	站点 3	新疆
……			……			……

```
1. #自定义文件头
2. lthead_name=["site_code","ProvPY","Lon","Lat","Alt","Name","ProvChi"]
3. #使用 pandas 中的 read_csv 读取站点信息，间隔符号为空格，跳过第 1 行
4. dfsites = pd.read_csv(站点文件路径, delim_whitespace=True, skiprows=1, header=None,
   names=lthead_name)
```

delim_whitespace 参数指定空格是否作为分隔符使用，等效于设定 sep='\s+'。如果这个参数设定为 Ture，那么 delimiter 参数失效。

Header 和 names 参数配合使用，如果数据文件中没有列标题行或自定了列名列表，就需要执行 header=None 和设定 names。

准备要插值的站点经纬度数组，利用 vstack 函数将数组垂直堆叠后再转置，产生 N 行 2 列的二维的输入数组。

```
1. #需要插值站点的经纬度合并
2. ltsite_lat=dfsites['Lat'].values.tolist()
3. ltsite_lon=dfsites['Lon'].values.tolist()
4. site_xy=np.vstack((ltsite_lat,ltsite_lon)).T  #(纬度,经度)[n,2]
```

对所有站点进行线性插值，RegularGridInterpolator 函数要求插值数组的经纬度数组是递增的。所以要对原始从北到南方向数组（从上到下）翻转为从南到北方向数组。

```
1. #插值 GRIB 中 1 个变量到所有站点位置
2. def dS3_Interp_Sites(grb, site_xy):
3.     inx = grb['Ni']                                    #东西方向格点数
4.     iny = grb['Nj']                                    #南北方向格点数
5.     fbegin_lat = grb['latitudeOfFirstGridPointInDegrees']  #开始纬度=60
6.     fend_lat   = grb['latitudeOfLastGridPointInDegrees']  #结束纬度=0
7.     fbegin_lon = grb['longitudeOfFirstGridPointInDegrees']  #开始经度=70
8.     fend_lon   = grb['longitudeOfLastGridPointInDegrees']  #结束经度=140
9.     #原始网格数据(1 维数组)
10.    ndy_x_lon = np.linspace(fbegin_lon, fend_lon, inx)  #西-东(小-大)(70-140)
11.    ndy_y_lat = np.linspace(fend_lat, fbegin_lat, iny)  #南-北(小-大)(0-60)
12.    #站点插值
13.    interp_rgi = interpolate.RegularGridInterpolator((ndy_y_lat, ndy_x_lon),
   np.flipud(grb['values']))  #建立插值函数
14.    rlt_interp = interp_rgi(ndy_site_xy)  #插值结果
15.    return rlt_interp
```

numpy.linspace 是在指定的间隔内返回均匀间隔的数组。

numpy.flipud 是将数组在上下方向上翻转 180°。

RegularGridInterpolator 函数中通过对 method 关键词设定，可以使用线性“linear”和最邻近“nearest”两种插值方案。默认是 method＝’linear’方案。

最后将插值结果保存为 hdf5 格式，hdf5 格式有两个优点：第一是在结果文件中可以不断追加新的站点插值数据（增加站号 key 数据集），而不会影响其他原有站点插值结果，同时在读取时可以只读取某一个或某几个站点数据集，而不需要将整个数据全部一次性取出，大大提高了读取效率；第二是采用 compression＝“gzip”和 compression_opts＝9 压缩参数对数据进行压缩，使得整个数据文件体量大大减小，但在读取该文件时又可以快速的直接读取，不用考虑压缩。下面就是将插值结果保存为 hdf5 的程序，图 3.8 是使用 HDFView 工具对保存的 hdf5 文件查看的结果，查看软件显示出了 hdf5 结果文件的数据结构。

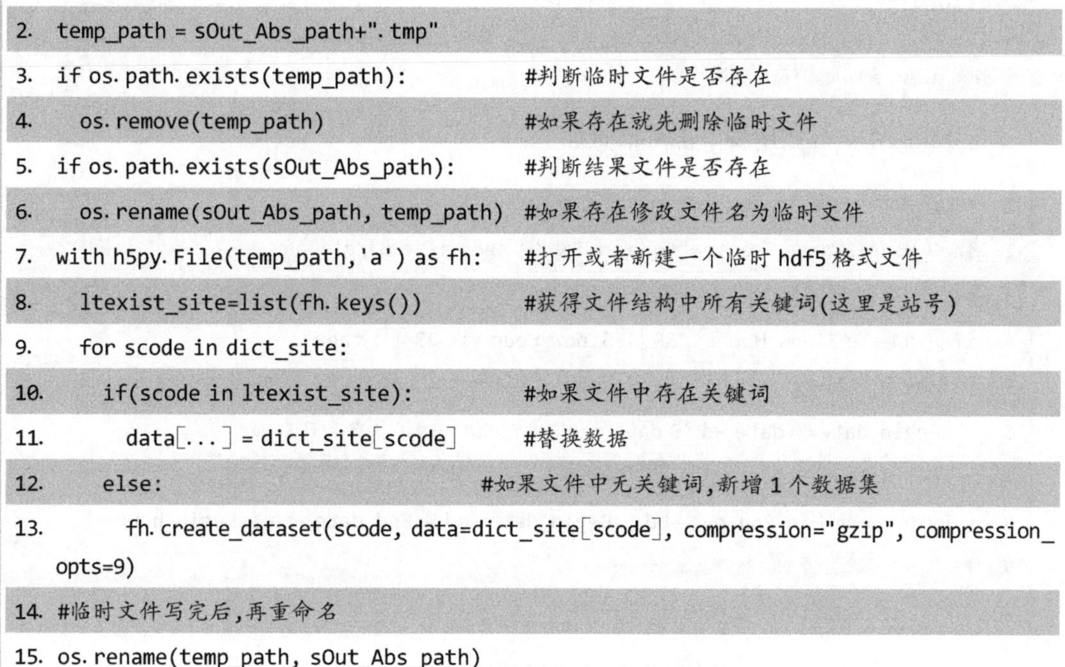

```
1.  #保存数据
2.  temp_path = sOut_Abs_path+".tmp"
3.  if os.path.exists(temp_path):                  #判断临时文件是否存在
4.    os.remove(temp_path)                         #如果存在就先删除临时文件
5.  if os.path.exists(sOut_Abs_path):              #判断结果文件是否存在
6.    os.rename(sOut_Abs_path, temp_path)          #如果存在修改文件名为临时文件
7.  with h5py.File(temp_path,'a') as fh:           #打开或者新建一个临时 hdf5 格式文件
8.    ltexist_site=list(fh.keys())                 #获得文件结构中所有关键词(这里是站号)
9.    for scode in dict_site:
10.     if(scode in ltexist_site):                 #如果文件中存在关键词
11.       data[...] = dict_site[scode]             #替换数据
12.     else:                                   #如果文件中无关键词,新增 1 个数据集
13.       fh.create_dataset(scode, data=dict_site[scode], compression="gzip", compression_
    opts=9)
14. #临时文件写完后,再重命名
15. os.rename(temp_path, sOut_Abs_path)
```

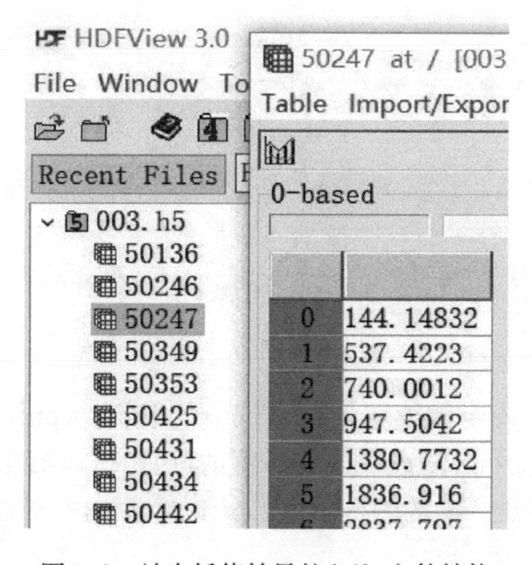

图 3.8　站点插值结果的 hdf5 文件结构

3.4.2　格点插格点

在研究工作或实际业务中，经常需要将粗网格的数据插值得到更精细的网格，或者相反的操作，这里我们以模块 MaxMin_24h 作为示例进行介绍。该模块是对模式产品的每日最大、最小值求取后再进行精细化插值。由于程序细节太多，这里仅仅介绍比较重要的部分功能代码。

模块中包含 3 个主要文件：主程序文件 MaxMin_24h. py，调用程序 MaxMin_24h. sh 和参数文件 MaxMin_24h. ini。

MaxMin_24h. ini 参数文件信息如下：

```
[MaxMinInfo]
elements      = 2T_Max,2T_Min,10W_Max,VIS_Min,2RH_Max,2RH_Min
forecast_time = 012_036
```

MaxMin_24h. sh 调用脚本部分信息如下：

```
1.  #获得当前小时时间,同时去除数字前面的 0.
2.  inow_Hour=$(date --date="today" +"%H" | sed 's/\< 0//g')
3.  #每天 14-23 点时间内是启动 08 点的预处理
4.  if [[ 14 -le $inow_Hour ]] && [[ $inow_Hour -le 23 ]]; then
5.     sBegin_hour=8
6.     sBegin_date=$(date -d "0 days ago" +%Y%m%d)  #获取当天日期
7.     sEnd_date=$sBegin_date
8.     Python3 MaxMin_24h. pyc -bd $sBegin_date -ed $sEnd_date -bh $sBegin_hour
9.  fi
10. ......#其它时间调用方式同上,在此略
```

主程序 MaxMin_24h. py 主要用到下面函数库。

```
1. import os                              # 处理路径操作、进程管理、环境参数库
2. import sys                             # 系统环境交互库
3. import configparser                    # 读写配置文件
4. import h5py                            # hdf5 文件读写库
5. import numpy  as np                     # 数值计算库
6. from scipy import interpolate          # 插值函数
7. import pyGRIB                          #GRIB 文件读写函数
```

首先调用 configparser 库函数读取参数文件中的信息。configparser 是用来处理配置文件的参数化配置模块，可读写 ini、cfg、conf 等后缀的配置文件，参数文件中可以包含一个或多个节，每个节可以有多个参数。参数的行顺序可以随意调整，并可以随时增加参数信息。

```
1. #参数文件名与程序同名
2. sfile_name = os.path.basename(sys.argv[0]).split(".")[0]+".ini"
3. spara_abs_path = os.path.join(scurrent_path,sfile_name)
4. if os.path.exists(spara_abs_path):  #参数文件存在
5.    dyMaxMinInfo={} #保存参数信息到字典中
6.    config = configparser.ConfigParser()
7.    config.read(spara_abs_path)
8.    #获得 elements 参数信息并分割为列表
9.    dyMaxMinInfo["elements"]=config.get('MaxMinInfo',"elements").split(",")
10.   #获得 forecast_time 参数信息并删除全部空格后分割为列表
11.   dyMaxMinInfo["forecast_time"] = config.get('MaxMinInfo',"forecast_time").replace
   ('\n','').split(",")
12. else:
13.   print("No:"+spara_abs_path)
14.   sys.exit() #参数文件不存在退出程序
```

产生一个插值结果对应的经纬度范围的二维数组，以备插值函数使用。

```
1. #插值产品-1 维经纬度数组
2. #西-东(小-大) 1 维数组(70,...,140),维度(1401,)
3. ndy1d_x_lon = np.linspace(lon_start, lon_end, N_lons)
4. #南-北(小-大) 1 维数组(0,...,60) ,维度(1201,)
5. ndy1d_y_lat = np.linspace(lat_start, lat_end, N_lats)
6. #生成插值后的经纬度二维数组,维度(1201, 1401)
7. ndy2d_x_lon, ndy2d_y_lat=np.meshgrid(ndy1d_x_lon, ndy1d_y_lat)
8. shape2d_interp = ndy2d_x_lon.shape
9. #将二维数组保留精度并 1 维化
10. ndy1d_x_lon2d = np.around(ndy2d_x_lon, decimals=2).flatten()
11. ndy1d_y_lat2d = np.around(ndy2d_y_lat, decimals=2).flatten()
12. #2 个数组合并为新二维数组[[纬度 经度]],维度(1682601,2)
13. ndy_points_xy =  np.vstack((ndy1d_y_lat2d,ndy1d_x_lon2d)).T
```

产生描述模式产品范围的经纬度数组，以备插值函数使用。

```
1. #西-东(小-大) 1d 数组(70,...,140),维度(561,)
2. ndy1d_x_lon_ec = np.linspace(lon_start, lon_end, N_lons)
3. #南-北(小-大) 1d 数组(0,...,60) ,维度(481,)
4. ndy1d_y_lat_ec = np.linspace(lat_start, lat_end, N_lats)
5. #列表封装
6. lt1d_lonlat_ec = [ndy1d_x_lon_ec,ndy1d_y_lat_ec]
```

通过调用自定义函数，求取多个预报文件中每个格点的最高值和最低值，然后进行空间插值，将结果保存为 hdf5 文件。

```
1.  #ltIn_Abs_path 保存多个预报文件的列表，判断是否全部存在
2.  if (False not in [os.path.exists(x) for x in ltIn_Abs_path]):
3.      #输出插值文件是否存在
4.      lalive = os.path.exists(sOut_Abs_path)
5.      #输出结果不存在 or (结果存在 and 强制更新更新>=1)就进行处理
6.      if (not lalive) or (lalive and args.update!=0):
7.          #建立路径文件夹
8.          if not os.path.exists(sOut_Sub_path): os.makedirs(sOut_Sub_path)
9.          #调用函数，求取多个预报文件中每个格点的最高最低值并进行精细插值
10.         dS3_MaxMin_EC(ltIn_Abs_path, sOut_Abs_path, dyMaxMinInfo["elements"], \
11.                       lt1d_lonlat_ec, ndy_points_xy, shape2d_interp)
```

自定义的日极值求取并插值的函数如下：

```
1.  def dS3_MaxMin_EC(self, ltIn_Abs_path, sOut_Abs_path, ltelements, lt1d_lonlat_ec,
    ndy_points_xy, shape2d_interp, method='linear'):
2.      #从多个时次文件中读取多个物理量
3.      ltcycle=[[x,ltshortName] for x in ltIn_Abs_path]
4.      iN_Process = len(ltcycle)
5.      pool = Pool(processes = iN_Process)
6.      pool_result = pool.map(self.dmulti_dget_1GRIB_ec, ltcycle)
7.      #pool_result 结果是多个字典组成的列表[{},{}...] #每个字典为 1 个时次结果
8.      pool.close() #多个时次的结果
9.      pool.join()
10.     dyPQ_mxmi={skey:[None,None] for skey in ltelements} #计算结果保存字典中
11.     #要素循环
12.     for sIn_name in ltelements:
13.         #标量场的并行结果合并[数组 1,数组 2,……,数组 n]
14.         ltwork=[dyPQ[sIn_name].flatten() for dyPQ in pool_result if dyPQ[sIn_name] is not
    None]
15.         if not ltwork: continue
16.         ndyPQ1d=np.vstack(ltwork) #重组为整体的二维数组(行:时间,列:格点号)
17.         if sIn_name in ["2T_MAX","2RH_MAX"]:
18.             #求最大(上-下 = 北-南  左-右 = 西-东)
19.             ndyPQ1d=np.nanmax(ndyPQ1d,axis=0).reshape(ltec_shape)
```

```
20.         #建立插值函数
21.         interp_rgi = interpolate.RegularGridInterpolator((lt1d_lonlat_ec[1], lt1d_
    lonlat_ec[0]), np.flipud(ndyPQ1d), method=method)
22.         #插值并重新组织
23.         ndyinterp = interp_rgi(ndy_points_xy).reshape(shape2d_interp) #南-北(上-下)
24.         #保存最大值
25.         dyPQ_mxmi[sIn_name][0]=ndyinterp
26.     elif sIn_name in ["2T_MIN","VIS_MIN","2RH_MIN"]:
27.         #求最小(上-下 = 北-南　左-右 = 西-东)
28.         ndyPQ1d=np.nanmin(ndyPQ1d,axis=0).reshape(ltec_shape)
29.         #建立插值函数
30.         interp_rgi = interpolate.RegularGridInterpolator((lt1d_lonlat_ec[1], lt1d_
    lonlat_ec[0]), np.flipud(ndyPQ1d), method=method)
31.         #插值并重新组织
32.         ndyinterp = interp_rgi(ndy_points_xy).reshape(shape2d_interp) #南-北(上-下)
33.         #保存最小值
34.         dyPQ_mxmi[sIn_name][1]=ndyinterp
35.   #插值结果保存到 hdf5 文件中
36.   self.dOut_hdf5_mxmi_ec(sOut_Abs_path, dyPQ_mxmi, update=0)
```

在自定义极值函数处理中,通过并行获得多个时次预报文件中指定数据。

```
1.  #并行读取多个文件
2.  def dmulti_dget_1GRIB_ec(self,args):
3.    return self.dget_1GRIB_ec(*args)
4.  #读取 1 个文件多个要素
5.  def dget_1GRIB_ec(self, sIn_abs_path, ltshortName):
6.    dyPQ={ltkey[1]:None for ltkey in ltshortName}
7.    if os.path.exists(sIn_abs_path):
8.      grbs = pyGRIB.open(sIn_abs_path)
9.      for ltkey in ltshortName:
10.       #上-下 = 北-南　左-右 = 西-东　.shape(481 561)
11.       #北-南 = 60-0:0.125 = 481 个点 西-东 = 70-140:0.125 = 561 个点
12.       try:
13.         if ltkey[0]=="2rh": #相对湿度
14.           grb_2t=grbs.select(shortName="2t")[0] #2m 温度
15.           grb_2d=grbs.select(shortName="2d")[0] #2m 露点
16.           #计算相对湿度
```

```
17.          rlt=MDiag.relative_humidity(grb_2t.values,grb_2d.values)
18.          rlt=np.round(rlt,2)
19.        elif ltkey[0]=="10fg3": #阵风场
20.          grb_10u=grbs.select(shortName="10u")[0]  #10m_u 风
21.          grb_10v=grbs.select(shortName="10v")[0]  #10m_v 风
22.          grb_fg=grbs.select(shortName="10fg3")[0] #10m_阵风
23.          rlt_10u=np.round(grb_10u.values,2)
24.          rlt_10v=np.round(grb_10v.values,2)
25.          rlt_fg =np.round(grb_fg.values,2)
26.        else:
27.          grb=grbs.select(shortName=ltkey[0])[0]
28.          rlt=np.round(grb.values,2) #保存 2 位有效小数
29.      except ValueError:
30.        rlt      = None
31.        rlt_10u = None
32.        rlt_10v = None
33.        rlt_fg  = None
34.      if ltkey[0]=="10fg3": #阵风场
35.        dyPQ["10U_MAX"]=rlt_10u
36.        dyPQ["10V_MAX"]=rlt_10v
37.        dyPQ[ltkey[1]]=rlt_fg
38.      else:
39.        dyPQ[ltkey[1]]=rlt
40.      grbs.close()
41.    return dyPQ
```

最后将提取的最高值和最低值的插值结果保存在 hdf5 的压缩文件中(如图 3.9)。在保存数据过程中有个技术小技巧:先将数据保存到临时文件名的文件中,待结果保存完成后,再更名为正式输出文件名。这样可以避免在写的过程中,有另外的程序读取该文件而发生错误的现象。

```
1.  #输出插值结果文件(输出 5*5 细网格)
2.  def dOut_hdf5_mxmi_ec(self, sOut_Abs_path, dyPhyQ, update=0):
3.    #判断文件夹存在
4.    (shdf5_path,shdf5_file_name)  = os.path.split(sOut_Abs_path)
5.    if not os.path.exists(shdf5_path): os.makedirs(shdf5_path)
6.    #清除临时文件
7.    stemp_path=sOut_Abs_path+".tmp"  #先将数据保存到临时文件中然后再更名
```

```
8.  if os.path.exists(stemp_path): os.remove(stemp_path)
9.  with h5py.File(stemp_path,'a') as fh:  #打开 hdf5 文件
10.   ltexist_PQ=list(fh.keys())  #获取文件中的 key 值
11.   for skey in dyPhyQ:
12.     skey_upper=skey.upper()
13.     if((skey_upper in ltexist_PQ) and update==1): #key 值存在 & 强制更新
14.       for x in dyPhyQ[skey]:
15.         if x is not None:
16.           fh[skey_upper][...]=x  #更新数据
17.     else:  #hdf5 文件中 key 值不存在
18.       for x in dyPhyQ[skey]:
19.         if x is not None:  #创建新的压缩数据
20.           fh.create_dataset(skey_upper, data=x, compression="gzip", compression_
    opts=9)
21. os.rename(stemp_path, sOut_Abs_path)  #修改为原文件名
22. return
```

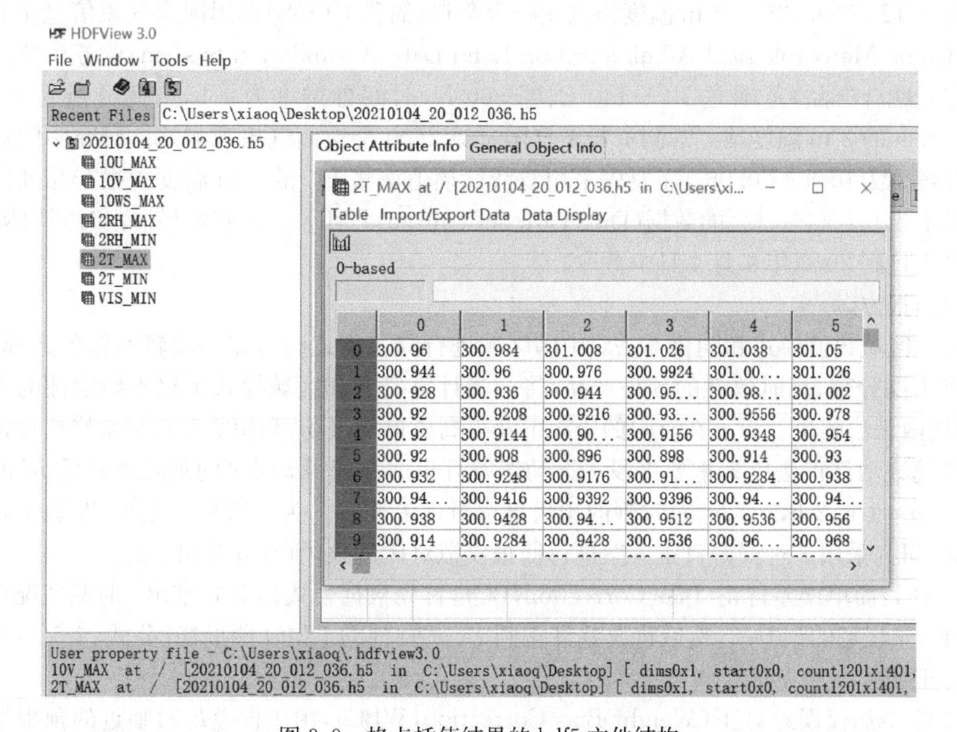

图 3.9　格点插值结果的 hdf5 文件结构

3.5 模型建立

3.5.1 气温网格建模预报

数值模式预报产品经过站点统计建模订正后，误差都得到减小，站点订正方法具有正技巧效果。但过去研究都是利用数值模式预报产品与同时刻站点实况建立统计关系进行站点订正预报。目前国家气象中心正开展5 km气象要素格点化预报业务，随着格点化预报技术发展，一天2次的站点预报已远远不能满足业务要求。另外，当前的数值天气模式预报产品在时效上和准确率上又很难支撑目前业务发展。同时，国内高频次、高时空分辨率的格点化多元融合产品已经开始出现。为了快速获得更精更准的格点预报产品，研究使用高频次的温度格点化多元融合产品，采用8种不同的误差订正方案，对欧洲中期天气预报中心（European Centre for Medium-Range Weather Forecasts，ECMWF）发布的模式2 m温度预报产品进行滚动订正预报试验，并对订正前后的预报结果进行检验分析，找出最优订正方案[2]。

1)使用资料

2 m温度模式预报产品采用ECMWF细网格模式资料（简称EC），模式起报时间是08:00（北京时，下同），资料范围是70°—140°E、0°—60°N，时间分辨率为3 h，预报时效0～48 h，空间分辨为0.125°×0.125°。2 m温度格点化融合资料（简称GOBS）选用国家气象信息中心CLDAS（China Meteorological Administration Land Data Assimilation System）业务系统产生的温度多元融合产品，范围是70°—140°E、0°—60°N，时间分辨率为1 h，空间分辨为0.05°×0.05°。1 h的2 m温度站点观测资料来自国家级2400个地面气象观测站。研究中的订正场空间分辨率为0.05°×0.05°，需要先采用双线性插值法将EC的2 m温度预报产品插值成空间分辨率为0.05°×0.05°的数据（Direct Model Output，DMO）。所有资料样本时间均从2017年1月1日到2017年9月1日中截取。

2)预报方案

采用区域数值模式和同化方法对中国区域进行降尺度逐时订正是比较不错的选择之一，但要产生高分辨、高时效性的预报产品，将会受计算资源和区域模式预报不确定性的很大制约，短期内无法解决。为了在有限的资源下获得高质量预报场，利用实况观测来修正预报场的统计建模滚动订正法成为重要手段。滚动误差订正即在获得t时刻的观测资料后，及时对未来$t+n$（$n=1$ h，2 h，…，24 h）时刻的预报场进行误差修订。为了得到误差小、准确率高的预报产品，研究采用8种误差订正方案进行回报模拟对比试验，所有方案如下。

方案1：简单误差订正（Bias Correction，BC），首先根据公式(3-5-1)求出t时刻实况格点场与DMO预报场的误差E_t，然后将误差订正到$t+n$时刻的DMO预报场（公式(3-5-2)），得到最终订正场。

方案2：加权误差订正（Weight Bias Correction，WBC），由于误差E_t对临近的预报场影响最大，随着预报时效的延长，影响逐渐减弱，需要用一个权重来调节，将权重调节的误差订正到$t+n$时刻的DMO（公式3-5-3），得到最终订正场。权重根据过去30 d预报检验结果进行人工调整得到。

方案3：误差回归订正（Bias Regression Correction，BRC），由于很多格点误差变化很大，特别陆地区域,预计权重方案订正效果有限,采用最小二乘法回归的思路对 t 时刻的误差与 $t+n$ 时刻的预报误差进行建模(公式(3-5-4)),得到回归模型,根据模型进行预报,得到订正场。

方案 4:DMO 回归订正(DMO Regression Correction,DRC),根据 MOS 思想,由于同时刻的模式预报产品对最终订正场有决定性作用,同时与方案 3 进行对比,采用最小二乘法回归的思路对 $t+n$ 时刻的 DMO 预报场与 $t+n$ 时刻的实况进行回归建模(公式 3-5-5),得到回归模型,根据模型进行预报,得到订正场。

方案 5:双因子回归订正(Two-Predictor Regression Correction,TPRC),考虑到 t 时刻的误差与 $t+n$ 时刻的 DMO 预报场都与 $t+n$ 时刻的实况有很强的相关性,将 t 时刻的误差与 $t+n$ 时刻的 DMO 预报场都作为预报因子,与 $t+n$ 时刻的实况进行回归建模(公式(3-5-6)),得到回归模型,根据模型进行预报,得到订正场。

方案 3、4、5 中的模型建立完成后,模型不随时间而变化。在模型样本不足的情况下,模型有可能不能很好地适应新因子的变化,为了获得更好的预报结果,将采用滑动建模的方式更新模型。

方案 6:滑动误差回归订正(Sliding Bias Regression Correction,SBRC)。

方案 7:滑动 DMO 回归订正(Sliding DMO Regression Correction,SDRC)。

方案 8:滑动双因子回归订正(Sliding Two-Predictor Regression Correction,STPRC)分别与方案 3、4、5 相对应,订正方案都一致,区别是方案 6、7、8 中的模型是随预报时间进行滑动建模。以上 8 种订正方案对比综括如表 3.2。

$$E_t=O_t-Y_t \tag{3-5-1}$$

$$Y'_{t+n}=Y_{t+n}+E_t \tag{3-5-2}$$

$$Y'_{t+n}=Y_{t+n}+W\times E_t \tag{3-5-3}$$

$$Y'_{t+n}=Y_{t+n}+(b_0+b_1\times E_t) \tag{3-5-4}$$

$$Y'_{t+n}=b_1 Y_{t+n}+b_0 \tag{3-5-5}$$

$$Y'_{t+n}=b_1 Y_{t+n}+b_2\times E_t+b_0 \tag{3-5-6}$$

其中:O_t是 t 时刻的实况格点场,Y_t是 t 时刻的 DMO,E_t是 t 时刻的实况格点场与 DMO 的误差,Y'_{t+n}是 $t+n$ 时刻的订正场。W 是权重系数[0,1]。b_0,b_1,b_2 是利用最小二乘法建立的模型系数。

表 3.2　8 种订正方案综括

序号	方案名	简称	模型样本选择	公式
方案 1	简单误差订正	BC	随时间滑动(1 d)	公式(3-5-2)
方案 2	加权误差订正	WBC	固定时间段(31 d)	公式(3-5-3)
方案 3	误差回归订正	BRC	固定时间段(31 d)	公式(3-5-4)
方案 4	DMO 回归订正	DRC	固定时间段(31 d)	公式(3-5-5)
方案 5	双因子回归订正	TPRC	固定时间段(31 d)	公式(3-5-6)
方案 6	滑动误差回归订正	SBRC	随预报时间滑动(31 d)	公式(3-5-4)
方案 7	滑动 DMO 回归订正	SDRC	随预报时间滑动(31 d)	公式(3-5-5)
方案 8	滑动双因子回归订正	STPRC	随预报时间滑动(31 d)	公式(3-5-6)

检验方案采用平均绝对误差(MAE)和准确率(A):

$$MAE=\frac{1}{m}\sum_{1}^{m}\left|O_{t+n}-Y'_{t+n}\right|_i \tag{3-5-7}$$

$$A=\frac{h}{m} \tag{3-5-8}$$

m 是样本总数，h 是绝对误差在指定数值以内的样本数，MAE 是 m 个预报样本与实况样本的平均绝对误差，A 是 m 个样本绝对误差在 2 ℃以内的准确率。同时，A 也是温度误差在[0,1]、(1,2]、(2,4]、(4,8]、(8,12]℃等的频率统计结果。

3)试验与分析

为了全面测试预报方案，试验选择两个时间段进行回报模拟，试验 1 选择 2017 年 1 月 1 日到 2017 年 1 月 31 日 31 d 作为模型样本，以 2017 年 2 月 1 日到 2017 年 2 月 28 日 28 d 作为预报样本。试验 2 选择 2017 年 6 月 1 日到 2017 年 6 月 30 日的 30 d 作为模型样本，以 2017 年 7 月 1 日到 2017 年 7 月 31 日 31 d 作为预报样本，方案 6、7、8 的模型样本为每个预报日期前 31 d 的滑动样本。试验 1 代表了冷季情况，试验 2 代表了暖季情况。方案 2 中的权重是通过前期检验人工调整而得到的权重分布，权重序列为 U 型曲线，调整后的权重分别为 0.98,0.90,0.8,0.7,0.6,0.6,0.7,0.8，不同起报时间权重略有调整，但趋势和形状不变。业务中 DMO 在 08:00(北京时)4～5 h 后才能获得，6 h 之后的预报场才真正有实际预报作用，15 h 后 20:00 的新预报场将产生，因此两次试验针对 08:00 后 6 h(北京时 14:00 起报)、12 h(北京时 20:00 起报)分别进行未来 3～24 h(预报时间间隔 3 h)的滚动订正研究将更有意义。

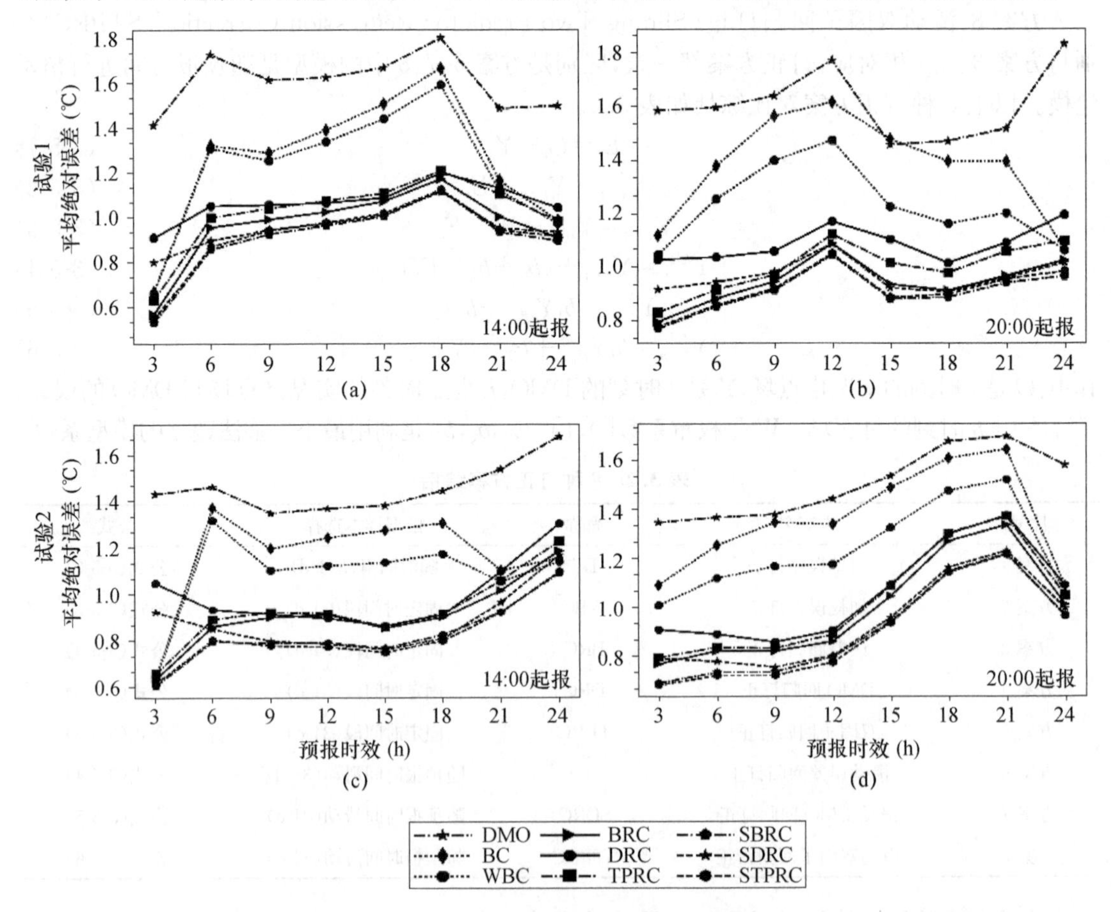

图 3.10 试验 1 和 2 中 8 种订正场的 MAE 格点检验对比(彩图见书后)

图 3.10、图 3.11、图 3.12 都是试验 1 和 2 的格点对格点检验图，即订正场的每个格点与同时刻多元融合产品(GOBS，下同)中对应的格点的检验情况。图 3.10 是试验 1 和 2 的 8 种订正方案的订正场与 GOBS 的全场平均 MAE 检验图，DMO 的 MAE 在 1.4～1.8 ℃。简单

误差订正(方案 1)对两次滚动的 3 h 预报都有明显的订正效果,*MAE* 减小幅度在 0.4～0.8 ℃。随着预报时效延长,订正变得不稳定,在试验 1(20:00 起报)中,15 h 的订正结果 *MAE* 比 DMO 偏大。加权误差订正(方案 2)比方案 1 的订正效果要好,3 h 订正的 MAE 与方案 1 基本一致,3～24 h 订正变得更加稳定,避免了订正后出现 *MAE* 比 DMO 大的情况。基于误差的全格点建模(方案 3)的订正效果比较明显,多个预报时效的平均 *MAE*(简称 AMAE)整体比 DMO 分别减少 0.64 ℃、0.67 ℃、0.55 ℃、0.51 ℃(图 3.10 中 a,b)。基于 DMO 的全格点建模(方案 4)也有很好的订正效果,但订正效果不如方案 1、2、3 好,特别是 3 h、6 h 的订正效果比方案 3 差很多。说明 0 时刻的误差场对短时预报效果有很强的影响。基于误差和 DMO 的双因子模型(方案 5)同时考虑了两个重要影响因子,两次试验的总体预报效果都要好于方案 1、2、4,方案 5 的 AMAE 比 DMO 分别减少 0.59 ℃、0.61 ℃、0.53 ℃、0.48 ℃(图 3.10 中 a,b)。方案 6、7、8 的格点 MAE 检验结果要全面优于方案 3、4、5,试验 1 中方案 8 的 AMAE 为 0.89 ℃和 0.92 ℃,略高于方案 6 的 0.88 ℃和 0.91 ℃,试验 2 中方案 8 的 AMAE 为 0.81 ℃和 0.90 ℃,略低于方案 6 的 0.82 ℃和 0.91 ℃。可以看出,方案 6 和 8 是所有方案中预报效果最好的。

MAE 从一个角度反映了不同方案的预报效果好坏,但仅验证 *MAE* 还不能完全反映预报方案的优劣。为了更全面地分析不同方案的订正效果,还需要准确率、误差频率分布来综合分析。图 3.11 是试验 1 和 2 的 8 种订正方案的订正场与 GOBS 全场平均准确率检验图。图 3.11 中 DMO 的多个预报时效的平均准确率(简称 AHIT)分别为 0.72、0.71、0.74、0.73(图 3.11a—d)。方案 1 订正后 14:00 起报的 AHIT 提升到 0.8 以上,20:00 起报的 AHIT 提升到 0.76 以上。方案 2 比方案 1 的部分时效准确率更高。方案 3 的 AHIT 比方案 1 和 2 又有本质提升,试验 1 和 2 的 AHIT 分别达到 0.87 和 0.89。方案 4 的 AHIT 虽然总体比方案 1 和 2 好,但 14:00 起报的两次试验中,3 h 和 6 h 订正结果的平均准确率低于方案 1、2 和 3。方案 5 虽然比方案 4 的准确率要高,但是仍然没有方案 3 的好。方案 6、7、8 的准确率在两次试验中都得分最高,方案 6 和 8 的 AHIT 都在 0.88 之上,其中 3 h、6 h 和 9 h 准确率几乎都在 0.9 以上。同样两次试验中,方案 6 和 8 是所有方案中预报效果最好的。

图 3.12 是试验 1 和 2 中 8 种订正方案的 3 h 订正场与 GOBS 的误差频率分布检验图。从图中可以看出,方案 1～8 都有明显的订正效果,同样,方案 3、6、8 的订正效果最好,试验 1(14:00 起报)中,DMO 的 4～12 ℃绝对误差频率是 7.6%,使用方案 3、6 和 8 订正后,频率分别减小到 0.3%、0.21%和 0.29%,试验 2(14:00 起报)中,DMO 的 4～12 ℃绝对误差频率是 8.9%,使用方案 3、6 和 8 订正后,频率分别减小到 0.72%、0.68%和 0.72%。DMO 经过方案 1、2、4、5、7 订正后误差大值区的频率都有不同程度降低,两次试验中方案 4 和 7 的频率降低幅度最小。可以看出,方案 3、6 和 8 对大值误差的减小效果是非常明显的。同时表明,作为预报模型因子的起报时刻误差场对预报误差大值的减小具有非常好的正技巧作用。

图 3.13 给出了试验 1 中 14:00 起报的 8 种预报结果的 3 h 格点订正场 *MAE* 空间分布,DMO 的误差主要集中在陆地,特别是青藏高原、缅甸地区,印度北部地区以及蒙古高原,天山山脉、台湾岛等地区。经过方案 1～8 订正后,上述地区的 *MAE* 得到很大幅度的减小。方案 4 和 7 在西伯利亚地区和太行山脉的订正效果不如其他方案。特别是西伯利亚地区 *MAE* 大值区域没有得到很好的减小。而方案 3 和 5 比前几种方案订正更有效,特别是能很好地减小西伯利亚地区和太行山脉的 *MAE*,但云贵高原上和黄土高原仍然有相对周围地区较大的 *MAE*。方案 6 和 8 的订正效果最明显,将云贵高原和黄土高原的 MAE 再次减小,让订正后整个区域的 MAE 基本在 2 ℃以下。

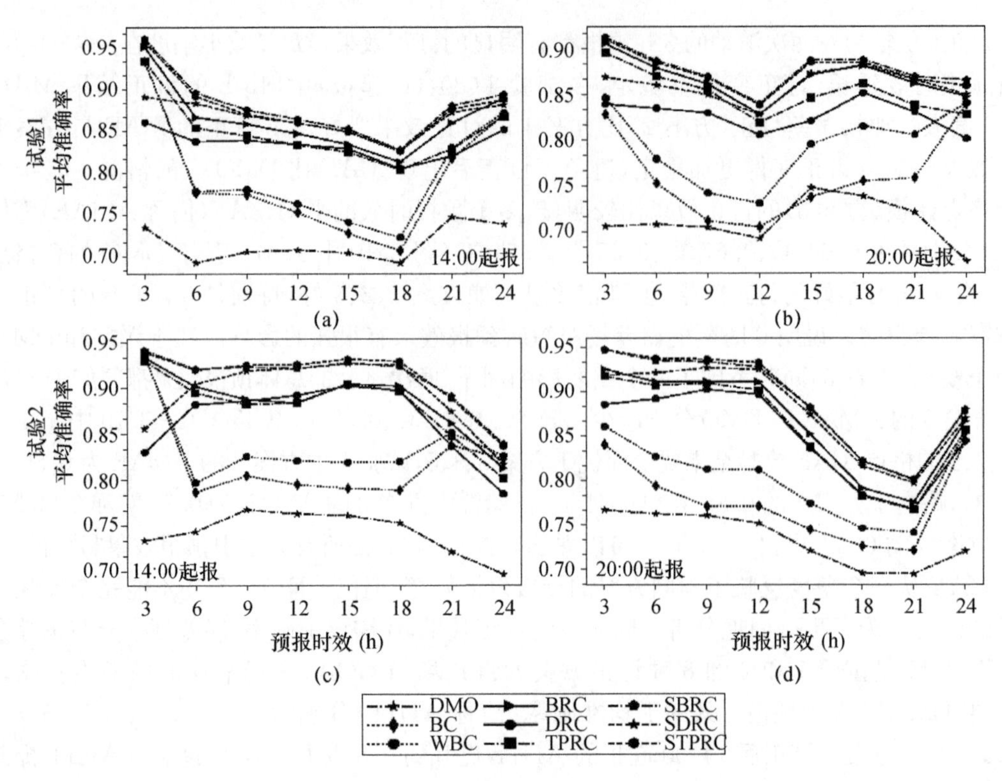

图 3.11 试验 1 和 2 中 8 种订正场的准确率格点检验对比(彩图见书后)

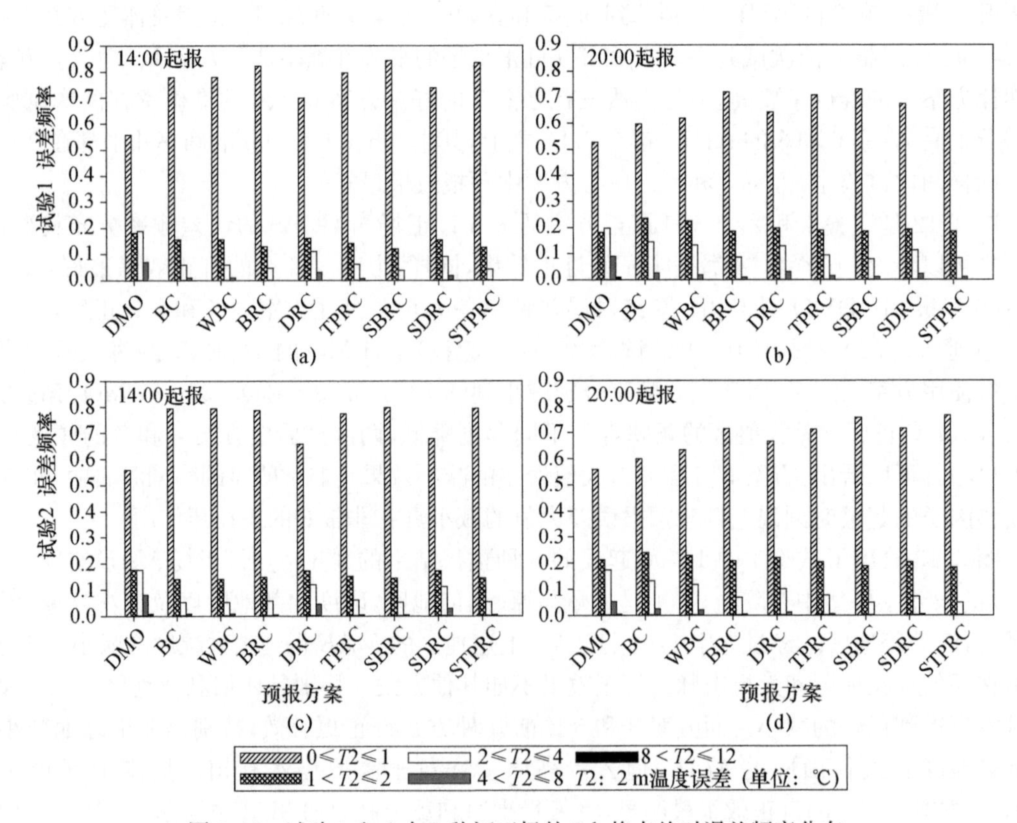

图 3.12 试验 1 和 2 中 8 种订正场的 3 h 格点绝对误差频率分布

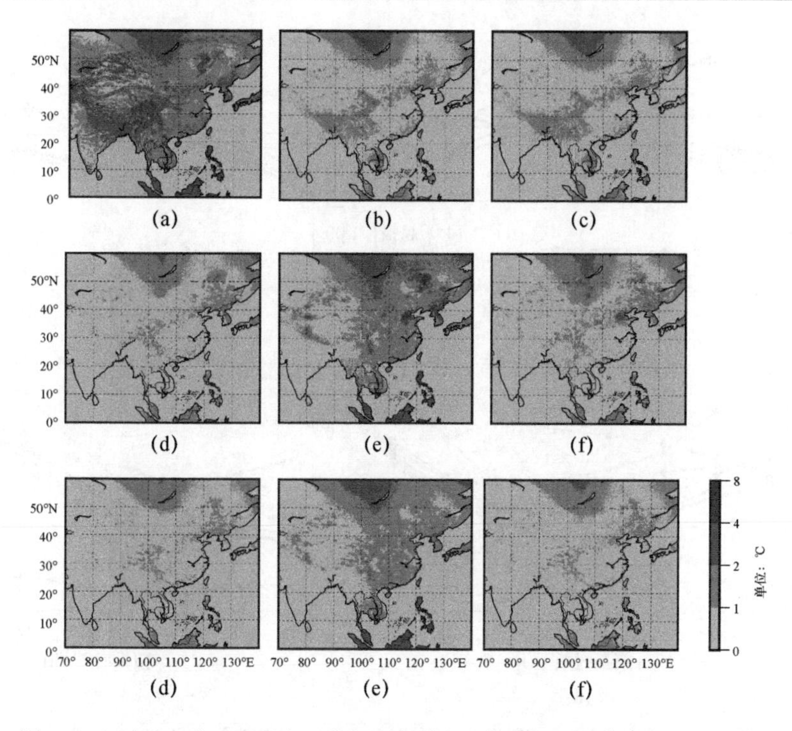

图 3.13　试验 1 中 DMO 和 8 种订正场的 3 h 格点 *MAE* 分布(14:00 起报)
(a)DMO 的 *MAE*,(b)—(i)是 8 种方案的订正场 *MAE*

为了综合反映订正方案的优劣,除了对各方案的订正场进行格点检验以外,研究还使用双线性插值方法将 GOBS 和订正场插值到国家级 2400 个地面气象站,与同时刻的站点实况进行对比和检验,分析格点订正后的预报结果对站点预报的影响。图 3.14 是在试验 1 和 2 中,将 GOBS 和 8 种订正场插值到站点位置,并与站点实况进行检验的 *MAE* 对比图。从两次试验看,GOBS 的 AMAE 在 0.75～0.8 ℃,DMO 的 AMAE 在 1.9～2.1 ℃。可以看出 GOBS 与站点实况是比较接近的。方案 1 订正后,试验 1 中 AMAE 减小到 1.91 ℃和 1.96 ℃,试验 2 减小到 1.87 ℃和 1.68 ℃。方案 2 在此基础上略有提高,方案 3 订正后,预报效果得到本质提高,试验 1 中 AMAE 减小到 1.60 ℃和 1.64 ℃,试验 2 减小到 1.41 ℃和 1.44 ℃。方案 5 的订正效果比方案 3 略差,方案 4 比方案 3 和 5 的订正效果都要差。方案 6 和 8 的检验评分依然取得了最好的成绩,试验 1 中方案 6 的 AMAE 减小到 1.55 ℃和 1.59 ℃,试验 2 减小到 1.38 ℃和 1.39 ℃,两次试验中使用方案 6 相对 DMO 的误差分别降低了 25%和 28%。试验 1 中方案 8 的 AMAE 减小到 1.56 ℃和 1.61 ℃,试验 2 减小到 1.40 ℃,两次试验中使用方案 8 相对 DMO 的误差分别降低了 25%和 27%。

图 3.15 是试验 1 和 2 中 GOBS 和 8 种订正方案的订正场与站点实况观测的平均准确率检验图。从图中可以看出,插值到站点后,预报准确率比格点检验的准确率有所降低。两次试验中 GOBS 的准确率都在 0.9 以上,同样说明了 GOBS 资料与站点温度的变化比较一致,误差较小。两次试验中,方案 1 在 9～18 h 的订正结果准确率出现了负技巧,比 DMO 准确率要低。加权误差订正(方案 2)很好地解决了这一现象,甚至比用 DMO 回归建模(方案 3)的预报结果要好。从 3 h 的准确率检验结果看,方案 1、2 的准确率与方案 6 和 8 的基本一致,说明使用起报时刻的误差场,仅用简单订正后,依然对站点短时预报准确率具有很大的提升作用。

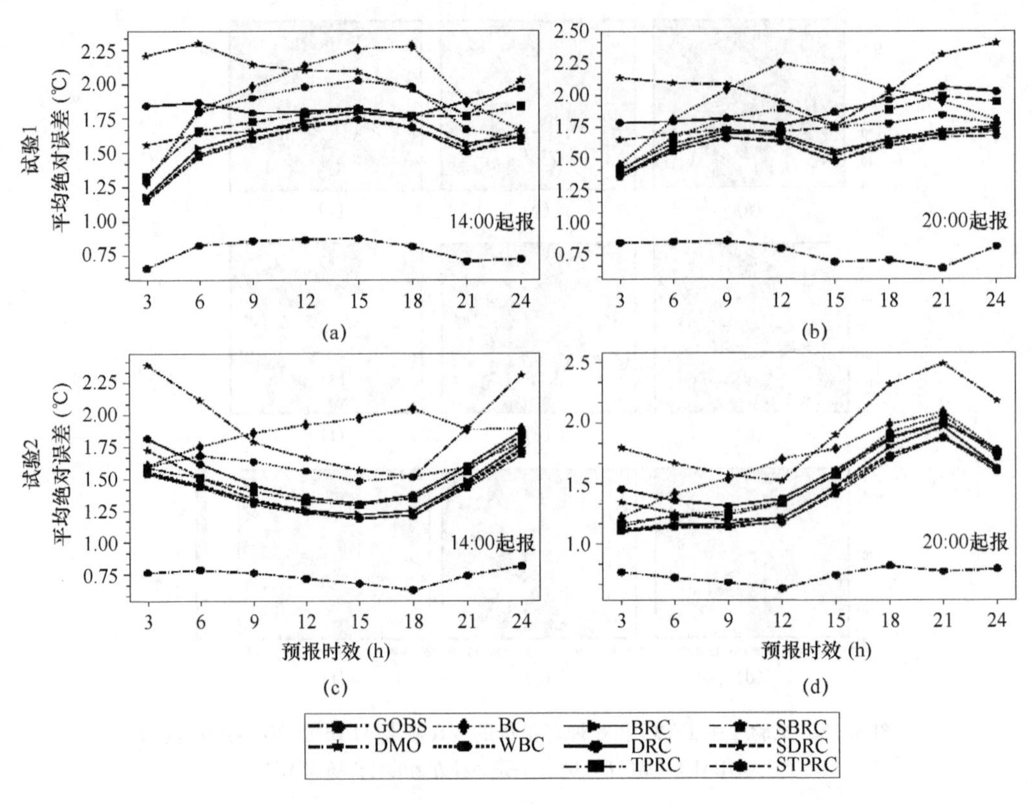

图 3.14　试验 1 和 2 中 8 种订正场的 MAE 站点检验对比（彩图见书后）

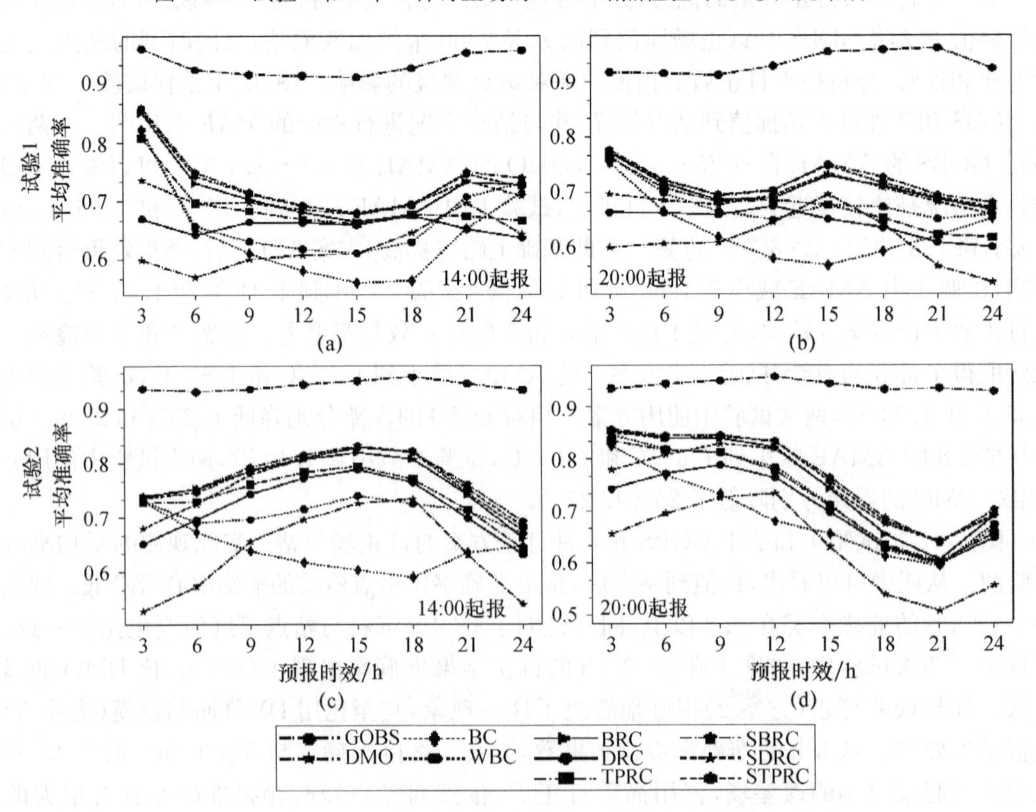

图 3.15　试验 1 和 2 中 GOBS 和 8 种订正场的准确率站点检验对比（彩图见书后）

图 3.16 给出了两次试验的全国站点 3 h 订正场和 GOBS 的绝对误差频率分布统计情况，试验 1(14:00 起报)中 GOBS 中 4～12 ℃的绝对误差频率是 1.6%，DMO 预报结果中 4～12 ℃的绝对误差频率是 13.2%，使用方案 3、6 和 8 订正后，频率分别减小到 2.8%、2.6%和 2.7%，试验 2(14:00 起报)中，GOBS 中 4～12 ℃的绝对误差频率是 1.7%，DMO 预报结果中 4～12 ℃的绝对误差频率是 17.4%，使用方案 3、6 和 8 订正后，频率分别减小到 6.5%、6.5%和 6.8%。试验 1 和 2 中 20:00 起报的 8 种方案的绝对误差频率分布保持了与 14:00 起报结果的同样规律。可以看出，方案 3、6、8 对 DMO 订正后，站点预报的大值误差能得到大幅减小，表明起报时刻的误差场起到了订正的关键作用。

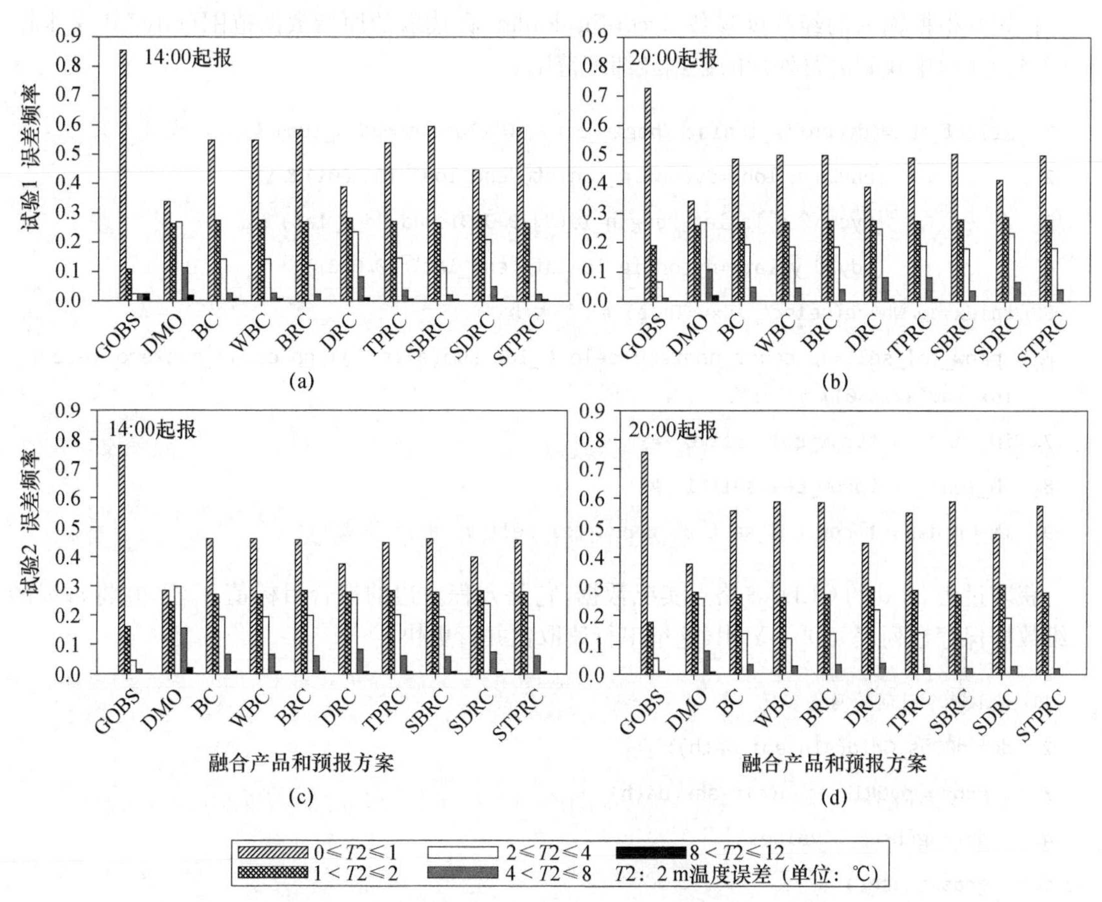

图 3.16　试验 1 和 2 中 GOBS 和 8 种订正场的 3 h 站点绝对误差频率分布

4)结论与讨论

采用 8 种不同的误差订正方案，对 ECMWF 模式的 2 m 温度预报产品进行滚动订正试验，并对订正前后的预报结果进行格点和站点的综合检验分析，分析结论如下：

(1)根据两次试验的格点检验情况看，方案 1～8 都对 DMO 预报场有订正作用，随着预报时效延长，简单误差订正(方案 1)的订正效果会不稳定，出现负订正技巧，加权误差订正(方案 2)是对方案 1 的有效改进，但不如方案 3 和 5 的订正效果明显，方案 6 和 8 的滑动订正法是所有方案中最好的，格点检验中方案 6 和 8 的 8 个预报时效 *MAE* 基本都在 1 ℃以下，3 h、6 h 和 9 h 格点准确率都在 0.9 以上。

(2)根据两次试验的站点检验情况看，GOBS 与站点实况是比较接近的，GOBS 的 AMAE

在 0.75～0.8 ℃,准确率都在 0.9 以上,说明 GOBS 资料能很好的反应站点温度的变化情况。方案 3、6、8 是几种方案中较优的,其中方案 6 评分最好,3 种方案对 DMO 订正后,站点预报的大值误差能得到大幅减小。

(3)总体来说,无论是从格点预报检验结果,还是站点预报检验结果来看,采用全格点滑动误差回归模型(方案 6)和全格点滑动双因子回归模型(方案 8)的订正效果最优,3 h、6 h 的短时预报检验评分看,方案 6 检验评分略微高于方案 8,表明起报时刻的误差场预报模型因子比数值模式因子在短期订正预报中扮演更为重要的角色。

5)建模程序样例

首先要根据输入的经纬度参数 dyconfig_lonlat,在读取的原始数据范围(ndy2 d_x_lon,ndy2 d_y_lat)中找到需要处理的数据经纬度范围。

```
1.  select_idx=(dyconfig_lonlat["begin_lon"]-0.0001<=ndy2d_x_lon) & \
2.              (ndy2d_x_lon<=dyconfig_lonlat["end_lon"]+0.0001) & \
3.              (dyconfig_lonlat["begin_lat"]-0.0001<=ndy2d_y_lat) & \
4.              (ndy2d_y_lat<=dyconfig_lonlat["end_lat"]+0.0001)
5.  tpidx=np.where(select_idx==True) #矩阵大小
6.  tprow_col_selt=np.count_nonzero(select_idx.sum(axis=1)),np.count_nonzero(select_
    idx.sum(axis=0)) #行列数
7.  iN_lat3   = tprow_col_selt[0] #行
8.  iN_lon3   = tprow_col_selt[1] #列
9.  iN_Grids3 = tprow_col_selt[0]*tprow_col_selt[1] #总格点数
```

获取过去 30 d 的 CLDAS 格点实况数据,它是方程左边的拟合目标值 Y 值,并将每天的二维数据保存在列表 ltObs_Y 中(这里串行读取比并行更快)。

```
1.  读取单个时间的网格实况函数
2.  def dRObs_Grid(sIn_abs_path):
3.      grbs = pyGRIB.open(sIn_abs_path)
4.      data=grbs[1]['values']
5.      grbs.close()
6.
7.  #循环读取 30 天网格实况数据
8.  ltObs_Y=[]
9.  for sIn_abs_path in ltIn_abs_path:
10.     data=dRObs_Grid(sIn_abs_path) #矩阵从上-下=南-北
11.     ltObs_Y.append(data)
```

以同样方式获取起报时刻(0 时刻)过去 30 d 的 CLDAS 格点实况数据,它作为方程右边项 X 值,并将每天的二维数据保存在列表 ltObs_X 中。

获取与起报时刻(0 时刻)格点实况时间对应的过去 30 d 的模式预处理数据(即将粗网格

插值为细网格的数据)，它作为方程右边项 X 中的一部分，并将每天的二维数据保存在列表 ltS3_frst_X0 中。

```
1. pool = Pool(processes = in_cpu_core)
2. ltS3_frst_X0 = pool.map(dRS3_Grid, ltS3_Path) #矩阵从上-下即南-北
3. pool.close()
4. pool.join()
```

以同样方式获取预报时刻(t 时刻)过去 30 d 的模式预处理数据，它作为方程右边项 X 值，并将每天的二维数据保存在列表 ltS3_frst_Xt 中。

从读取的所有数据中找出共有的有效样本的索引，并保存在 ltIndex 中，并对原始数据进行数据剪裁(通过下标数组 select_idx 选择后，还原为二维场)。然后进行缺损数据替换，保留有效数位，计算预报数据与实况数据之间的偏差并保存在数组中。

```
1. #申明回归建模样本的数组
2. ndy_nday_err_y  = np.zeros((in_samples, iN_Grids3),dtype=np.float32)+np.nan
3. ndy_nday_err_x  = np.zeros((in_samples, iN_Grids3),dtype=np.float32)+np.nan
4. for i, idx in enumerate(ltIndex):
5.    #数据剪裁
6.    ndy_frst_xt = ltS3_frst_Xt[idx][select_idx].reshape(tprow_col_selt[0],tprow_col_
   selt[1])
7.    ndy_frst_x0 = ltS3_frst_X0[idx][select_idx].reshape(tprow_col_selt[0],tprow_col_
   selt[1])
8.    ndy_obs_x   = ltObs_X[idx][select_idx].reshape(tprow_col_selt[0],tprow_col_selt
   [1])
9.    ndy_obs_y   = ltObs_Y[idx][select_idx].reshape(tprow_col_selt[0],tprow_col_selt
   [1])
10.   #替换缺损
11.   ndy_obs_x[np.where(ndy_obs_x >= fdefault )]      = np.nan
12.   ndy_obs_y[np.where(ndy_obs_y >= fdefault )]      = np.nan
13.   ndy_frst_xt[np.where(ndy_frst_y >= fdefault )]  = np.nan
14.   ndy_frst_x0[np.where(ndy_frst_x0 >= fdefault )] = np.nan
15.   #保留1位小数避免病态拟合
16.   ndy_frst_xt = np.around(ndy_frst_xt, decimals=1)
17.   ndy_frst_x0 = np.around(ndy_frst_x0, decimals=1)
18.   ndy_obs_x   = np.around(ndy_obs_x,   decimals=1)
19.   ndy_obs_y   = np.around(ndy_obs_y,   decimals=1)
20.   #计算误差
21.   ndy_err_x   = ndy_obs_x-ndy_frst_x0
```

```
22. ndy_err_y  = ndy_obs_y-ndy_frst_xt
23. #保存回归建模样本的数组
24. ndy_nday_err_x[i] = ndy_err_x.flatten()
25. ndy_nday_err_y[i] = ndy_err_y.flatten()
```

建立用于并行逐格点的回归建模函数。

```
1. #多个格点的回归建模函数
2. def dmulti_grid_mdl_REG(self, args):
3.   return self.dgrid_mdl_REG(*args)
4. #单个格点的回归
5. def dgrid_mdl_REG(self,Y,X):
6.   '''
7.     Y:方程左边项,拟合目标
8.     X:方程右边项,拟合因子
9.   '''
10.  try:
11.    irow, icol=X.shape
12.    #初始化系数
13.    ltcoff = [1.] + [0.]*(icol-1)
14.    #找出有效样本(非缺损值)
15.    a=[~np.isnan(Y)]+[~np.isnan(X[:,i]) for i in range(icol-1)]
16.    mask=np.logical_and.reduce(a)
17.    iN_Vdays=mask.sum()
18.    #如果缺损很多(不建模)
19.    if iN_Vdays<=min(irow*0.7,3): return ltcoff
20.    yy = Y[mask]
21.    AA = X[mask]
22.    #回归系数
23.    coff = np.linalg.lstsq(AA, yy, rcond=-1)[0]
24.  except np.linalg.LinAlgError as e:
25.    print(e)
26.    print(X)
27.  return coff
```

通过并行调用函数 pool.map 调用多个格点的回归建模函数,并获得逐格点回归系数,之后进行拆分保存和质控。

```
1.  iN_pdr=1  #回归因子数
2.  #保存输入参数数据
3.  ltcycle=[(err_y, err_x, in_samples) for err_y, err_x in zip(ndy_nday_err_y.T, ndy_
    nday_err_x.T)]
4.  #并行逐格点建模
5.  iN_file_proces=np.min([len(ltcycle),in_cpu_core])
6.  pool = Pool(processes = iN_file_proces)
7.  pool_result = pool.map(dmulti_grid_mdl_reg, ltcycle)
8.  pool.close()
9.  pool.join()
10. #回归系数分解
11. ndy_mdl_a1, ndy_mdl_a0= np.array_split(np.array(pool_result), iN_pdr+1, axis=1)
12. #保存回归系数
13. ndy_mdl_para[0,:,:] = ndy_mdl_a0.reshape(iN_lat3,iN_lon3) #a0
14. ndy_mdl_para[1,:,:] = ndy_mdl_a1.reshape(iN_lat3,iN_lon3) #a1
15. #回归系数质控
16. ndy_mdl_para[np.abs(ndy_mdl_para)<=1e-8]=0.0
```

将上述格点回归模型系数保存到高压缩的 hdf5 文件中。

```
1.  #保存格点模型
2.  def dWS4_Grid_mdl(self, sOut_mdl_path, ndy_mdl_para, sS3_method, sMDL_Time):
3.    '''
4.      sOut_mdl_path: 输出模型路径
5.      ndy_mdl_para:  模型参数(回归系数)
6.      sS3_method:    预处理方法
7.      sMDL_Time:     模型时间
8.    '''
9.    #保存为临时文件名
10.   temp_path = sOut_mdl_path+".tmp"
11.   if os.path.exists(temp_path):
12.     os.remove(temp_path)      #移除以前的临时文件
13.   if os.path.exists(sOut_mdl_path):
14.     os.remove(sOut_mdl_path) #移除原输出数据(防止错误)
15.   #保存系数在 hdf5 格式中
16.   with h5py.File(temp_path,'a') as fh:
17.     #保存属性
18.     fh.attrs[self.cls_gv.S4_MDL_S3MD] = sS3_method
```

```
19.     fh.attrs[self.cls_gv.S4_MDL_Time] = sMDL_Time
20.     ltexist_a=list(fh.keys())
21.     inp=ndy_mdl_para.shape[0] #回归系数个数
22.     ltA=["a"+str(i) for i in range(inp)]
23.     for ia, sa in enumerate(ltA):
24.       #如果文件中已经存在数据集
25.       if sa in ltexist_a:
26.         fh[sa][...]=ndy_mdl_para[ia,:,:]
27.       #需要新建数据集
28.       else: #采用高压缩模式
29.         fh.create_dataset(sa, data=ndy_mdl_para[ia,:,:], compression="gzip",
    compression_opts=9)
30.   #重命名回输出文件名
31.   os.rename(temp_path, sOut_mdl_path)
```

3.5.2　风场网格建模预报

1)使用资料

10 m 风格点预报产品采用欧洲中期数值预报中心(ECMWF)细网格资料,模式起报时间是北京时 08:00,资料范围是 70°—140°E、0°—60°N,时间分辨率为 3 h,预报时效 0～48 h,空间分辨为 0.125°×0.125°。10 m 风格点实况资料采用国家气象信息中心 CLDAS 业务系统产生的多元融合产品,范围是 70°—140°E、0°—60°N,时间分辨率为 1 h,空间分辨为 0.05°×0.05°。1 h 的 10 m 风站点观测资料来自国家级 2400 个地面气象观测站。研究中的订正场空间分辨率为 0.05°×0.05°,需要先用双线性插值方法将 ECMWF 风预报产品空间插值(双线性插值)为 0.05°×0.05°的数据(DMO)。所有资料样本时间均从 2017 年 1 月 1 日到 2017 年 9 月 30 日中截取。

2)订正方案

基于 MOS 思想的细网格风预报产品订正将使用 DMO 与格点实况进行逐格点建模,根据模型对未来 24 h 的风进行预报。为了消除模型预报结果中的系统误差,得到误差更小、准确率更高的预报产品,将利用最新的实况资料作为因子融入到预报模型中,建立多因子的格点预报模型,进行订正预报。研究中使用 8 种预报订正方案对 ECMWF 风预报产品进行订正[3],具体订正方案如下。

方案 1(简单误差订正):模式风预报产品总带有系统性误差,为消除这些系统性误差,首先根据公式(3-5-9)求出 t 时刻格点实况与 DMO 每一个格点的误差 E_t,用简单的误差订正方案将误差订正到 $t+n$($n=1$ h,2 h,…24 h)时刻的 DMO(公式(3-5-10)),得到最终订正场。

方案 2(加权误差订正):由于误差 E_t 对最临近的预报影响最大,随着预报时效的延长,影响可能会减弱,需要用一个权重来调节,将权重调节的误差订正到 $t+n$ 时刻的 DMO(公式(3-5-11)),得到最终订正场。权重是根据过去 31 d 预报检验进行人工调整得到的固定权重。

方案 3(回归误差订正):由于很多格点误差变化很大,单一的权重方案订正效果可能有限,采用最小二乘回归的思路对 t 时刻的误差与 $t+n$ 时刻的预报误差进行建模(公式(3-5-12)),得到权重系数(b_0,b_1),样本时间段为过去 31 d。即误差的全格点回归建模,根据模型回报得到订正场。

方案 1、2、3 都是基于实况的误差订正方案,预报对象与预报因子之间非同时刻。而使用 ECMWF 同时刻的风预报产品作为因子,根据公式(3-5-13)进行建模,即方案 4(MOS 订正)。由于 t 时刻的实况与 $t+n$ 时刻的 DMO 都对订正结果产生影响,那么将 t 时刻的实况与 $t+n$ 时刻的 DMO 都作为预报因子,根据公式(3-5-14)进行建模预报后得到最终的订正预报结果,即方案 5(双因子 MOS 订正)。

方案 6(滚动误差订正)、7(滚动 MOS 订正)、8(双因子滚动 MOS 订正)分别与方案 3、4 和 5 相对应,模型公式分别采用式(3-5-12)、式(3-5-13)、式(3-5-14)。方案 3、4、5 中的模型建立完成后,模型不随时间而变化,因子选择和建模方法都完全一致,区别是方案 6、7、8 中的模型是随预报日期滑动建模,即建模样本(31 d)随预报时间滑动选择,这样模型变为动态模型。以上 8 种订正方案对比综括如表 3.3 所示。

$$E_t = O_t - Y_t \tag{3-5-9}$$

$$Y'_{t+n} = Y_{t+n} + E_t \tag{3-5-10}$$

$$Y'_{t+n} = Y_{t+n} + W \times E_t \tag{3-5-11}$$

$$Y'_{t+n} = Y_{t+n} + (b_0 + b_1 \times E_t) \tag{3-5-12}$$

$$Y'_{t+n} = b_1 Y_{t+n} + b_0 \tag{3-5-13}$$

$$Y'_{t+n} = b_1 Y_{t+n} + b_2 \times E_t + b_0 \tag{3-5-14}$$

其中:O_t是 t 时刻的格点实况,Y_t和Y_{t+n}是 t 时刻和 $t+n$ 时刻的 DMO,E_t是 t 时刻的格点实况与 DMO 的误差,Y'_{t+n}是 $t+n$ 时刻的订正场。W 是权重系数[0,1]。b_0,b_1,b_2 是利用最小二乘法建立的模型系数。

表 3.3　8 种订正方案综括

订正方案	方案简称	模型样本选择	公式
简单误差订正	方案 1	随时间滑动(1 d)	公式(3-5-10)
加权误差订正	方案 2	固定时间段(31 d)	公式(3-5-11)
误差回归订正	方案 3	固定时间段(31 d)	公式(3-5-12)
DMO 回归订正	方案 4	固定时间段(31 d)	公式(3-5-13)
双因子 MOS 订正	方案 5	固定时间段(31 d)	公式(3-5-14)
滑动误差回归订正	方案 6	随预报时间滑动(31 d)	公式(3-5-12)
滑动 DMO 回归订正	方案 7	随预报时间滑动(31 d)	公式(3-5-13)
滑动双因子 MOS 订正	方案 8	随预报时间滑动(31 d)	公式(3-5-14)

由于风是矢量,研究中使用两种风场建模方案,方案 1 针对风速建模(WS 模型),风速模型中使用风速Y_{t+n}和误差E_t作为因子。方案 2 针对 u 风和 v 风分别进行建模(UV 模型),使用 u 风Y_{t+n}和 v 风Y_{t+n}与实况的 u 风和 v 误差E_t作为因子,得到 u 风和 v 风的订正结果后,再将 u 风和 v 风转换为风速和风向。两个方案产生了两种风速订正结果和一种风向订正结果,研究中风速模型采用方案 1,风向模型采用方案 2。

检验方法采用平均绝对偏差(MAE)和准确率(A)：

$$MAE = \frac{1}{m}\sum_{1}^{m} \left| O_{t+n} - Y'_{t+n} \right|_i \tag{3-5-15}$$

$$A = \frac{h}{m} \tag{3-5-16}$$

m 是样本总数，h 是绝对偏差在规定范围内的样本数，MAE 是 m 个预报样本与实况样本的平均绝对偏差，A 是 m 个样本绝对偏差在 2 m/s(风速)或者 22.5°(风向)以内的准确率。同时，A 也是风速在[0,1]、(1,2]、(2,4]、(4,8]、(8,12]m/s 等和风向在[0°,22.5°]、(22.5°,45°]、(45°,90°]、(90°,135°]、(135°,180°]等的频率统计结果。

3)试验与分析

整个预报试验由两次试验组成，全面测试风场订正的效果。试验 1 选择 2017 年 1 月 1 日到 2017 年 1 月 31 日 31 d 作为模型样本，以 2017 年 2 月 1 日到 2017 年 2 月 28 日 28 d 作为预报样本；试验 2 选择 2017 年 6 月 1 日到 2017 年 6 月 30 日的 30 d 作为模型样本，以 2017 年 7 月 1 日到 2017 年 7 月 31 日 31 d 作为预报样本。方案 6、方案 7、方案 8 的模型样本为预报日期前 31 d 的滑动样本。方案 2 中的权重是过去 31 d 预报结果的平均 MAE 检验为标准，通过人工调整权重直到 MAE 不再减小，调整后的权重分别为 0.98，0.90，0.8，0.7，0.6，0.6，0.7，0.8，不同起报时间略有调整(不影响趋势)。业务中 ECMWF 预报在 08:00 后 4～5 h 才能获得，6 h 之后的预报产品才真正有实际预报作用，15 h 后 20:00 的新预报产品产生，因此针对 08:00 后 6 h(14:00)、12 h(20:00)分别进行未来 24 h(间隔 3 h)的订正预报研究将更有意义。

图 3.17 和图 3.18 是试验 1 和试验 2 中 8 种订正场的平均 MAE 检验对比，图 3.19 是试验 2 中 8 种订正场的平均准确率检验对比，图 3.20 是试验 2 中 8 种订正场的 3 h 绝对偏差频率分布。在图 3.17～图 3.20 中，(a)和(c)是使用 WS 模型得到的风速结果，(b)和(d)是用 UV 模型得到的风向结果，(a)和(b)是 14:00 起报，(c)和(d)是 20:00 起报。从两次试验中看，DMO 的风速 MAE 在 0.81～1.2 m/s，风向 MAE 在 26°～35°，方案 1～8 在 3 h 的风速 MAE 在 0.5～0.65 m/s，平均订正幅度为 42%，风向 MAE 在 14°～23°，平均订正幅度为 40%。

图 3.19 中，DMO 的风速准确率在 0.89 以下，24 h 减小到 0.82，8 种方案中 3 h 风速准确率最高是方案 8 的 0.97 和 0.95，最小是方案 1 的 0.94 和 0.91。方案 1 在 3 h 后的准确率出现了负技巧。图 3.19b 中，DMO 的风向准确率 3 h 最高 0.81，最低减小到 0.73 附近。图 3.20 中，14:00 起报的 DMO 风速绝对偏差在[0,1]、(1,2]、(2,4]m/s 的频率分别为 0.71、0.18、0.09。方案 1～8 的风速绝对偏差在[0,1]m/s 的频率从 0.78 增加到 0.84，(1,2]m/s 的频率从 0.16 减小到 0.126，(2,4]m/s 的频率从 0.056 减小到 0.028。(4,8]、(8,12]m/s 的频率同样得到减小。DMO 风向绝对偏差在[0°,22.5°]、(22.5°,45°]、(45°,90°]的频率分别为 0.66、0.14、0.11，图 3.19b 中方案 1～8 的风向绝对偏差在[0°,22.5°]的频率从 0.73 增加到 0.76，(22.5°,45°]和(45°,90°]的绝对偏差频率分别从 0.125 减小到 0.117 以及 0.085 减小到 0.07。其他范围频率也同样得到减小。但是方案 4 和方案 7 的风速在[0,1]m/s 和风向在[0°,22.5°]的绝对偏差频率增幅不如其他方案，同时其他区间的绝对偏差频率的降幅也不如其他方案，图 3.19d 也保持了同样的变化趋势。分析原因是由于方案 4 和方案 7 建模和预报中没有使用实况因子的缘故。

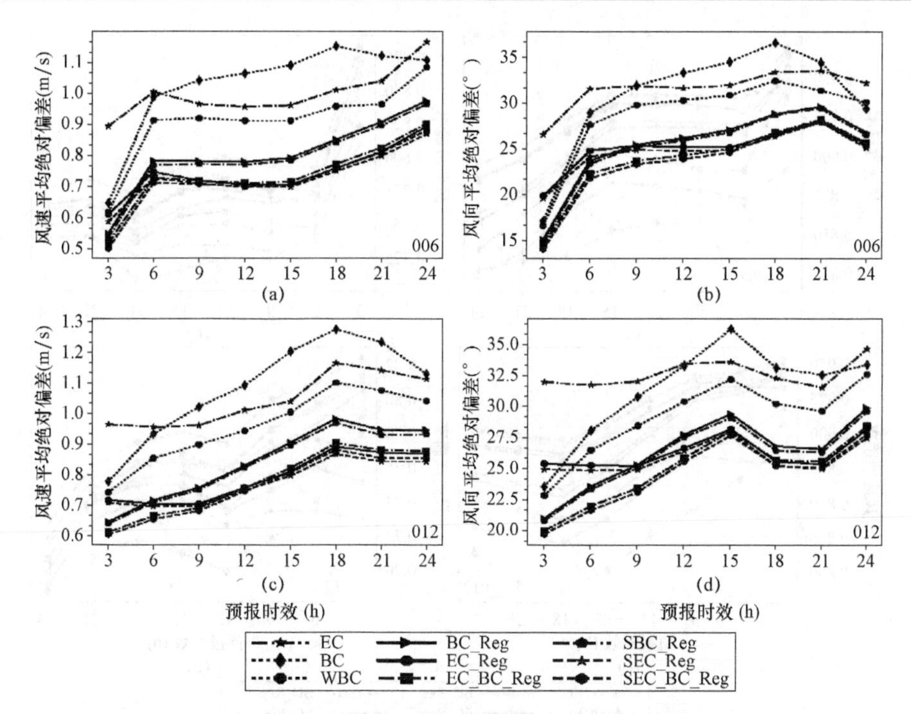

图 3.17　试验 1 中 8 种订正场的平均 *MAE* 检验对比(彩图见书后)

(a)和(c)使用 WS 模型,(b)和(d)使用 UV 模型,(a)和(b)是 14:00 起报,(c)和(d)是 20:00 起报

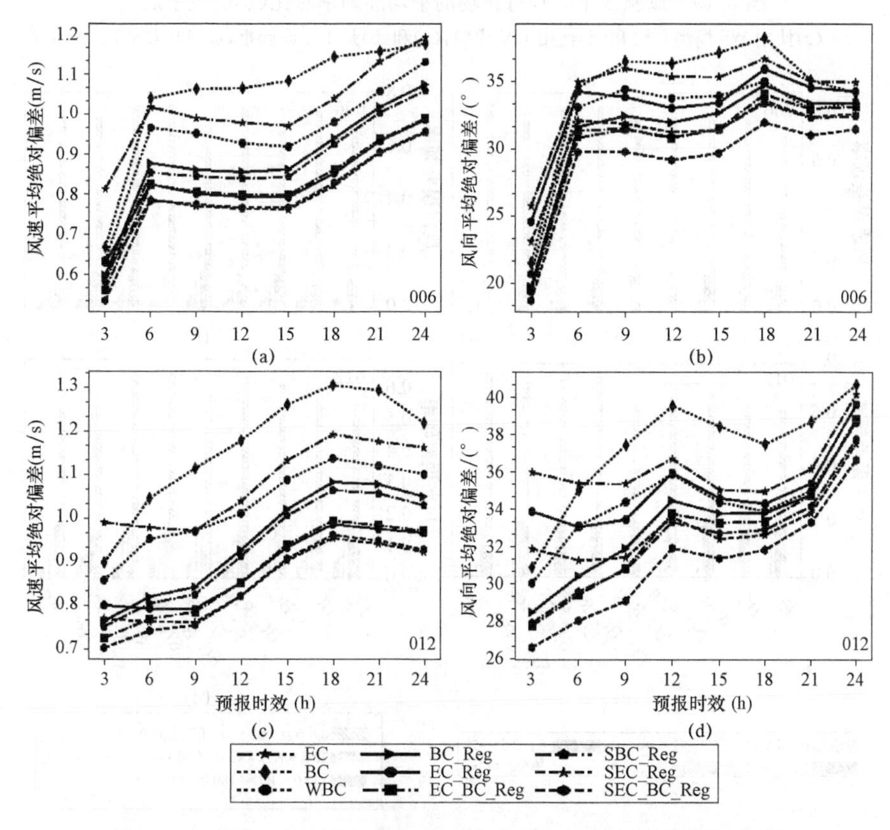

图 3.18　试验 2 中 8 种订正场的平均 *MAE* 检验对比(彩图见书后)

(a)和(c)使用 WS 模型,(b)和(d)使用 UV 模型,(a)和(b)是 14:00 起报,(c)和(d)是 20:00 起报

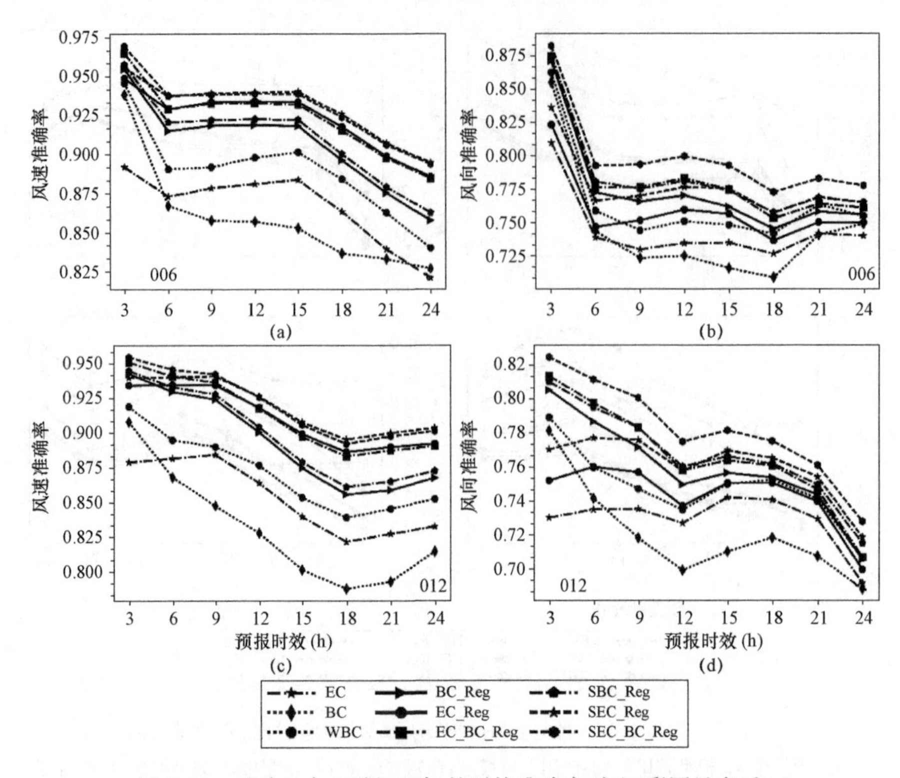

图 3.19　试验 2 中 8 种订正场的平均准确率对比(彩图见书后)

(a)和(c)使用 WS 模型,(b)和(d)使用 UV 模型,(a)和(b)是 14:00 起报,(c)和(d)是 20:00 起报

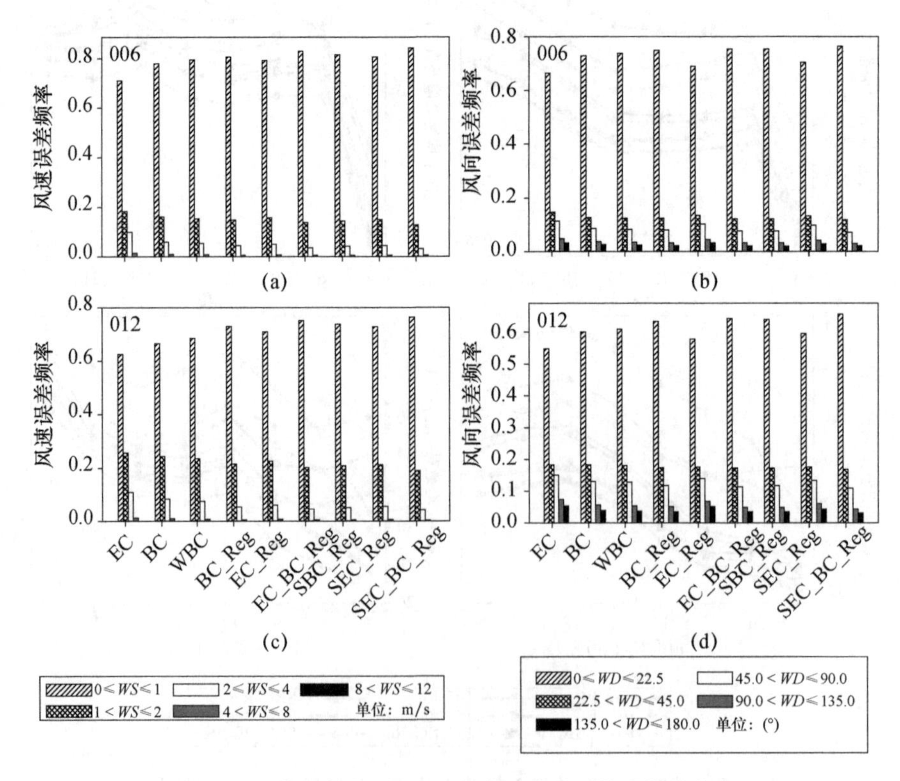

图 3.20　试验 2 中 8 种订正场的 3 h 绝对偏差频率分布

(a)和(c)使用 WS 模型,(b)和(d)使用 UV 模型,(a)和(b)是 14:00 起报,(c)和(d)是 20:00 起报

所有方案对 3 h 预报结果都取得了正技巧订正效果。随着预报时效增加，方案 1 的 *MAE* 快速增加，6 h 后的 *MAE* 已经超过了 DMO，准确率低于 DMO，说明直接的误差订正在前 6 h 是有效果的。而方案 2 能将风速、风向的误差订正效果都控制在 DMO 的 *MAE* 之下，可以看出根据检验得到的权重有很好的控制误差增长的效果。方案 3 和方案 6 是方案 2 的升级，从两次试验看，方案 3 和方案 6 无论在风速和风向上都比方案 2 的 *MAE* 有明显减小。在前 6 h 预报中，方案 4 和方案 7 的预报效果没有方案 3 和方案 6 的效果好，方案 3 和方案 6 的风速 *MAE* 要比方案 4 和方案 7 的 *MAE* 平均小 0.1 m/s，方案 3 和方案 6 的风向 *MAE* 比方案 4 和方案 7 的平均小 4.5°。但在 9 h 以后，方案 4 和方案 7 的风速风向 *MAE* 要比方案 3 和方案 6 的 *MAE* 有明显减小，风速 *MAE* 平均减小 0.07 m/s，风向 *MAE* 平均减小 1.1°。方案 5 和方案 8 使用了同时刻的模式和初始时刻的格点实况作为因子，风速、风向的 *MAE* 都优于上述方案，而方案 8 的效果更胜一筹。

图 3.21 是试验 2 中 8 种订正场和 DMO 的 3 h 风速 *MAE* 分布图（14:00 起报，WS 模型），中国地区 DMO 的 *MAE* 大值区（[2,8]m/s）主要分布在新疆南部和东部地区（与蒙古交界地区）、甘肃河西走廊和内蒙古地区，湖南、湖北以及辽宁和黑龙江地区也有分散的 *MAE* 大值区，如果算上[1,2]m/s 的 *MAE*，除四川南部和云南中西部外，误差几乎覆盖整个中国地区，经过方案 1～8 订正后，风速误差都有很大程度的减小，特别是方案 8，华南、华东、华北大部分地区的风速订正后的误差基本在 1 m/s 以下，但青藏高原、新疆中部和内蒙古地区仍有[1,3]m/s 的 *MAE*。风向订正的效果不如风速订正的效果明显（图略），经过订正后，中国区域风向 *MAE* 有不同程度的减小，但 *MAE* 大值区域（22.5°,135°]依然存在较大面积。

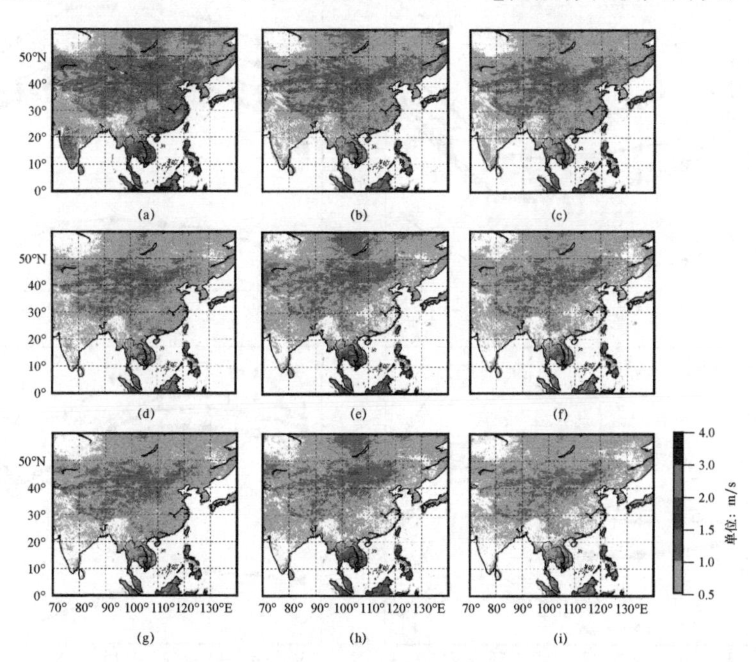

图 3.21　试验 2 中 8 种订正场和 DMO 的 3 h 风速 *MAE* 分布（14:00 起报，WS 模型）
(a)DMO 的 *MAE*，(b)—(i)是 8 种方案的订正场 *MAE*

从两次试验的格点检验结果来看，使用最新实况作为因子，对 3～6 h 的预报效果有明显改进，在所有方案中方案 8 的效果最好。方案 8 和方案 5 在所有预报时次的效果都优于其他方案，方案 4 和方案 7 在 3 h 处不如方案 3 和方案 6，6 h 后方案 4 和方案 7 效果明显好于方案

3 和方案 6，方案 2 比方案 1 有明显优势，误差始终低于 DMO 误差。试验 2 的 *MAE* 总体上要高于试验 1，分析原因是 7 月是汛期，天气过程频发，所以预报难度要高于 2 月份。

为了更好地与真实观测实况进行对比，将格点订正结果双线性插值到 2400 个站点上。图 3.22 和图 3.23 是试验 1 和试验 2 中 8 种订正结果的站点平均 *MAE* 检验对比图，图 3.24 是试验 2 中 8 种订正结果的站点平均准确率检验对比图，图 3.25 是试验 2 中 8 种订正结果的站点 3 h 绝对偏差频率分布图。在图 3.22～图 3.25 中，(a)(c)是使用 WS 模型得到的风速结果，(b)(d)是用 UV 模型得到的风向结果，(a)(b)是 14:00 起报，(c)(d)是 20:00 起报。试验 1 和 2 的风速格点实况 8 个时次平均 *MAE* 是 0.77 m/s 和 0.85 m/s，风向平均 *MAE* 是 26°和 29°，试验 2 中风速格点实况 2 m/s 的平均准确率是 0.91，风向(0°,22.5°]的准确率平均是 0.61°。实况格点插值到站点后与站点观测的误差小，说明实况格点产品比较可靠。两次试验中，DMO 的风速 8 个时次平均 MAE 是 1.23 m/s 和 1.25 m/s，风向 *MAE* 平均 50°和 55°，风速 2 m/s 的准确率平均是 0.80。风向(0°,22.5°]的准确率平均是 0.33°。使用方案 1 订正后，风速和风向的 *MAE* 反而增加，准确率降低，整体效果不如 DMO 结果，出现了负技巧。方案 2 能很好地避免方案 1 的缺陷，其订正效果出现正技巧，风速平均 MAE 比 DMO 平均降低，但是风向的订正效果不理想，依然是负技巧。方案 3 和方案 6 的预报效果几乎是一致的。图 3.22a 中方案 3 和方案 6 的 3～18 h 风速 *MAE* 都低于 DMO，其他时效高于 DMO，图 3.22c 中 3～12 h 的风速 *MAE* 都低于 DMO，其他时效高于 DMO。基于 UV 模型的结果看，方案 3 和方案 6 的 3～24 h 风速 MAE 都低于 DMO，风向 *MAE* 与 DMO 基本一致，没有正技巧。

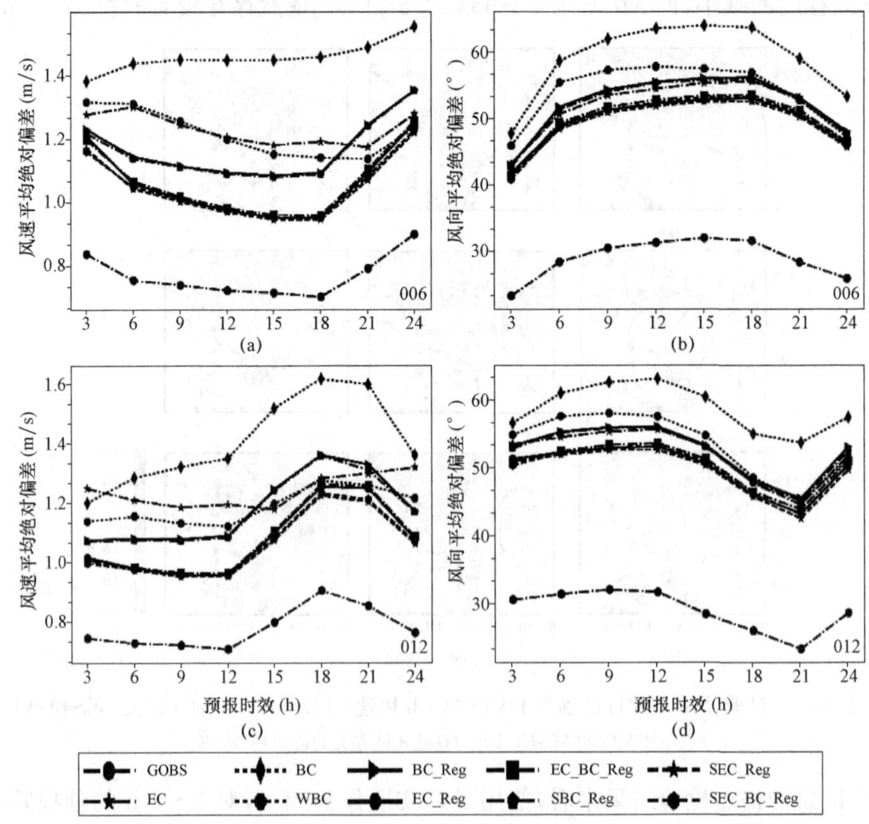

图 3.22　试验 1 中 8 种订正结果的站点平均 *MAE* 检验对比(彩图见书后)

(a)和(c)使用 WS 模型，(b)和(d)使用 UV 模型，(a)和(b)是 14:00 起报，(c)和(d)是 20:00 起报

从图3.22到图3.24总体看，方案4～8在两次试验中，使用WS模型的站点预报效果基本一致，风速24 h平均*MAE*都在1.06 m/s，平均准确率为0.86，使用UV模型的风向订正结果比DMO有小幅度提升，24 h平均*MAE*为48°，仅仅比DMO平均提高2°。另外，使用UV模型的风速预报订正结果在不同时次的站点效果不同，使用UV模型进行风速订正后的站点结果不如使用WS模型的订正效果稳定。从图3.25中也可以看出，格点实况插值风速在(0,1]m/s的频率最高，平均在0.6～0.74，DMO在0.49～0.52，经过订正后，方案4、方案5、方案7、方案8的(0,1]m/s绝对偏差频率变高，(2,4]、(4,8]m/s的绝对偏差频率降低。用UV模型的风速绝对偏差频率提升幅度不高，误差大的风速没有得到有效订正。

从两次试验的站点检验结果来看，格点实况产品是比较可靠的，插值到站点的误差最小，准确率最高。方案1的订正效果最差，除部分3 h外基本上都会对原始DMO结果造成负效果。方案2的订正效果比方案1有较大改进，将误差保持在DMO误差附近，但没有很好的正订正技巧，失去了订正的意义。方案3和方案6在大部分时效的订正效果都有较大改进，比DMO误差减小很多，但依然会出现负订正的现象。方案4、方案5、方案7、方案8的站点检验结果看，其订正效果基本一致，方案7和方案8略微有优势。站点的风向订正效果不是很明显，订正难度比较大，另外使用UV模型进行风速订正后的站点结果不如使用WS模型的订正效果，稳定性也不好。由于风的局地效应，虽然使用了5 km的格点实况，但是DMO格点预报的插值结果与订正后的插值结果依然与站点实况有一定差距。

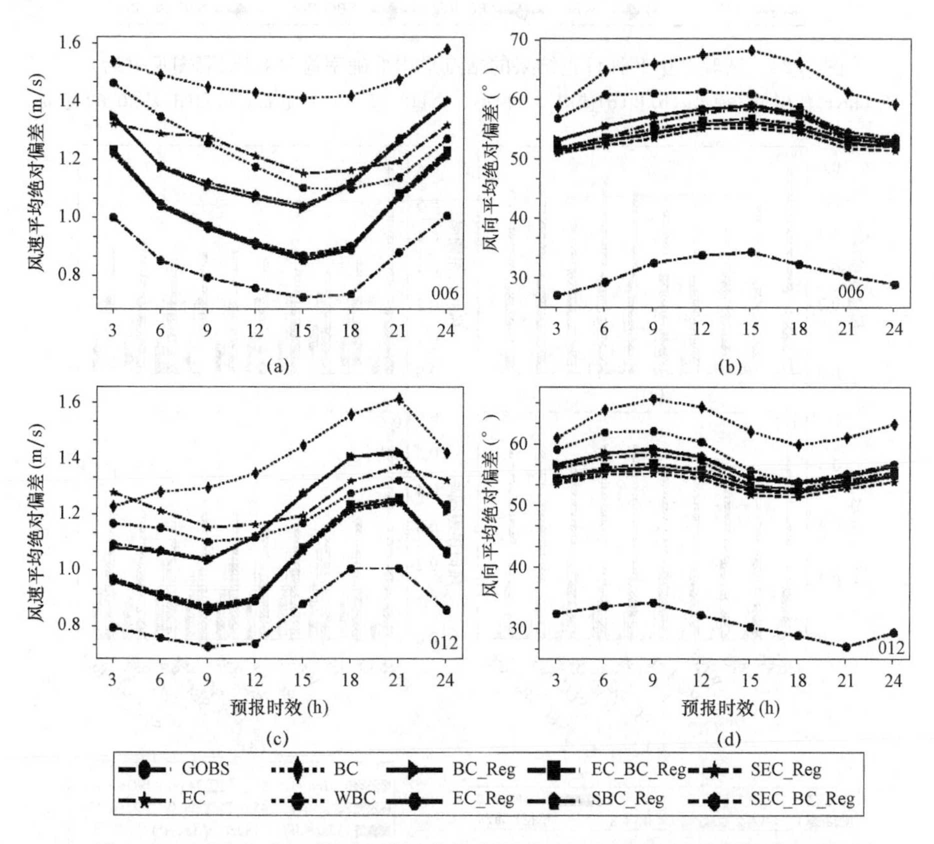

图3.23　试验2中8种订正结果的站点平均*MAE*检验对比(彩图见书后)

(a)和(c)使用WS模型，(b)和(d)使用UV模型，(a)和(b)是14:00起报，(c)和(d)是20:00起报

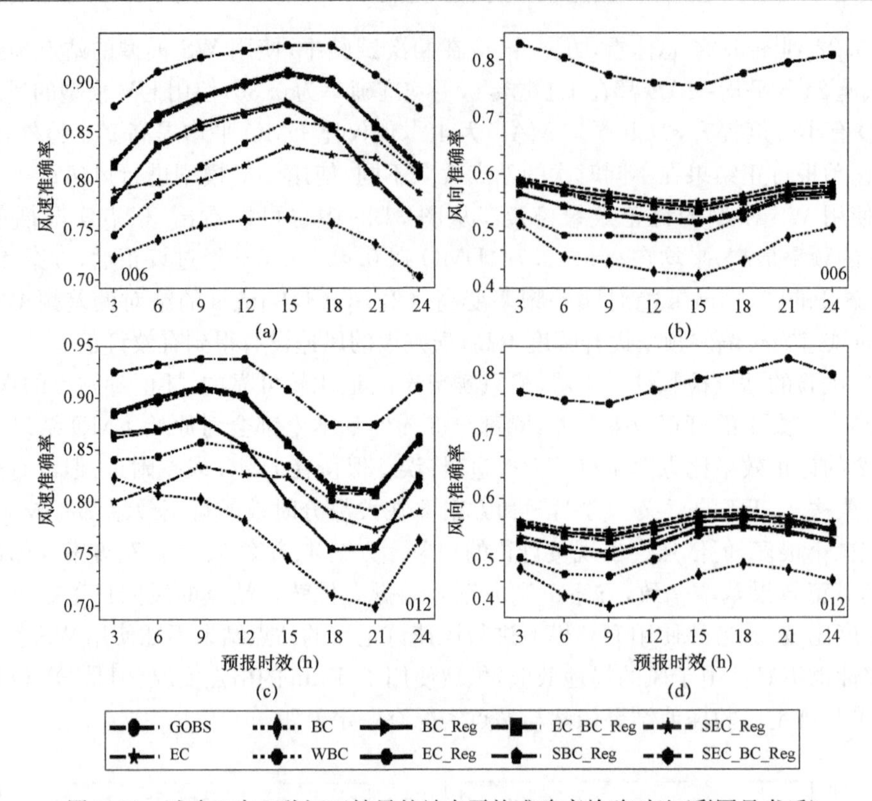

图 3.24　试验 2 中 8 种订正结果的站点平均准确率检验对比(彩图见书后)

(a)和(c)使用 WS 模型,(b)和(d)使用 UV 模型,(a)和(b)是 14:00 起报,(c)和(d)是 20:00 起报

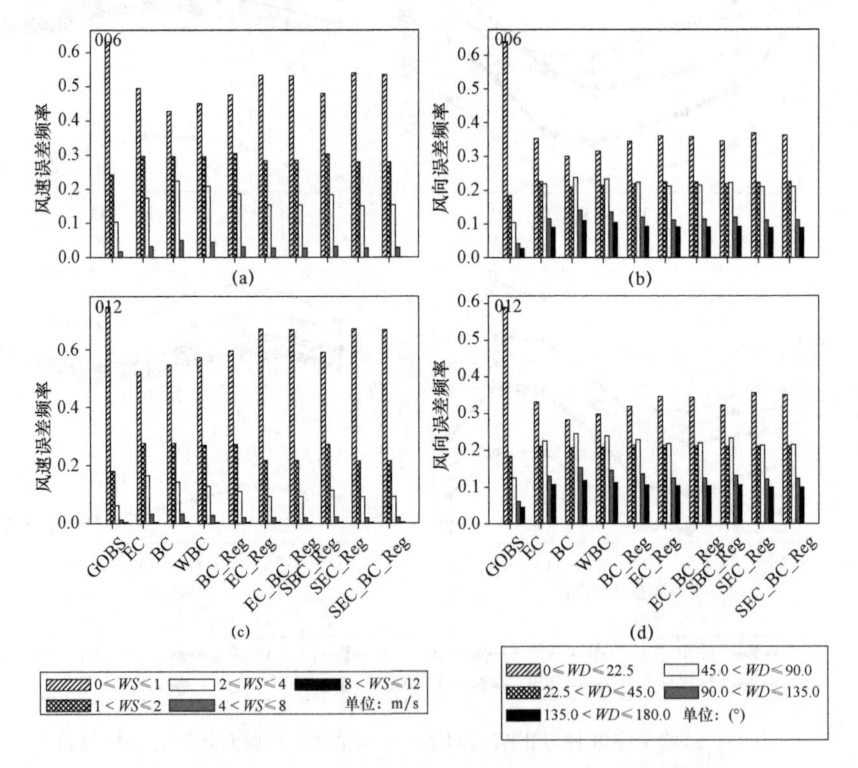

图 3.25　试验 2 中 8 种订正场的 3 h 站点绝对偏差频率分布

(a)和(c)使用 WS 模型,(b)和(d)使用 UV 模型,(a)和(b)是 14:00 起报,(c)和(d)是 20:00 起报

4)结论与讨论

研究使用国家气象信息中心CLDAS业务系统产生的高频次格点风场融合产品作为实况资料，采用8种不同的误差订正方案，对ECMWF10 m风预报产品(北京时08:00)进行订正试验，试验选择2017年2月1日到2017年2月28日以及2017年6月1到2017年6月30日两个时间段进行了2次预报模拟试验，并对订正前后的预报结果进行检验分析，分析结论如下：

(1)从两次试验的格点检验结果来看，使用最新实况作为因子，对3～6 h的预报效果有明显改进，在所有方案中方案8订正效果最好，方案5次之，滑动建模更能让模型能紧随模式系统误差变化趋势，所以预报效果更佳。从订正场*MAE*空间分布看，方案8订正后，华南、华东、华北大部分地区的风速误差基本在1 m/s以下，特别是误差大值区得到明显减小，同时风向误差也有所减小，但青藏高原、新疆中部和内蒙古地区仍有部分[1，3]m/s的*MAE*。

(2)从两次试验的站点检验结果来看，格点实况插值到站点的风速、风向误差最小，准确率最高。对于风速，方案1的订正效果最差，方案2的订正效果比方案1有较大改进，方案3和方案6在大部分时效具有正订正技巧。方案4、方案5、方案7、方案8的订正效果基本一致，方案7和方案8略有优势，方案8同样为最优。对于风向，站点订正效果有一定提高，但提高幅度不大。

(3)总体来看，基于模式和实况因子的全格点滑动建模(方案8)订正效果最优。试验2的误差总体上要高于试验1，分析原因是7月是汛期，天气过程频发，风场变化频繁，所以预报难度要高于2月份。由于风的局地效应，订正场插值到站点后依然与站点实况有一定差距，如果开展站点和格点预报结果融合技术，预计会有更好的格点站点一体化预报效果。

5)建模程序样例

风场的建模程序流程与温度场的程序流程基本一致(可以参考3.5.1节中的第4部分内容)，区别就在于风场这里采用了对*U*风、*V*风和风速*W*的建模，在并行时可以同时对三个变量统一建模处理。

```
1. iN_file_proces=np.min([len(ltcycle_WS),in_cpu_core])
2. pool = Pool(processes = iN_file_proces)
3. result_U  = pool.map(dmulti_grid_mdl_reg_obs, ltcycle_U)
4. result_V  = pool.map(dmulti_grid_mdl_reg_obs, ltcycle_V)
5. result_WS = pool.map(dmulti_grid_mdl_reg_obs, ltcycle_WS)
6. pool.close()
7. pool.join()
```

3.5.3　GPU加速建模

根据智能网格预报行动计划，中国区域的预报格点的资料范围是从北纬0°到60°，东经70°到140°，空间分辨率是0.05°×0.05°，经向有1201个点，纬向有1401个点，总格点数为1682601(约170万)。如果按照空间分辨率0.01°×0.01°，经向有6001个点，纬向有7001个点，总格点数将达到4201万。如果按照上述格点订正方法，要在每一个格点上建立一个回归模型(使用过去 30 d 的资料)，采用串行运算将会花费巨额的时间，必须采取高效的并行计算方式才能满足更高的实际业务需求。这里采用两种并行方式进行对比，第一种 CPU 多核(多线程)并行，第二种是基于 CUDA 的 GPU 的多核并行。测试程序使用 Python 语言实现。对于 CPU 并行采用基于 NumPy 库和 multiprocessing 来实现逐格点的并行运算，简化代码片段如下：

```
1. def regression(self, X1, X2, Y):
2.   Number of samples =Ot_In. shape[0]
3.   A = np. vstack([X1,X2,np. ones(Number of samples)]). T
4.   c1, c2, c0 = np. linalg. lstsq(A, Y,rcond=None)[0]
5.   return [c1, c2, c0]
6. pool = Pool(processes= Number of processes multithreads)
7. pool_result = pool. map(regression, ltprediction)
8. pool. close()
9. pool. join()
```

☆重点：对于 GPU 并行是采用基于 Numba 库的 cuda. jit()来实现逐格点的并行运算，然而要使用 GPU 库进行并行运算，就需要编写一个 CUDA 核函数(如下 dGrid_Reg_2Pdr)，与 CPU 并行运算不同的是，并没有能直接求解的函数，numpy. linalg. lstsq 等库的回归函数并不能直接在 GPU 中使用，所以要对回归函数求解其解析解(3-5-19)，并在核函数中进行离散化计算。

$$X_{2t}=O_t-Y_t \tag{3-5-17}$$

$$Y'_{t+n}=\hat{\beta}_1 X_{1t}+\hat{\beta}_2 X_{2t}+\hat{\beta}_0 \tag{3-5-18}$$

$$\begin{cases}\hat{\beta}_1=\dfrac{(\sum y_i x_{1i})(\sum x_{2i}^2)-(\sum y_i x_{2i})(\sum x_{1i}x_{2i})}{(\sum x_{1i}^2)(\sum x_{2i}^2)-(\sum x_{1i}x_{2i})^2}\\ \hat{\beta}_2=\dfrac{(\sum y_i x_{2i})(\sum x_{1i}^2)-(\sum y_i x_{1i})(\sum x_{1i}x_{2i})}{(\sum x_{1i}^2)(\sum x_{2i}^2)-(\sum x_{1i}x_{2i})^2}\\ \hat{\beta}_0=\overline{Y}-\hat{\beta}_1\overline{X}_1-\hat{\beta}_2\overline{X}_2\end{cases} \tag{3-5-19}$$

其中

$$x_i=X_i-\overline{X},y_i=Y_i-\overline{Y},$$

$$\overline{X}=\frac{1}{n}\sum X_i,\overline{Y}=\frac{1}{n}\sum Y_i$$

其中，O_t是 t 时刻的 GFP，X_{1t}是 t 时刻的 DMO，X_{2t}是 t 时刻的 GFP 与 DMO 的误差，Y'_{t+n}是 $t+n$ 时刻的订正场。W 是权重系数[0,1]。$\hat{\beta}_0$，$\hat{\beta}_1$，$\hat{\beta}_2$是利用最小二乘法求解得到的模型系数。$\overline{X}$是X_i的平均值，$\overline{Y}$是Y_i的平均值。

Cuda. jit 是 Numba 中 CUDA 功能的简单级入口点，它将 Python 函数转换为可在 CUDA 硬件上执行的 PTX 代码，jit 装饰器适用于以 CUDA 的 Python 方言编写的 Python 函数，Numba 与 CUDA 驱动程序的 API 交互，将 PTX 加载到 CUDA 设备上并执行，代码段如下：

```
1.  #双因子 GPU 回归建模
2.  @cuda.jit()
3.  def dGrid_Reg_2Pdr(X1, X2, Y, Beta):
4.      '''
5.        X1,X2,Y : 矩阵(格点数, 样本数)
6.      '''
7.      # tx                  = cuda.threadIdx.x   # 这是 1D 块中唯一线程 ID
8.      # ty                  = cuda.blockIdx.x    # 这是 1D 网格中的唯一块 ID
9.      # threads_perblock = cuda.blockDim.x      # 每个块的线程数
10.     # blocks_pergrid    = cuda.gridDim.x      #网格中的块数
11.     threads_pergrid   = cuda.gridsize(1)      #返回整个块网格的线程中的绝对大小(或形状)
12.     abs_pos           = cuda.grid(1)          #当前线程号 返回整个块网格中当前线程的绝对位
    置(ndim 应该对应于实例化内核时声明的维数)
13.     # abs_pos = tx +  ty * threads_perblock   #当前线程号
14.     iN_Grids,iN_sample = Y.shape              #格点,样本数
15.     #每 1 个格点循环
16.     for row in range(abs_pos, iN_Grids, threads_pergrid):
17.       #计算均值和统计有效样本
18.       fcount = 0.
19.       X1_avg = 0. ; X2_avg = 0. ; Y_avg = 0.
20.       for col in range(iN_sample):
21.         if not math.isnan(Y[row,col]): fcount += 1.
22.         X1_avg += X1[row,col]
23.         X2_avg += X2[row,col]
24.         Y_avg  +=  Y[row,col]
25.       #系数求解
26.       b0=0. ; b1=0. ; b2=1.
27.       if(fcount>=iN_sample*0.4):
28.         X1_avg = X1_avg/fcount
29.         X2_avg = X2_avg/fcount
30.         Y_avg  = Y_avg/fcount
31.         yix1i_sum   = 0.0
32.         yix2i_sum   = 0.0
33.         x1i2_sum    = 0.0
34.         x2i2_sum    = 0.0
35.         x1ix2i_sum = 0.0
```

```
36.         #样本循环
37.         for col in range(iN_sample):
38.           yi  = Y[row,col]  - Y_avg
39.           x1i = X1[row,col] - X1_avg
40.           x2i = X2[row,col] - X2_avg
41.           #中间项
42.           yix1i_sum  += yi*x1i
43.           yix2i_sum  += yi*x2i
44.           x1i2_sum   += x1i**2
45.           x2i2_sum   += x2i**2
46.           x1ix2i_sum += x1i*x2i
47.         temp = x1i2_sum*x2i2_sum-x1ix2i_sum**2
48.         if temp!=0:
49.           b1   = (yix1i_sum*x2i2_sum - yix2i_sum*x1ix2i_sum)/temp
50.           b2   = (yix2i_sum*x1i2_sum - yix1i_sum*x1ix2i_sum)/temp
51.           b0   = Y_avg - b1*X1_avg - b2*X2_avg
52.       Beta[row,0]  = b1
53.       Beta[row,1]  = b2
54.       Beta[row,2]  = b0
```

基于逐格点的建模方法对模式订正表现出了很好的效果，然而这种方法需要很多的计算资源，如何能有效地节省计算资源，大幅度地提高计算效率，是这种方法能否在业务中实际运用的重要标志。试验对比 3 种方案：方案 1，选择使用带有 GPU 显卡（型号：Geforce GT 720）的 PC 机器进行计算（windows 系统）；方案 2，选择使用有 1 颗 CPU（型号：i7-4770）的 PC 机进行计算（windows 系统），拥有 8 个线程；方案 3，选择使用有 4 颗 CPU（型号：6138）的服务器进行计算（Linux 系统），拥有 96 个线程。因为 1 个预报要素的逐小时滚动订正预报需要建立 24 个预报模型，所以需要连续建模 24 次。

从图 3.26 可以看出，方案 1，基于 GPU 的 1 次建模时间平均是 0.3 s；方案 2，基于 1 颗 CPU 的 1 次建模时间平均是 45.8 s，最大 60.5 s；方案 3，基于 4 颗 CPU 的 1 次建模时间平均是 29.6 s。从图 3.27 可以看出，方案 1，基于 GPU 的 24 次建模累计花费时间 6.6 s；方案 2，基于 1 颗 CPU 的 24 次建模累计花费时间 1195.7 s（约 20 min）；方案 3，基于 4 颗 CPU 的 24 次建模累计花费时间 736.8 s（约 12 min）。方案 3 的计算效率比方案 2 的提高了 1.6 倍，方案 1 的计算效率比方案 2 的提高了 181 倍，比方案 3 的提高了 111 倍。基于 GPU 的并行运算极大地提高了计算效率，使得格点方法能在实际预报业务中能发挥更重要作用。

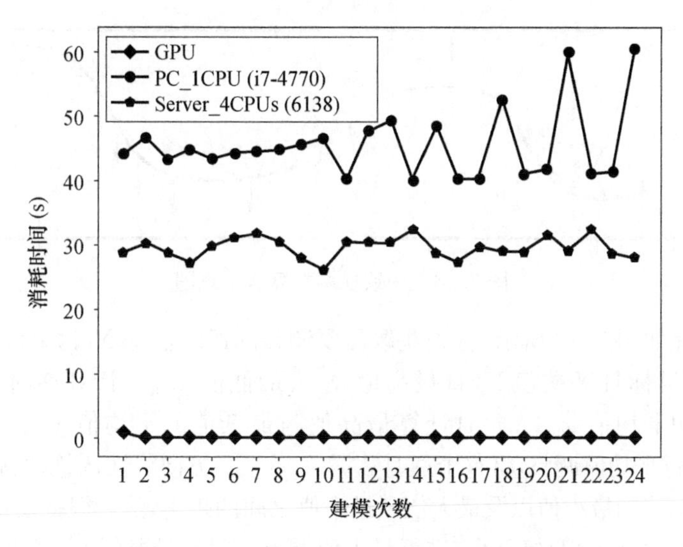

图 3.26　3 个平台上单次建模消耗时间对比

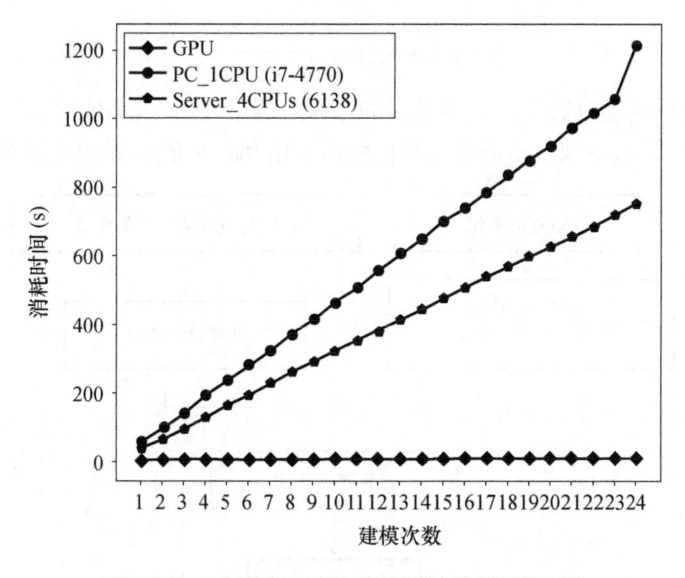

图 3.27　3 个平台上多次建模累计消耗时间对比

3.5.4　要素一致性算法

在我们的业务流程中经常需要根据日极端值(例如最高和最低温度值)对逐时数据进行修正,甚至有时会出现逐时数据与日极值数据完全不匹配现象,就需要值班预报员根据经验和实时资料进行人工直接干预订正。由于出现的位置和时间随机性很强,这时需要一种客观算法,当对日极端值进行订正和调整后,在时间维度上,其他时间点的同一物理量也得到相应的调整,以满足同一物理量在整个时间维度上保持一致性。

当物理量的日极端值被调整后,我们希望距离调整的日极端值所处时间点较近的物理量调整幅度较大,距离较远的物理量调整幅度较小。这样能更好地保持原数据的趋势(图 3.28)。

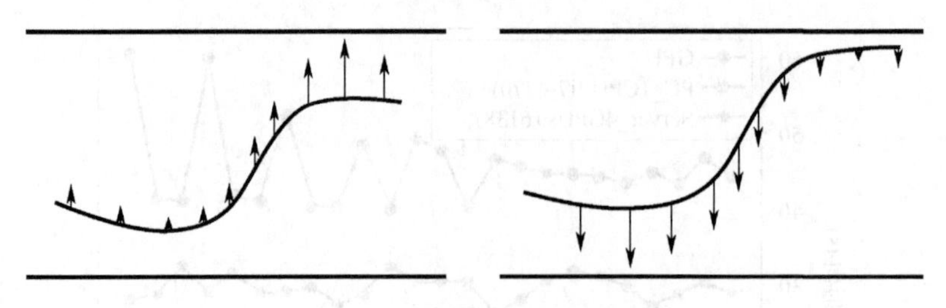

图 3.28　一致性调整算法示意图

具体算法流程如图 3.29 所示，首先获取需要调整的逐时数据 X（这里以逐时为例，可以是任意细分时间）和目标日极端值 Y（日最高值 y_{max}、最低值 y_{min}），计算逐时数据 X 的最高值 x_{max}，最低值 x_{min} 和平均值 x_{mean}，同时计算最高值与最低值的平均值 y_{mean}，然后计算 y_{mean} 与 x_{mean} 之间距离，进行平均值调整，将整个逐时数据 X 向 y_{mean} 方向线性调整，然后重新计算移动后逐时数据 X 的最大值和最小值以及最大值和最小值之间的距离，然后根据反比例公式(3-5-20)，距离最近的权重大，距离远的权重小，进行最大值调整，然后以同样的方式再进行调整，最终完成一致性调整。

$$f(x_t)=x_t+e\frac{(x_t-v)}{(v_{max}-v_{min})} \tag{3-5-20}$$

其中 x_t 是每次调整后的逐时数据，e 是调整后的逐时数据最大值（最小值）与目标最大值（最小值）之间的距离，v_{max} 和 v_{min} 是每次调整后逐时数据的最大值和最小值，v 是每次调整的目标极值。

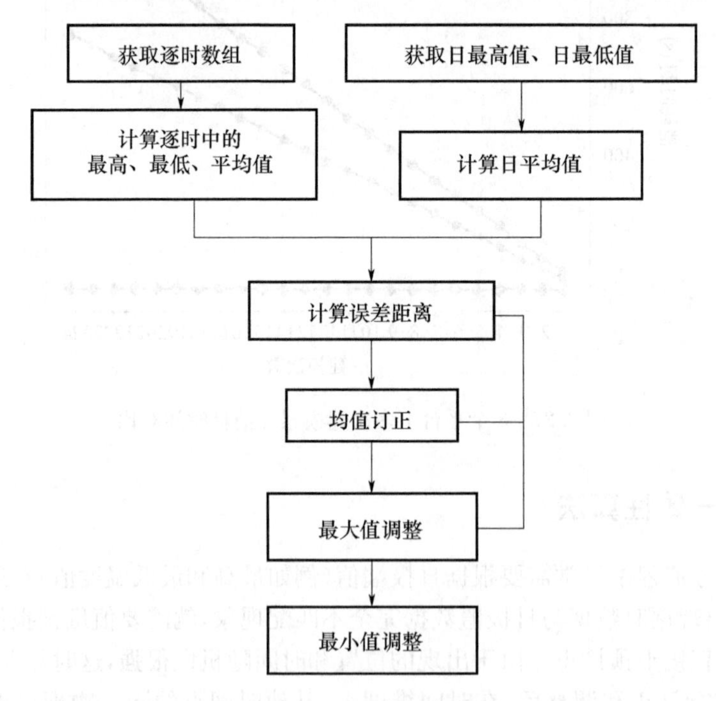

图 3.29　一致性算法流程图

图 3.30 是逐时预报量经过日最高、最低值一致性调整示例，图中点虚线和点划线分别为日最高值和日最低值的预报量（假设准确），细实曲线是原始的预报值，粗实曲线是经过一致性调整后的预报值（假设有缺损，所以有断点），经过调整后既保持了原有曲线形态，整个数据又与极值保持一致。

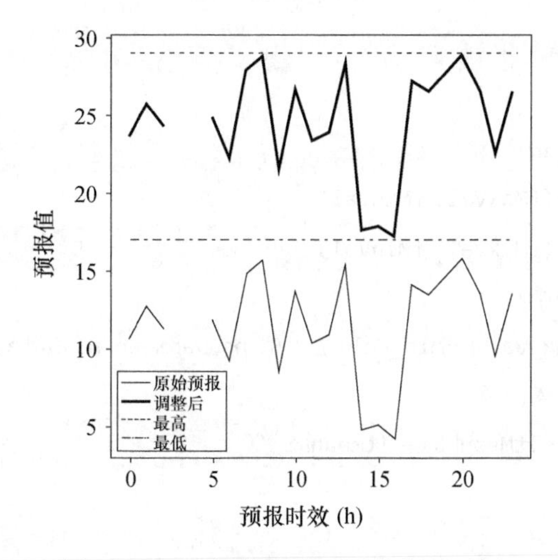

图 3.30　逐时预报量的一致性调整示例

磨刀时间：

下面是时间一致性算法代码示例：

```
1.  #并发多个空间点
2.  def dmulti_Scalar_Nonlinear_Adjustment(args):
3.    return dScalar_Nonlinear_Adjustment(*args)
4.  #反距离误差一致性调整
5.  def dScalar_Adjst(fMaxVal, fMinVal, ndyData,fdefault=999.9):
6.    """
7.      温度等标量的调整
8.      fMaxVal : 最大
9.      fMinVal : 最小
10.     ndyData : 24h 数据
11.     Fdefault : 缺损值
12.   """
13.   # 缺损赋值
14.   ndyData[np.isnan(ndyData)] = fdefault
15.   ndyData[ndyData>=fdefault] = np.nan
16.   # 原始数据最大最小值
17.   fdata_max = np.nanmax(ndyData)
18.   fdata_min = np.nanmin(ndyData)
19.   if debug>=1:print(fdata_max,fdata_min)
20.   # 如果所有值都在范围内
21.   if fMinVal+0.1 <= fdata_min and fdata_max <= fMaxVal-0.1:
```

```
22.         return ndyData
23.     else:
24.         # 预防最大最小错位
25.         fMax_Val = max(fMaxVal, fMinVal)
26.         fMin_Val = min(fMaxVal, fMinVal)
27.         # 计算最大最小平均值
28.         ltMean = [(fMax_Val + fMin_Val) / 2.0, np.nanmean(ndyData)]
29.         # 均值之间的误差距离
30.         fMError_dist = ltMean[0] - ltMean[1]
31.         #平均值调整
32.         # Step1-整体移动
33.         ndy_Odata = ndyData + fMError_dist
34.         # 移动后最大最小值
35.         ltS1MaxMin = [np.nanmax(ndy_Odata), np.nanmin(ndy_Odata)]
36.         # 移动后最大最小值之间的距离
37.         fS1maxmin_dist = np.abs(ltS1MaxMin[0] - ltS1MaxMin[1])
38.         # 最大最小值相等
39.         if (fS1maxmin_dist <= 0.1):
40.             return ndy_Odata
41.         #====平均值调整后的最大值调整===
42.         # 移动后最大值与界限最大值之间的距离
43.         fStd_dist = np.abs(fMaxVal - ltS1MaxMin[0])
44.         # Step2 数据中的最大值<界线顶
45.         if (ltS1MaxMin[0] < fMaxVal):
46.             # 反比例,距离最近,权重最大
47.             Fcorrt = lambda x: x + fStd_dist * (x - ltS1MaxMin[1]) / (fS1maxmin_dist)
48.             ndy_Odata = Fcorrt(ndy_Odata)
49.         else:  # 数据中的最大值>=界线顶
50.             Fcorrt = lambda x: x - fStd_dist * (x - ltS1MaxMin[1]) / (fS1maxmin_dist)
51.             ndy_Odata = Fcorrt(ndy_Odata)
52.         ltS2MaxMin = [np.nanmax(ndy_Odata), np.nanmin(ndy_Odata)]  #移动后的最大最小值
53.         fS2maxmin_dist = np.abs(ltS2MaxMin[0] - ltS2MaxMin[1])         #移动后的最大最小值之
    间的距离
54.         # 最大最小值相等
55.         if (fS2maxmin_dist <= 0.1):
56.             return ndy_Odata
```

```
57.     #===最大值调整后新的最小值调整===============
58.     # 移动后最小值与界限最小值之间的距离
59.     fStd_dist = np.abs(ltS2MaxMin[1] - fMinVal)
60.     # step3 数据中的最小值>界线底
61.     if (ltS2MaxMin[1] > fMinVal):
62.         # 反比例,距离最近,权重最大
63.         Fcorrt = lambda x: x + fStd_dist * (x - ltS2MaxMin[0]) / (fS2maxmin_dist)
64.         ndy_Odata = Fcorrt(ndy_Odata)
65.     else:  # 数据中的最小值<=界线底
66.         Fcorrt = lambda x: x - fStd_dist * (x - ltS2MaxMin[0]) / (fS2maxmin_dist)
67.         ndy_Odata = Fcorrt(ndy_Odata)
68.  return ndy_Odata
```

3.5.5 降水网格建模预报

3.5.5.1 国内外发展趋势

降水无缝隙精细化网格预报已成为当前天气预报领域主流发展趋势[4,5]。国际上,美国于 2003 年开始搭建国家级数字预报数据库(National Digital Forecast Database,NDFD)[6],可提供逐小时更新的无缝隙网格天气预报;欧盟基于 ECMWF-EPS[7]、INCA[8]、AROME-EPS[9]和 ALADIN-LAEF[10]等预报产品开发服务于公众的无缝隙概率预报系统[11]。由于降水具有离散/连续相混合的分布特征[12],降水统计后处理方法主要包括频率匹配法[13]、概率匹配法[14]、贝叶斯模型平均法(BMA,Bayesian Model Averaging)[15]、分位映射法[16,17]、多模式相似集成法[18]、最优百分位法[19]等。

国内方面,张芳华等人[20]使用 Logistic 判别模型进行强降水预报,通过 2013 年和 2014 年连续两年汛期检验表明,该模型对强降水的 TS 评分高于欧洲中心模式,具备业务参考价值。曹勇等[21]使用主客观融合降水反演、统计降尺度、时间拆分等技术构建了国家级格点化定量降水预报系统,能够提供 1~168 h 预报时效,10 km×10 km 分辨率,逐 3 h 的格点化定量降水预报产品;2015 年 4—9 月的检验显示,该网格预报产品可以显著提高降水预报的时空精细化程度。吴启树等[22]基于 TS/ETS 评分最优原则设计最优 TS/ETS 评分订正算法(OTS/OETS),对 2014—2015 年降水检验表明,OTS/OETS 较频率匹配法有更优表现,其中 OTS 在所有时效均能提高降水预报质量。

本书中的短时滚动预报主要基于改进光流法的临近外推预报技术和基于 GRAPES 3 km 实时频率匹配的降水预报偏差订正技术以及基于最优背景场生成技术的短中期定量降水预报技术来实现逐小时滚动更新订正,并通过站点预报产品月格点预报产品的融合方案输出网格化的滚动订正客观降水预报产品。下面主要介绍基于中尺度降水模式降水预报的系统偏差,进行频率匹配(frequency matching method,简称 FMM)客观订正技术的思路及效果评估。

3.5.5.2　降水频率匹配订正算法

频率匹配订正技术已在定量降水预报订正领域得到了较好应用[23]，该方法能显著改善模式降水预报中雨量和雨区范围的系统性偏差，订正后降水预报的范围和平均强度与实况更加接近；偏差越大订正效果越好。虽然此法不能订正降水的落区位置偏差，但通过改变雨区范围的大小，订正后的降水预报评分也有一定程度提高，尤其是小雨量段，订正使数值预报的“有雨或无雨”的定性降水预报的质量得到明显改善。

频率匹配方法的本质是通过调整模式预报量和观测量之间的分位数偏差来实现降水强度订正。技术原理为：通过分别统计模式预报量与观测量的经验累积概率分布函数，利用两者在经验累积概率分布函数之间的差异，进行模式预报量的订正，最终使得订正后的模式预报量的累积概率分布函数与观测量累积概率分布函数趋于一致，计算公式如下：

$$x_c = F_o^{-1}(F_m(x_m)) \tag{3-5-21}$$

其中 x_m 是模式预报量，$F_m(x)$ 是模式预报量的累积概率分布函数，$F_o^{-1}(p)$ 是观测累积概率分布函数的逆函数，x_c 为订正值。

图 3.31 表示通过统计预报和实况前期在不同阈值条件下降水出现的频率，可以看到小的降水预报太多(湿偏差)，而大的降水预报太少(干偏差)。针对某一阈值，假定它在预报中出现的频率应该同实况中出现的频率一致(即纵坐标保持不变)，那么预报中 20 mm 应该被订正到同实况一致的 10 mm 降水；同理，40 mm 的预报降水应被订正到 50 mm 降水量。这种保持出现频率一致的方法即为“频率匹配法”。如从空间上分布来理解，频率大小实际上就是空间范围的大小(站点或格点数的多少)。这样，在湿偏差情况下某一量级，如 10 mm 以上(图 3.31)的预报面积大于实况的面积，这时若 20 mm 以上的预报雨区大于实况的面积，这时如果 20 mm 以上的预报雨区恰同实况的 10 mm 以上雨区面积相当，那么在“预报面积应该同实况面积一致”的假定下，预报中 20 mm 降水应该被降到同实况面积一致的 10 mm 降水。所以“频率匹配法”也可称为“面积匹配法”，因为此法考虑了预报和实况雨区面积一致性。

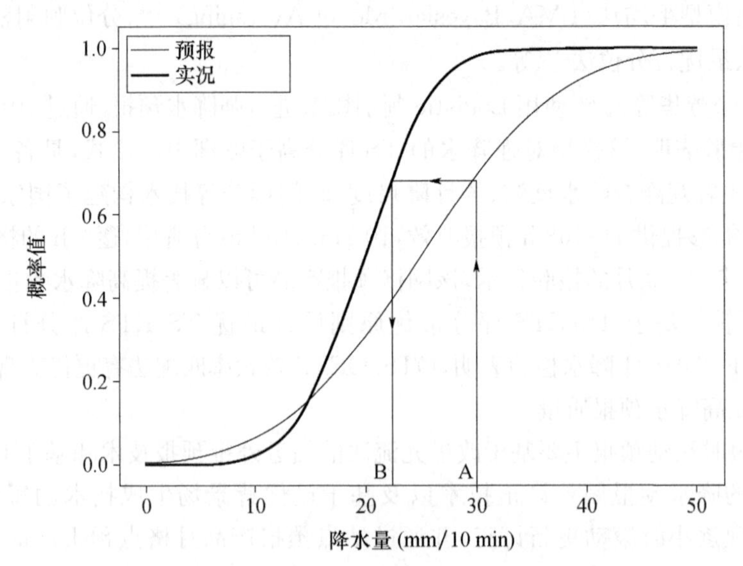

图 3.31　频率匹配(分位数映射)订正技术示意图

(粗线为实况观测经验累积概率分布，细线为模式预报量经验累积概率分布，图中箭头线条代表实现从 A 点待订正值到 B 订正值的订正示意过程)

频率匹配方法通过下列两步分别完成历史建模及实时订正：

第一步建模，按照升序给出一系列降水阈值 $T_i(i=1,n)$ 在预报曲线上对应的频率为 F_i，而在观测曲线上对应的频率为 O_i，其中 F_i 和 O_i 均为单调递减数列。在观测曲线建立相邻的两个点之间的线性方程(一元一次)，这样就得到了从 F_i 映射到 O_i 的分段函数，即与观测降水阈值 T_i 对应的预报阈值 T'_i。根据 $R_i=T_i/T'_i(i=1,2,\cdots,n)$ 计算预报降水量的订正系数 R_i。

第二步预报，根据建立获取的订正系数，对于不同量级区间的预报降水量都有了相对应的订正系数，通过乘以相对应的订正系数得到订正降水量。如果该格点没有与之对应的订正系数，那么按照就近原则获取临近订正系数。通过以上步骤完成了对所有格点降水量的频率匹配。代码段如下：

1)频率匹配建模

```
1.  #已知 obs_level，由 obs、fast 及 obs_level 确定 fcst_level（建模，cal_FM_index）
2.  def cal_FM_index_bak(np_o, np_f, level_o=np.array([0.5,1,2,5,10,20,30],dtype=
    np.float32) ):
3.      ## 输入历史观测 np_o 及对应预报 np_f，均为 numpy 数组(一维二维均可)；
4.      ## 输入观测的阈值列表，即上文的 T(n)
5.      ## 输出对应的原始模式阈值列表，即上文的 Traw(n)
6.      ## 寻找 obs 和 np_f 一致的 fm 对应，返回模式对应值 level_f。
7.      level_o.sort()
8.      level_f = level_o.copy()
9.      ##一维化，并按顺序小至大
10.     obs  = np_o.flatten()
11.     fast= np_f.flatten()
12.     obs.sort()
13.     fcst.sort()
14.     len_o = len(obs)
15.     len_f = len(fast)
16.     for idx,lev in enumerate(level_o):
17.         ## 寻找观测阈值所占总比例，并计算对应的原始模式阈值列表。
18.         temp = np.where(obs<lev)[0]
19.         #对应观测存在，找出对应比例的模式预报
20.         if temp.any():
21.             idx_f = int(round(temp[-1]*len_f/len_o))
22.             level_f[idx] = fast[idx_f]
23.         else:#对应等级观测不存在，跳出循环，更改后续（若比原始大，需调整）
24.             print("NO obs at level:{0}".format(lev))
25.             if level_f[idx]<level_f[idx-1]:
26.                 temp_np = np.arange(0, len(level_o)-idx, 1.)
```

```
27.                 level_f[idx:] = temp_np+ level_f[idx-1]+1
28.             break
29.     return(level_f)
```

2)预报部分

```
1. #已知观测阈值 T(n)及对应预报阈值 Traw(n)，实时计算模式的订正量(频率匹配)
2. def cal_fcst_from_FM_index_bak(np_f, level_o=np.array([0.01,1,10,25,50]), level_f=
   np.array([0.01,1,10,25,50]) ,exceed_process=True, fcst_max=None, fcst_min=0, part_
   level=None):
3.       ## 输入原始模式预报 np_f，numpy 数组；以及观测阈值列表 T(n)
4.       ## 输入建模后，获得的对应预报阈值列表：Traw(n)
5.       ## 返回经订正后的模式预报 cal_f，numpy 数组，维度与 np_f 一致。
6.       # 其他参数
7.       # exceed_process：超过预报 Traw(n)最大值的预报值处理方式：True，等比例放大；False，
  不处理，保留原始预报
8.       # fcst_max：设定订正后预报最大值：None 不设定最大值，其余情况设为 fcst_max
9.       # fcst_min：当预报小于 Traw(n)最小值处理方式：None 为等比例计算，其余情况设为 fcst_
  min
10.      # part_level：只取前 n 个对应阈值进行映射，其余阈值不处理；None 时为全等级映射
11.      np_x = np_f.flatten()#预报值
12.      level_o.sort()
13.      level_f.sort()
14.      if len(level_f)!=len(level_o):#index 数需一致
15.          print("Forecast and OBS INDEX not equal:{0}--{1}".format(len(level_f),len
   (level_o)))
16.          return None
17.      if (part_level is not None) and (part_level<len(level_o)):
18.          level_o = level_o[0:part_level]
19.          level_f = level_f[0:part_level]
20.      for idx,x in enumerate(np_x):#百分位映射计算
21.          ##a. main
22.          if x<level_f[0]:
23.              if fcst_min is None:
24.                  y = x*(level_o[0]/level_f[0])
25.              else:
26.                  y = fcst_min
27.          elif x> =level_f[-1]:
```

```
28.            if (exceed_process) or (level_o[-1]>level_f[-1]):
29.                y = x*(level_o[-1]/level_f[-1])
30.            else:
31.                y = x
32.        else:
33.            k = np.where(level_f<x)[0][-1]#寻找 Fk<=x<Fk+1 的 index:k
34.            y = level_o[k] + (level_o[k+1]-level_o[k])*(x-level_f[k])/(level_f[k+1]-
    level_f[k])
35.            ##b. fcst_max
36.            if fcst_max is not None:
37.                if y>fcst_max : y=fcst_max
38.            np_x[idx] = y
39.    ##c. reshape 为同维度数组
40.      cal_f = np_x.reshape(np_f.shape)
41.      return(cal_f)
```

本次实例中使用 2019—2020 年欧洲中心的 24 h 累积降水量预报产品及 2411 个国家站的逐日实况降水观测数据进行频率匹配订正建模，并利用该模型对 2021 年 EC 降水预报进行实时订正。最后，使用常用的 TS 评分等，评估该频率匹配降水订正效果。

本节频率匹配订正方案建立于站点数据上，将模式的预报时效网格数据，双线性插值至观测站点，并与对应逐日观测数据进行合并。形成如图 3.32 所示的表格数据（采用 pandas.DataFrame 格式）。

	level	time	dtime	id	lon	lat	obs	EC_24h
6866528	0	2019-01-01 08:00:00	36	50136	122.52	52.97	0.0	0.002577
6866529	0	2019-01-01 08:00:00	36	50137	122.37	53.47	0.0	0.002600
6866530	0	2019-01-01 08:00:00	36	50246	124.72	52.35	0.0	0.002972
6866531	0	2019-01-01 08:00:00	36	50247	123.57	52.03	0.0	0.000000
6866532	0	2019-01-01 08:00:00	36	50349	124.40	51.67	0.0	0.001894
...	...	...	...	...	...	...	...	...
10299787	0	2020-12-30 20:00:00	36	59945	109.70	18.65	0.0	0.000000
10299788	0	2020-12-30 20:00:00	36	59948	109.58	18.22	0.0	0.000000
10299789	0	2020-12-30 20:00:00	36	59951	110.33	18.80	0.0	0.123000
10299790	0	2020-12-30 20:00:00	36	59954	110.03	18.55	0.0	0.000000
10299791	0	2020-12-30 20:00:00	36	59981	112.33	16.83	0.2	0.890800

3433264 rows × 8 columns

图 3.32　频率匹配算法中数据结构示意

下面代码为频率匹配订正(FMM)的实际应用：

```
1. import meteva.base as meb
2. import pandas as pd
3. # 读取训练及测试数据
4. data2020 = pd.read_hdf(file20).loc[data20.dtime==36,:]
5. data2021 = pd.read_hdf(file21).loc[data21.dtime==36,:]
6. # FM 频率匹配训练测试
7. obs_data = data2020.obs.values
8. model_data = data2020.EC_24h.values
9. levels=np.array([0.1,5,10,25,50,70,100,150,200],dtype=np.float32)
10. # FMM 频率匹配建模
11. level_t1 = cal_FM_index_bak(obs_data,model_data,level_o=levels,)
12. # FMM 频率匹配实时预报
13. ec_2021 = data2021.EC_24h.values
14. #观测超出 200mm 的降水，按比例放大，不设置最大值；观测小于 0.1mm，设置为 0
15. fm_2021 = cal_fcst_from_FM_index_bak(ec_2021, level_o=levels, level_f=level_t1,
    exceed_process=True, fcst_max=None, fcst_min=0, part_level=None)
16. # 整理 FMM 订正后数据，支撑后续检验评估
17. data2021['EC_FMM']=fm_2021
18. data2021 = data2021.rename({'EC_24h':'EC'})
```

对 FMM 频率匹配算法进行检验评估，包括计算 TS 及 BIAS 评分，并对结果可视化展示。代码如下：

```
1. # 实时检验评估 FMM 频率匹配效果
2. import meteva.method as mem
3. import meteva.product as mpd
4. import matplotlib.pyplot as plt
5. # 计算 TS 及 Bias 评分
6. par = [0.1, 10, 25, 50, 100]
7. ts,group = mpd.score(data2021,mem.ts,grade_list=par)
8. bs,group = mpd.score(data2021,mem.bias,grade_list=par)
9. ts = np.squeeze(ts)
10. bs = np.squeeze(bs)
11. pd_TS = pd.DataFrame(ts.T,index=par,columns=["EC", 'FMM'])
12. pd_Bias = pd.DataFrame(bs.T,index=par,columns=["EC", 'FMM'])
13. # 结果绘图
```

```
14. #bias
15. ax = pd_Bias.plot(kind='line',figsize=(16,7),title="model_Bias",fontsize=20, ylim=
    (0,2.5), linewidth=2.5)
16. ax.plot(range(0,6,1),np.zeros(6)+1, linestyle='--',linewidth=2,color='black')
17. fig = ax.get_figure()
18. plt.legend(fontsize=20)
19. #TS
20. ax = pd_TS.plot(kind='bar',figsize=(16,7),title="model_TS",fontsize=20,width=0.5)
21. axis_a = range(len(par))
22. for a,b in zip(axis_a,pd_TS['EC'].values):
23.     ax.text(a, b+0.005, '{0:.3f}'.format(b), ha='center', va= 'bottom',fontsize=12)
24. for a,b in zip(axis_a,pd_TS['FMM'].values):
25.     ax.text(a+0.15, b+0.005, '{0:.3f}'.format(b), ha='center', va= 'bottom',fontsize=
    12)
26. fig = ax.get_figure()
27. plt.legend(fontsize=20)
```

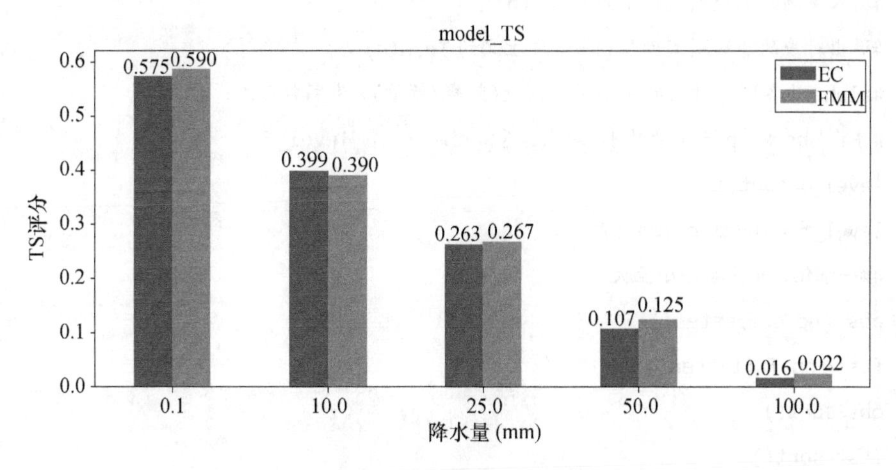

图 3.33 FMM订正产品与模式预报TS评分对比

从图3.33可以看出，经过2年的训练，对2021年上半年的EC模式进行频率匹配(FMM)订正后，产品各量级的BIAS偏差较原始模式更好(BIAS接近于1，则偏差较小)，而除10 mm外，其余量级TS评分较原始模式提升明显。如暴雨、大暴雨量级(50/100 mm)，FMM提升超过18%。可以看到上述FMM建模及订正流程中，对2年的训练数据缺乏细致的时间及空间分类，如区域建模、分月或滑动训练期建模等，尽管如此，该订正也有明显的正效果。下面将针对上述频率匹配(FMM)订正细节尝试改进，并测试检验上述改进带来的订正效果。

3.5.5.3 FMM算法优化

1. 频率缩放优化

由频率匹配订正(FMM)的原理及代码中可知，原始FMM目标为将预报与观测频率调整到完全一致，但实际业务中，出于预报准确率或气象服务需求，允许两者频率有一定误差。如暴雨预警中，允许客观预报订正产品存在一定空报率，但要能尽量给出暴雨可能性的信息；同时，根据历史检验，当降水准确率TS评分最高时，一般会存在一定空报(BIAS大于1)。因此，我们改造原始FMM算法，可以根据需要，加入一定的频率"放大系数"，并测试该改动对实际降水预报的调整效果。

首先通过构造放大系数字典，表明对各量级降水阈值内(即小于等于该阈值)的频率缩放倍数，代码如下：

```
1. #各量级的缩放倍数
2. alpha = {0.1:0.99, 25:0.998, 50:0.999, 100:0.9998}
```

在原始FMM代码中加入缩放系数，代码修改如下：

```
1.  ##建模部分，计算FM_index
2.  def cal_FM_index_bak_alpha(np_o, np_f, level_o=np.array([0.5,1,2,5,10,20,30],dtype=
    np.float32,alpha=None):
3.      #输入历史观测np_o及对应预报np_f，均为numpy数组(一维二维均可)；
4.      #输入观测的阈值列表，即上文的T(n)
5.      #输出对应的原始模式阈值列表，即上文的Traw(n)
6.      #alpha为各阈值对应的频率扩大系数(频率/数量)，为字典形式；
7.      #寻找obs和np_f一致的fm对应，返回模式对应值level_f。
8.      level_o.sort()
9.      level_f = level_o.copy()
10.     ##一维化，并按顺序小至大
11.     obs = np_o.flatten()
12.     fcst= np_f.flatten()
13.     obs.sort()
14.     fcst.sort()
15.     len_o = len(obs)
16.     len_f = len(fcst)
17.     for idx,lev in enumerate(level_o):
18.         ## 寻找观测阈值所占总比例，并计算对应的原始模式阈值列表。
19.         range_num = len(obs[obs<lev])#区间长度(频率数)
20.         temp = obs[obs>=lev]#当观测值均小于该index时，该index及以后index不需要更改
21.         if temp.any():#对应观测存在，找出对应比例的模式预报
22.             if alpha is not None:#放大系数
23.                 if lev in alpha.keys():
24.                     range_num = range_num*alpha[lev]#对对应阈值下，频率进行缩放。
```

```
25.         if range_num>=len_o:
26.             print("Alpha ERROR: level- {0} out of RANGE. ". format(lev))
27.             range_num = len_o- 1
28.         idx_f = min(int(round(range_num * len_f/len_o)),len_f-1)
29.         level_f[idx] = fcst[idx_f]
30.     else:#对应等级观测不存在，跳出循环，更改后续（若比原始大,需调整）
31.         print("NO obs at level:{0}". format(lev))
32.         if level_f[idx]<level_f[idx-1]:
33.           temp_np = np. arange(0, len(level_o)-idx, 1. )
34.           level_f[idx:] = temp_np+level_f[idx-1]+1
35.         break
36.   return(level_f)
```

上述代码中的字典保存的缩放系数小于 1，其含义是将小于该阈值的降水样本的频率进行缩小，即扩大了预报中大于该阈值的样本。因此，应用该缩放系数后，对应量级的 BIAS 评分会增大(预报频率/面积增加)。在同样的训练和测试数据中应用改进 FMM 算法，并进行检验。

从图 3.34 的检验结果中可以看出，对小雨、大雨及暴雨等阈值降水加入频率缩放系数后，经过改进 FMM 算法订正后，上述量级降水的 BIAS 偏差较原始 FMM 订正偏大，即频率增加，如暴雨量级，原始 FMM 订正后 BIAS 评分为 0.95，缩放 FMM 订正后 BIAS 增大至 1.15。改进 FMM 订正，在允许适当空报后，上述量级的准确性(TS)也有所提升(图 3.35)，如改进前后，小雨量级 TS 评分由 0.59 提升至 0.61；暴雨量级 TS 由 0.125 提升至 0.131，相对原始预报(0.107)的改进效果提升超 30%。有比较明显的改进效果。实际上，目前业务预报中，也会用类似方案，适当提升大量级降水的频率，从而改善 TS 评分。

2. 时间滑动建模优化

原始 FMM 频率匹配订正中，直接使用所有数据进行频率建模，但是这会把冬季降水偏差与夏季降水偏差混淆。为改进上述情况，需要增加更细致的历史样本建模方案。下面构建简单的样本时间分割建模方案：对某一天预报，只选取历史上同期前后 30 d 数据进行建模(如 2021 年 3 月 1 日预报订正，建模数据选取日期为 2019 年 2—4 月、2020 年 2—4 月以及 2021 年 2 月)。

从图 3.36 的检验结果中可以看出，加入历史预报时间滑动建模订正后，上述各量级降水的 BIAS 偏差较原始 FMM 订正更小，接近于 1，有效地订正大雨量降水的频率偏差。同时，上述量级的准确性(TS)也有所提升(图 3.37)，如改进前后，小雨量级 TS 评分由 0.59 提升至 0.61；暴雨量级 TS 由 0.125 提升至 0.133，相对原始预报(0.107)的改进效果提升超 35%，相对方案 2 中频率扩大方案仍有一定增长率。实际上，目前业务预报中，也会用类似方案，对实时预报进行滑动建模订正，通常使用前后 15～20 d 的滑动历史预报时间选取方案，从而改善 TS 评分。

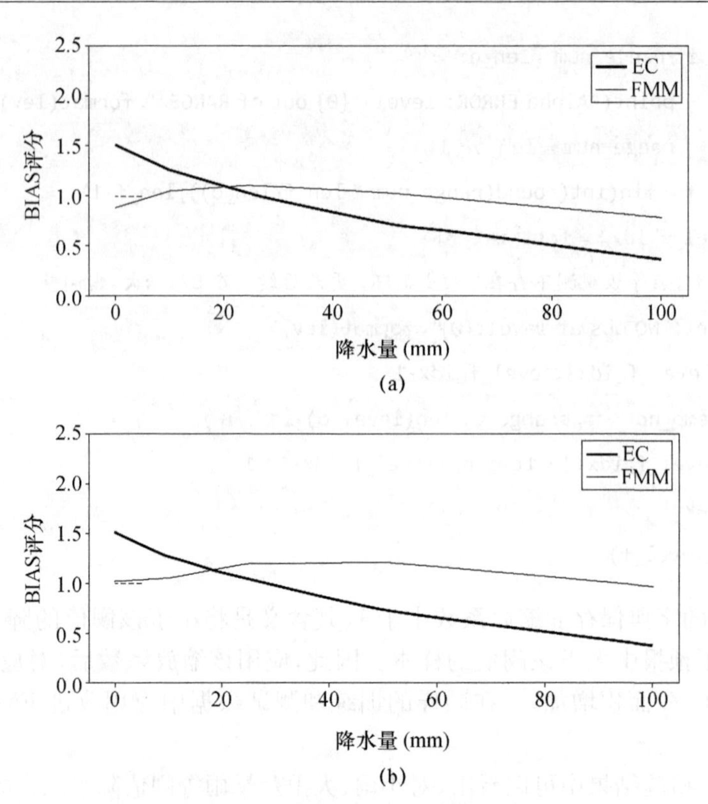

图 3.34　FMM 算法改进前后预报结果的 BIAS 评分对比

(a)频率缩放前,(b)频率缩放后

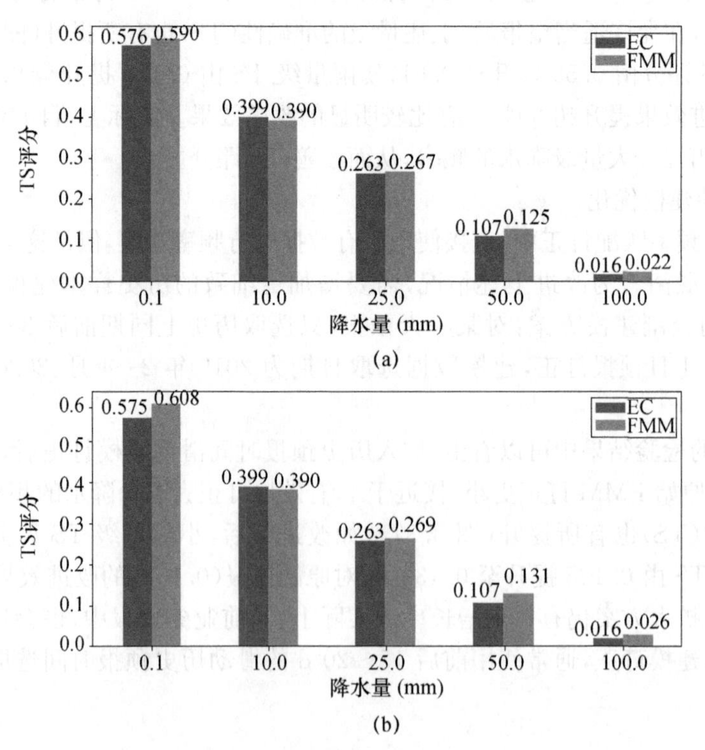

图 3.35　FMM 算法改进前后预报结果的 TS 评分对比

(a)频率缩放前,(b)频率缩放后

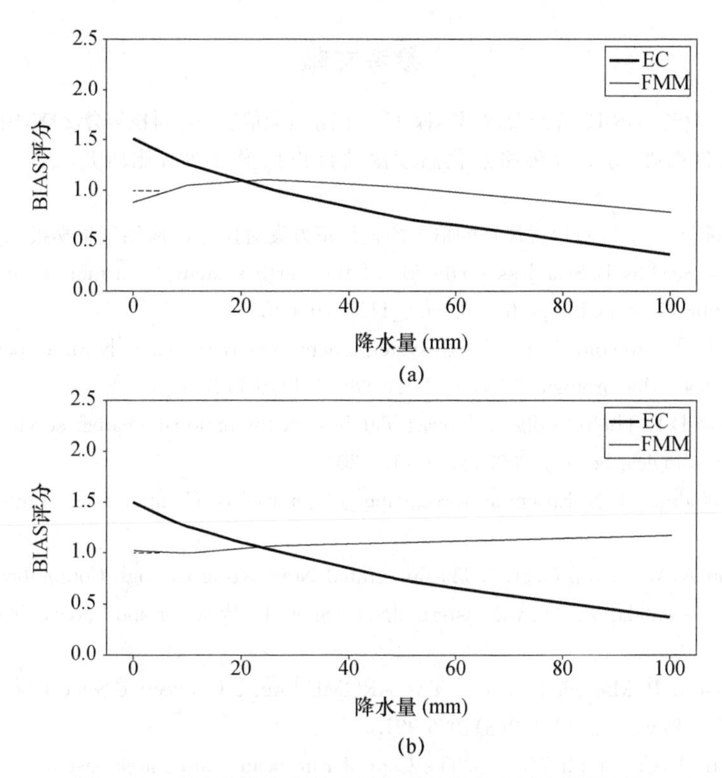

图 3.36　FMM 算法改进前后预报结果的 BIAS 评分对比

(a)无时间滑动,(b)有时间滑动

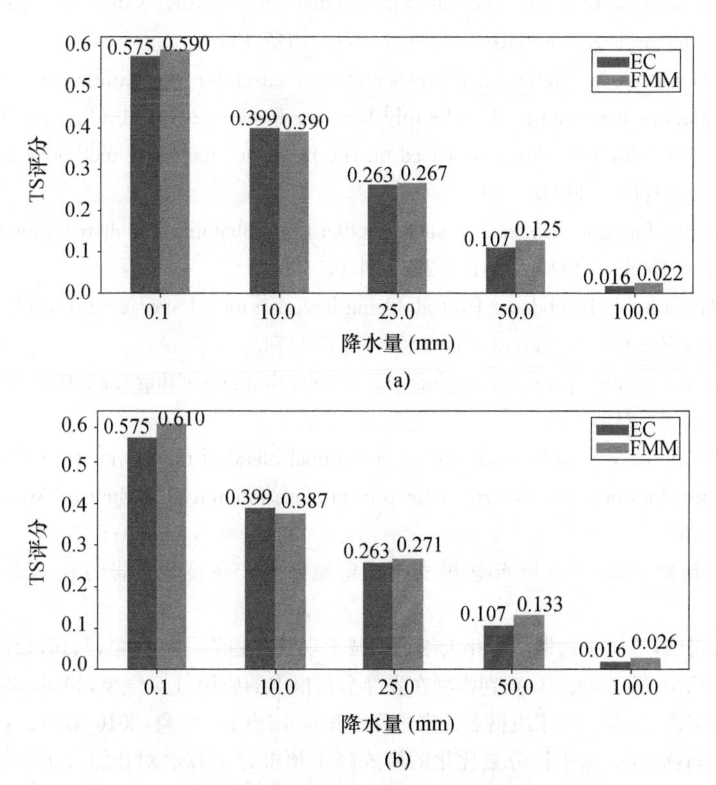

图 3.37　FMM 算法改进前后预报结果的 TS 评分对比

(a)无时间滑动,(b)有时间滑动

参考文献

[1] 刘媛媛,应显勋,赵芳．GRIB2介绍及解码初探[C]//国家气象信息中心科技年会,2006,国家气象信息中心．

[2] 曾晓青,薛峰,赵瑞霞,等．几种格点化温度滚动订正预报方案对比研究[J]．气象,2019,45(7):1009-1018.

[3] 曾晓青,薛峰,姚莉,等．针对模式风场的格点预报订正方案对比[J]．应用气象学报,2019,30(1):49-60.

[4] Brunet G,Jones S,Mills B. Seamless prediction of the Earth system: from minutes to months[M/OL]. 2015: https://library. wmo. int/pmb_ged/wmo_1156_en. pdf.

[5] Rauser F,Alqadi M,Arowolo F,et al. Earth system science frontiers: An early career perspective[J]. Bulletin of the American Meteorological Society,2017,98(6):1119-1127.

[6] Glahn H R,Ruth D P. The new digital forecast database of the national weather service[J]. Bulletin of the American Meteorological Society,2003,84(2):195-202.

[7] Leutbecher M,Palmer T N. Ensemble forecasting[J]. Journal of Computational Physics,2008,227(7):3515-3539.

[8] Haiden T,Kann A,Wittmann C,et al. The Integrated Nowcasting through Comprehensive Analysis(INCA) system and its validation over the eastern alpine region[J]. Weather and Forecasting,2010,26(2):166-183.

[9] Seity Y,Brousseau P,Malardell S,et al. The AROME-France Convective-Scale Operational Model[J]. Monthly Weather Review,2010,139(3):976-991.

[10] Wang Y,Martin B,Christoph W,et al. The Central European limited-area ensemble forecasting system: ALADIN-LAEF[J]. Quarterly Journal of the Royal Meteorological Society,2011,137(655):483-502.

[11] Wastl C,André S,Yong W,et al. A seamless probabilistic forecasting system for decision making in Civil Protection[J]. Meteorologische Zeitschrift,2018,27(5):417-430.

[12] Scheuerer M,Hamill T M. Statistical postprocessing of ensemble precipitation forecasts by fitting censored,shifted gamma distributions[J]. Monthly Weather Review,2015,143(11):150901110234004.

[13] Zhu Y,Luo Y. Precipitation calibration based on the frequency-matching method[J]. Weather and Forecasting,2015,30(5):1109-1124.

[14] Ebert E E. Ability of a poor man's ensemble to predict the probability and distribution of precipitation[J]. Monthly Weather Review,2001,129(10):2461-2480.

[15] Raftery A E,Gneiting T,Balabdaoui F,et al. Using bayesian model averaging to calibrate forecast ensembles[J]. Monthly Weather Review,2005,133(5):1155-1174.

[16] Maraun D. Bias correction,quantile mapping,and downscaling: revisiting the inflation issue[J]. Journal of Climate,2013,26(6):2137-2143.

[17] Hamill T M,Engle E,Myrick D,et al. The U. S. national blend of models for statistical postprocessing of probability of precipitation and deterministic precipitation amount[J]. Monthly Weather Review,2017,145(9):3441-3463.

[18] 林建,宗志平,蒋星．2010—2011年多模式集成定量降水产品检验报告[J]．天气预报,2013,5(1):67-74.

[19] 代刊,曹勇,钱奇峰,等．中短期数字化天气预报技术现状及趋势[J]．气象,2016,42(12):1445-1455.

[20] 张芳华,曹勇,徐珺,等．Logistic判别模型在强降水预报中的应用[J]．气象,2016,42(4):398-405.

[21] 曹勇,刘凑华,宗志平,等．国家级格点化定量降水预报系统[J]．气象,2016,42(12):1476-1482.

[22] 吴启树,韩美,刘铭,等．基于评分最优化的模式降水预报订正算法对比[J]．应用气象学报,2017,28(3):306-317.

[23] 李俊,杜钧,陈超君．"频率匹配法"在集合降水预报中的应用研究[J]．气象,2015,41(06):674-684.

第 4 章　格站融合算法

4.1　发展概述

客观分析法(objective analysis,简称 OA)是利用不规则的站点数据估计规则网格点上数值的一种客观分析方法。自数值天气预报诞生的那一天起,客观分析技术就伴随着数值预报的发展而不断演变,客观分析法的出现是为了给数值预报模式提供最初的初始场而发展起来的,最初是 Charney 等通过手工绘图方法,将站点值主观分析到格点上,这为当时的数值模式提供了最早的初始场。

1949 年 Panofsky 利用多项式插值技术[1](也称为曲面拟合法),第一次利用客观的方法将站点数据分析到网格点上,从此开始了客观分析的新纪元。该方法用多项式展开去拟合数个分析格点小区域的所有观测点,其系数用最小二乘法求解得到。但是,由于其分析是在小区域内进行的,所以往往导致分析在拟合的各区域之间不连续。同时多项式插值技术存在着诸多的问题,比如窗口的选择不好确定,求解高阶方程组比较麻烦等。

1954 年,Gilchrist 和 Cressman[2]提出了理想的逐步订正法。其原理是从每一个观测中减去背景场得到观测增量,通过分析观测增量得到分析增量,然后将分析增量加到背景场上得到最终的分析场。1955 年 Bergthorsson 和 Doos 提出[3]:为了获得预报初始场,除了观测以外,所有的网格点上必须具有大气状态的背景场,即初始猜测场。这个背景场应该是观测之前对大气状态的最好估计。最初,背景场是由气候学或短期预报与气候学相结合而提供的。随着预报准确率的提高 ,短期预报结果成为获取背景场的普遍应用方法。

1959 年 Cressman 在上述方法的基础上采用迭代求解方法[4],形成了实际应用的逐步订正法,并把客观分析过程定义为“从不规则分布的测站资料内插出网格点上的值,为数值预报模式提供初值”。Cressman 的逐步订正方法是通过迭代方式使分析场具有最小误差,该方法不受假定条件约束,能通过常规观测获得高质量的分析结果。但由函数表达式可以看出,逐步订正法的权重函数仅仅依赖于测站到格点的距离,而与测站的分布无关,从而采用这种方法得到的分析结果在统计意义上往往不是最优的。

1963 年 Gandin[5]在逐步订正工作的基础上,通过引入统计方法,推导出多元最优插值方程,提出了最优插值法(optimal interpolation,简称 OI),完成了最优插值多元分析的理论框架。相比逐步订正法而言,最优插值法最大的优点就是权重考虑了背景场和观测站点误差的统计特征,所以又称为最优统计插值法。

1958 年 Sasaki[6]很早就将变分方法引入到客观分析中来,直到现在数据同化业务中也主要使用三维变分和四维变分方法。变分法的优点是进一步摆脱了观测量和分析量之间存在线性关系的限制,使得直接同化非常规资料成为可能,同时也可以把模式作为一个强约束下进行求解，从而得到物理和动力上与模式协调的初始场。另外，还有其他一些方法，比如卡尔曼滤波技术等也被发展用于数据同化。

随着国内气象业务的发展和模式水平的提高，国内一些气象科研人员也进行了相关的技术追踪。陈东升[7]、张爱忠[8]、官元红[9]、熊春晖[10]、朱国富[11]等自2000年以来对客观分析方法的历史发展和不同方法之间优缺点进行过详细的分析和讨论（上述部分论述也引自相关论文），其中陈东升在研究论文中采用时间表格的形式将国内外资料同化的研究进展进行了全面总结，朱国富在研究论文中用表格描述了资料同化方法中可用信息的不断扩展和经验局限性的不断减少的变化（表4.1），都具有较好的参考意义。

表4.1　分析同化的发展进程中可用信息的不断扩展和经验局限性的不断减少等方面[11]

	多项式拟合		SCM		OI		Var		EnKF
所用的信息	只是观测的值：y_o	→	增加初猜场的值：y_o+x_g	→	引入背景场，增加协方差：y_o和x_b+R和B		增加更多种类观测：如大量的非常规的卫星、雷达资料		背景场误差协方差：动态的B矩阵
观测信息使用方式	观测值	→	观测增量（新息）$[y_o-H(x_g)]$		资料的区域选择		同化时间窗内的所有资料		逐时次的资料
最优准则和求解的方式	最小二乘原则适当区域范围的求拟合函数系数		平均平滑单点分析的逐步迭代		分析误差方差最小线性方程组求权重和单点分析的一次性计算		分析场似然概率最大泛函极小的全局求解		分析误差方差最小逐时次序贯的更新循环方式
经验性和局限性	拟合函数本身是给定的		观测增量的权重是给定的		线性观测算子和资料的区域选择		Var和OI一样：静态B矩阵		有限取样
				↘		↘		↘	
真实性和客观科学性	客观的天气图分析		观测增量作为订正的新的信息		权重是统计最优来确定的		复杂非线性观测算子和一次使用所有资料		更接近真实的B矩阵

（"→"表示扩展或进程）

从数据同化的技术发展历程可以看出，数据同化从单一观测量输入向多种资料输入发生变化，为的是向数值预报模式提供更加"合适"的初始场，所谓更加"合适"的初始场，除了需要背景初始场尽量向真实的大气状态进行"靠拢"以外，同时需要更好地去耦合数值模式，以便让数值模式更加稳定、预报更加准确。目前随着互联网的快速发展，移动互联网已无处不在、无时不有。人们使用智能手机中的天气APP，希望能够在任何地方、在任意时间了解所需的天气状况和信息，及时定制或调整未来活动计划。这就需要气象服务部门提供高时空分辨率的格点实况或预报产品。所以在客观分析中，除了将各种方法用于产生数值模式的初始场以外，还需要这些方法产生非常接近大气真实状态的气象格点场。2010年沈艳等[12]使用最优插值方法对中国逐日降水量进行了网格化。2012年潘旸等[13]基于最优插值方法进行了中国区域地面观测与卫星反演逐时降水融合试验，2014年张涛等[14]以及2018年韩帅等[15]使用变分方法产生了多源融合格点产品。

4.2　逐步订正算法

Cressman逐步订正法是将站点数据插值到用户定义的经纬度网格，然后通过连续减小的影响半径，反复迭代减小误差(对于每个站点，误差被定义为站点值和通过从网格到该站的插值到达的值之间的差)来增加预估格点的精度，最终达到收敛要求。每次迭代中，先要分析影响范围内的每个站来确定该校正因子，然后利用校正因子为每个网格点计算新值。其中的影响半径一般采用分辨率的倍数。在影响半径内，观测站值可以被加权来估计网格点处的值。超出影响半径的站点对网格点值没有影响。实际应用中使用的逐步订正法具体步骤如图 4.1 所示。

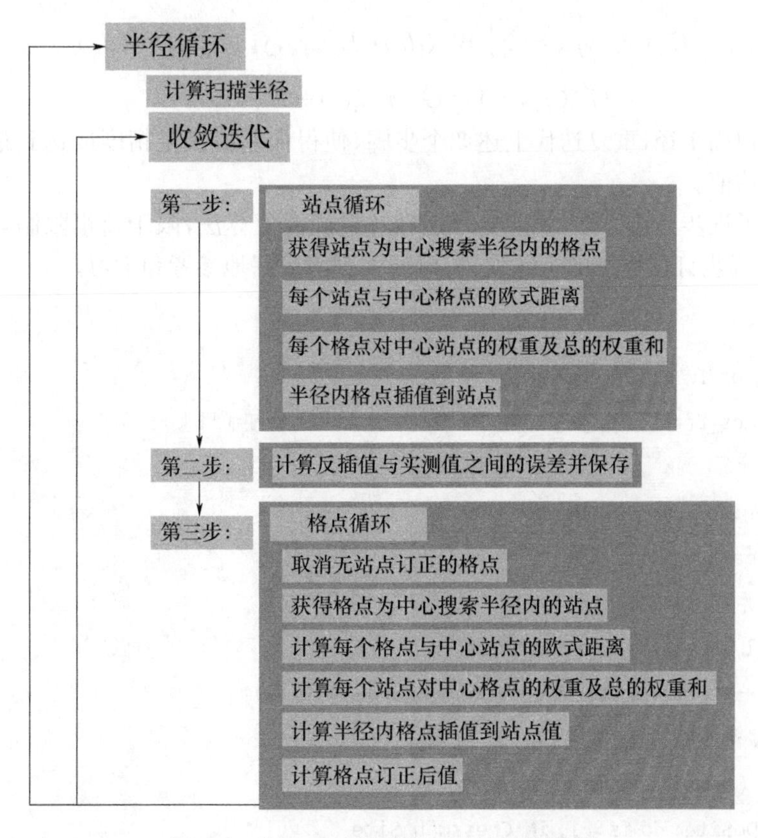

图 4.1　Cressman 逐步订正算法计算流程

首先确定了影响半径和迭代次数后，设区域中有 N 个测站，每个观测站的坐标为(x_i, y_i)，观测量为 $P_i(x_i, y_i)$，$i \in [1, N]$。

第一步：以观测站点为中心，以 R 为半径，搜索半径内的所有格点 G_m(设有 m 个格点)，计算每个格点到中心站点的欧式距离 d_m 以及每个格点相对于中心站点的权重 W_m[Barnes 权重公式(4-2-1)]，根据公式(4-2-2)将区域内所有格点综合插值到站点坐标，得到新站点估值$P'_i(x_i, y_i)$。

$$W_m(d_m) = \begin{cases} \exp\left(-\frac{d_m^2}{4R}\right), & d_m < R \\ 0, & d_m \geqslant R \end{cases} \tag{4-2-1}$$

$$P'_i(x_i, y_i) = \frac{\sum_{k=1}^{m} W_m(d_m) \cdot G_m}{\sum_{k=1}^{m} W_m(d_m)} \tag{4-2-2}$$

第二步：计算观测站点的降水新估值与实测值之间的订正误差$E_i(x_i, y_i)$(公式(4-2-3))。

$$E_i(x_i, y_i) = P_i(x_i, y_i) - P'_i(x_i, y_i) \tag{4-2-3}$$

第三步：以每个网格格点为中心，R 为半径，区域中有 L 个格点，每个格点的坐标为(x_j, y_j)，观测量估值为 $G_j(x_j, y_j)$，$j \in [1, L]$。搜索半径内的所有站点（设有 K 个），计算每个站点到中心格点的欧式距离 d_k 以及每个站点相对于中心格点的权重 W_k（公式(4-2-1)），根据公式(4-2-4)计算区域内所有站点误差综合插值到格点坐标，得到新订正误差。最后将新订正误差订正到格点上（公式(4-2-5)），得到格点新估值。

$$E'_j(x_j, y_j) = \sum_{k=1}^{K} W_k(d_k) \cdot E_k(x_k, y_k) \Big/ \sum_{k=1}^{m} W_k(d_k) \tag{4-2-4}$$

$$G'_j(x_j, y_j) = G_j(x_j, y_j) + E'_j(x_j, y_j) \tag{4-2-5}$$

通过减小扫描半径，重复迭代上述 3 个步骤，使得误差值满足精度或达到最大迭代次数，得到最终格点估值。

如果掌握了逐步订正算法，就能更好地理解最优插值算法，限于篇幅限制，我们给出一个 fortran 版本的逐步订正程序的主题代码，以便大家能更好地参考和学习。

```
1.  !半径循环
2.  DoRadiu:do ir =1, iN_Radius
3.    RSum_Abs_Error = huge(1.0)  !半径变换时，误差有可能增大
4.    !迭代计算
5.    Doiter:do iter = 1, iN_Max_iter
6.      iArea_Num_Site = 0
7.      !计算扫描半径的球面距离
8.      call SRight_angled_Distance()
9.      !第一步：用格点值反插到站点(根据 Barnes 的公式)
10.      !站点循环
11.      if (.Not.All(ROut_Grid.EQ.0))then
12.        DoSite: do is = 1, iN_Cressman_Site
13.          !获得站点搜索半径内的格点范围
14.          call SSite_Center_Search_Area()
15.          RWeight_Sum = 0
16.          RWeight_x_Value_Sum = 0
17.          !可能影响站点的格点
18.          do i = iArea(1,1), iArea(1,2)     !左(西)小->右(东)大
19.            do j = iArea(2,1), iArea(2,2)     !下(南)小->上(北)大
20.              !计算每个站点与中心格点的球面距离
21.              call SRight_angled_Distance()
22.              !小于半径的格点权重
23.              if(RSite_Grid_Dist.LT.RSearch_Radius_Dist)then
24.                call SWeight_Function1()           !权重计算
25.                RWeight_Sum = RWeight_Sum + RWeight  !权重和
```

```
26.             !权重与格点的乘积
27.             RWeight_x_Value_Sum = RWeight_x_Value_Sum + RWeight * ROut_Grid(i,j)
28.           endif
29.         enddo
30.       enddo
31.       !格点反差站点
32.       RGrid_Interp_Site_Data(is) = RWeight_x_Value_Sum / RWeight_Sum
33.     enddo DoSite  !站点循环
34.   else
35.     RGrid_Interp_Site_Data = 0
36.   endif
37.   !第二步：计算反插值与实测值之间的误差(向量)
38.   RGrid_Interp_Site_Error = RCressman_Site_Data - RGrid_Interp_Site_Data
39.   !误差计算
40.   RSum_Abs_Error(1) = sum(abs(RGrid_Interp_Site_Error))
41.   !新误差>=上误差，说明误差不再减小，保存前一次场，退出迭代
42.   if(RSum_Abs_Error(1).GE.RSum_Abs_Error(2))then
43.     ROut_Grid = RSave_Grid_Fild
44.     if(iN_Radius.NE.1)then   !如果半径就 1 个
45.       cycle Doiter
46.     endif
47.   else   !误差继续减小
48.     RSave_Grid_Fild = ROut_Grid
49.   endif
50.   RSum_Abs_Error(2) = RSum_Abs_Error(1)
51.   !第三步：扫描半径内的 N 个观测点误差，对网格点值进行订正
52.   !经纬度循环
53.   Dolon: do ilon = 1, iN_Region_Grid_Lon
54.     Dolat: do ilat = 1, iN_Region_Grid_Lat
55.       !取消无站点订正的格点
56.       if(ir.GE.2.and.iRecord(ilon,ilat).EQ.0)cycle Dolat
57.       !最大半径+中心格点=最大经纬度范围
58.       call SLonLat_Center_Search_Area_Boundary()
59.       iN_Area_Site = 0
60.       RWeight_Sum = 0
61.       RWeight_x_Value_Sum = 0
```

```
62.          !中心格点+最大半径=范围包含的站点数
63.          do is = 1, iN_Cressman_Site
64.            if(站点在 4 格点内) then
65.              !计算每个站点与中心格点的距离
66.              call SRight_angled_Distance()
67.              !遍历符合半径内的站点
68.              if(RSite_Grid_Dist. LT. RSearch_Radius_Dist)then
69.                call SWeight _ Function1 (RSearch _ Radius _ Dist, RSite _ Grid _ Dist,
   RWeight)
70.                RWeight_Sum = RWeight_Sum + RWeight
71.                RWeight_x_Value_Sum = RWeight_x_Value_Sum + RWeight * RGrid_Interp_
   Site_Error(is)
72.                iN_Area_Site = iN_Area_Site + 1     !记录有多少个站点
73.                iArea_Num_Site(iN_Area_Site) = is   !记录站点序号
74.              endif
75.            endif
76.          enddo
77.          !无订正站点
78.          if(RWeight_Sum. EQ. 0)then
79.            RCorrect(ilon,ilat) = 0
80.          !有订正站点
81.          Else
82.            !该格点已订正
83.            if(ir. EQ. 1. and. iter. EQ. 1) iRecord(ilon,ilat) = 1
84.            !订正值
85.            RCorrect(ilon,ilat) = RWeight_x_Value_Sum / RWeight_Sum
86.            !订正后的格点值
87.            RWork =  ROut_Grid(ilon,ilat) + RCorrect(ilon,ilat)
88.          endif
89.        Enddo Dolat
90.      Enddo Dolon
91.      !平滑订正场
92.      call STemperature_Correct_5Point_Smooth()
93.      !最终格点场
94.      ROut_Grid = ROut_Grid + RCorrect
95.    enddo Doiter  !迭代
96. enddo DoRadiu  !半径循环
```

4.3　最优插值算法

最优插值(optimal interpolation,简称 OI)是一种基于最优线性无偏估计(best linear unbiased estimation,简称 BLUE)原理的序贯资料同化方案,在 20 世纪 70—90 年代,世界上很多气象部门都利用 OI 进行数值天气预报模式的资料同化业务工作。从统计意义上来说,OI 是均方差最小化的线性插值方法,方法中的权重考虑了背景场和观测误差的统计特征,即包含了观测、预报和分析之间的内在关系。

OI 中的"最优"是指方差最小,因为方差越小,个体离均值的离散程度越小,而根据无偏性,均值即为永远未知的那个"真实值",方差越小,说明与真实值的离散度越小,即认为最有效。

4.3.1　基础知识

在进行 OI 推导前,我们复习几个数学规则,以便后面使用中能更加清楚。

1. 期望

设 C 为一个常数,X 和 Y 是两个随机变量。$E(X)=\overline{X}$ 得到一个具体的标量值,即均值,数学期望具有的重要性质:

1)　$$E(C)=C \tag{4-3-1}$$

2)　$$E(CX)=CE(X) \tag{4-3-2}$$

3)　$$E(X+Y)=E(X)+E(Y) \tag{4-3-3}$$

4)当 X 和 Y 相互独立时,　$$E(XY)=E(X)E(Y) \tag{4-3-4}$$

2. 方差

方差是度量随机变量和其数学期望(即均值)之间的偏离程度。基于期望的方差公式推导如下:

$$\begin{aligned} D(X) &= E\{[X-E(X)]^2\} \\ &= E\{X^2-2XE(X)+[E(X)]^2\} \\ &= E(X^2)-2E(XE(X))+E\{[E(X)]^2\} \\ &= E(X^2)-2E(X)E(X)+[E(X)]^2 \\ &= E(X^2)-2[E(X)]^2+[E(X)]^2 \\ &= E(X^2)-[E(X)]^2 \end{aligned} \tag{4-3-5}$$

具有性质:

1)　$$D(C)=0 \tag{4-3-6}$$

2)　$$D(CX)=C^2D(X) \tag{4-3-7}$$

3)　$$D(X+C)=D(X) \tag{4-3-8}$$

如果对于 X 与 Y 两个随机变量,并且有一定相关性:

4)　$$D(X\pm Y)=D(X)+D(Y)\pm 2Cov(X,Y) \tag{4-3-9}$$

$$Cov(X,Y)=E\{[X-E(X)][Y-E(Y)]\} \tag{4-3-10}$$

对于 X 与 Y 两个不相关的随机变量 $Cov(X,Y)=0$

3. 矩阵变换公式

$$(A+B)^T=A^T+B^T \tag{4-3-11}$$

$$(AB)^T=B^TA^T \tag{4-3-12}$$

$$(kB)^T=kB^T \tag{4-3-13}$$

$$(A^TB)^2=A^TB\,B^TA \tag{4-3-14}$$

$$\nabla(X^TAX)=2AX \tag{4-3-15}$$

其中 A、B 和 X 都是矩阵，k 是常数，X 是自变量。

4.3.2 最优线性无偏估计

让我们先看一个简单的试验。我们需要估计某个房间里的气温，假设此时房间的真实温度为T_t，房间里面已经有一个已存的温度计 1，该温度计 1 具有可接受的测量误差，其测量误差的标准差为σ_b，方差为σ_b^2，此时温度计 1 上显示的温度值为T_b，同时，在屋内拿出另一个温度计 2，温度计 2 也具有可接受的测量误差，其测量误差的标准差为σ_o，方差为σ_o^2，此时温度计 2 上显示的温度值为T_0，我们可以将两个温度计的观测结果T_b和T_0利用线性关系相结合来估计室内真实温度T_a：

$$T_a=k\,T_0+(1-k)T_b=T_b+k(T_0-T_b) \tag{4-3-16}$$

估计的室内温度的误差方差σ_a^2可以表示为：

$$\sigma_a^2=k^2\sigma_0^2+(1-k)^2\sigma_b^2 \tag{4-3-17}$$

假设观测误差和背景误差是不相关的，为使得σ_a^2最小化，求解 k 的最优值：

$$\frac{\mathrm{d}\,\sigma_a^2}{\mathrm{d}k}=2k\,\sigma_0^2-2(1-k)\sigma_b^2=0 \tag{4-3-18}$$

$$k=\frac{\sigma_b^2}{\sigma_b^2+\sigma_0^2} \tag{4-3-19}$$

将 k 带入公式(4-3-17)，整理可以得到：

$$\frac{1}{\sigma_a^2}=\frac{1}{\sigma_b^2}+\frac{1}{\sigma_o^2} \tag{4-3-20}$$

$$T_a=\frac{\sigma_b^2T_0}{\sigma_b^2+\sigma_0^2}+\frac{\sigma_o^2T_b}{\sigma_b^2+\sigma_o^2} \tag{4-3-21}$$

可以看到，总的方差小于其中任何一个，误差的方差随着其中任何一个源的减小而减小。

最优线性无偏估计(BLUE)，其定义为：假设观测数据为 $X=[x_1,x_2\cdots x_n]^T$ 是 N 维观测矢量，其概率密度函数(PDF)与未知参数 θ 有关，BLUE 估计量与数据是线性关系，即

$$\hat{\theta}=\sum_{n=0}^{N}a_n\,x_n=A^TX \tag{4-3-22}$$

其中 $A=[a_1,a_2,\cdots,a_n]^T$是待定系数，选择不同的 A 就能得到不同的估计量$\hat{\theta}$。

最优线性无偏性(BLUE)是指一个估计量具有以下性质：

1)线性，即估计量是随机变量，从状态向量和观测向量线性推导出。

2)无偏性，即误差是无偏的，该估计量的均值或者期望值 $E(\hat{\theta})$等于真实值 θ。设总体均值为 μ，样本均值为$\bar{x}$，进行多次抽样，有多个$\bar{x}$，无偏估计就是：$E(\bar{x})=\mu$。

$$E(\hat{\theta})=\bar{\theta}=\sum_{n=1}^{N}a_nE(x_n) \tag{4-3-23}$$

3)最佳有效估计值,即这个估计量在所有这样的线性无偏估计量一类中有最小方差。

$$Var(\hat{\theta})=E[(A^TX-E(A^TX))^2] \tag{4-3-24}$$

设 $C=[X-E(X)][X-E(X)]^T$,方差得到:

$$\begin{aligned} Var(\hat{\theta}) &= E[(A^T[X-E(X)])^2] \\ &= E[(A^T[X-E(X)])(A^T[X-E(X)])] \\ &= E[A^T[X-E(X)][X-E(X)]^TA] \\ &= E[A^TCA]=A^TCA \end{aligned} \tag{4-3-25}$$

最优线性无偏估计的问题就是找到权重 A,使得$\hat{\theta}$为无偏且具有最小方差:

$$\text{Min}:Var(\hat{\theta})=A^TCA \tag{4-3-26}$$

$$约束:A^TE(X)=\hat{\theta} \tag{4-3-27}$$

无偏的实际意义就是没有系统性的偏差(图 4.2)。无偏估计量并不要求是完全的真实值,只是在规范的抽样和数据处理方法下得到比较合理(较优)的一个对真实量的估计值。

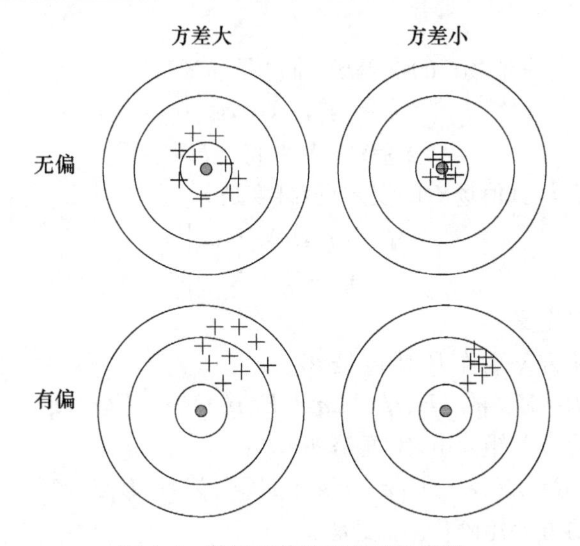

图 4.2　数据无偏性和方差示意图

4.3.3　最优插值推导

首先,我们需要先定义一些变量和统计假设,假设需要同化的网格资料有 n 个格点(即将多维空间网格数据重新排列为一维向量数据),网格范围内有 m 个观测站点。

1)原始变量定义

向量$\boldsymbol{X}^t$是网格真值场(实际中不知道),维度是 $n\times1$:

$$\boldsymbol{X}^t=[x_1^t,x_2^t,\cdots,x_n^t]^T \tag{4-3-28}$$

向量$\boldsymbol{X}^a$是网格分析场,即同化结果,维度是 $n\times1$:

$$\boldsymbol{X}^a=[x_1^a,x_2^a,\cdots,x_n^a]^T \tag{4-3-29}$$

向量$\boldsymbol{X}^b$是网格背景场,也称为第一猜测场,维度是 $n\times1$:

$$\boldsymbol{X}^b=[x_1^b,x_2^b,\cdots,x_n^b]^T \tag{4-3-30}$$

向量$\boldsymbol{Y}^t$是观测站点真值场(实际中不知道),维度是 $m\times1$:

$$\boldsymbol{Y}^t=[y_1^t,y_2^t,\cdots,y_m^t]^T \tag{4-3-31}$$

向量$\boldsymbol{Y}^o$是观测站点观测场，维度是$m\times1$：

$$\boldsymbol{Y}^o=[y_1^o,y_2^o,\cdots,y_m^o]^T \tag{4-3-32}$$

线性观测算子H是$m\times n$的矩阵，通常是一个稀疏矩阵，作用是将模式空间的变量转换到观测空间(可以理解为将网格场插值到站点位置的权重矩阵)：

$$H=\begin{bmatrix} h_{11} & \cdots & h_{1n} \\ \vdots & \ddots & \vdots \\ h_{m1} & \cdots & h_{mn} \end{bmatrix} \tag{4-3-33}$$

$H\boldsymbol{X}^b=\boldsymbol{Y}^b$表示使用$H$将背景场$\boldsymbol{X}^b$变为观测猜测场$\boldsymbol{Y}^b$。

$H\boldsymbol{X}^t=\boldsymbol{Y}^t$表示使用$H$将真值场$\boldsymbol{X}^t$变为观测真值场$\boldsymbol{Y}^t$。

2)误差变量定义

向量$\boldsymbol{\eta}^b$是背景场$\boldsymbol{X}^b$与真值场$\boldsymbol{X}^t$的误差场，维度是$n\times1$：

$$\boldsymbol{\eta}^b=[\eta_1^b,\eta_2^b,\cdots,\eta_n^b]^T \tag{4-3-34}$$

$$\boldsymbol{\eta}^b=\boldsymbol{X}^b-\boldsymbol{X}^t \tag{4-3-35}$$

向量$\boldsymbol{\varepsilon}^o$是观测场$\boldsymbol{Y}^o$与真值场$\boldsymbol{Y}^t$的误差场，维度是$m\times1$：

$$\boldsymbol{\varepsilon}^o=[\varepsilon_1^0,\varepsilon_2^0,\cdots,\varepsilon_n^0]^T \tag{4-3-36}$$

$$\boldsymbol{\varepsilon}^o=\boldsymbol{Y}^o-\boldsymbol{Y}^t=\boldsymbol{Y}^o-H\boldsymbol{X}^t \tag{4-3-37}$$

向量$\boldsymbol{\eta}^a$是分析场$\boldsymbol{X}^a$与真值场$\boldsymbol{X}^t$的误差场，维度是$n\times1$：

$$\boldsymbol{\eta}^a=[\eta_1^a,\eta_2^a,\cdots,\eta_n^a]^T \tag{4-3-38}$$

$$\boldsymbol{\eta}^a=\boldsymbol{X}^a-\boldsymbol{X}^t \tag{4-3-39}$$

3)误差协方差变量定义

定义背景场误差协方差矩阵B，维度是$n\times n$：

$$B=E\{(\boldsymbol{\eta}^b-E(\boldsymbol{\eta}^b))(\boldsymbol{\eta}^b-E(\boldsymbol{\eta}^b))^T\}=E\{\boldsymbol{\eta}^b(\boldsymbol{\eta}^b)^T\} \tag{4-3-40}$$

定义观测场误差协方差矩阵R，维度是$m\times m$：

$$R=E\{(\boldsymbol{\varepsilon}^o-E(\boldsymbol{\varepsilon}^o))(\boldsymbol{\varepsilon}^o-E(\boldsymbol{\varepsilon}^o))^T\}=E\{\boldsymbol{\varepsilon}^o(\boldsymbol{\varepsilon}^o)^T\} \tag{4-3-41}$$

定义分析场误差协方差矩阵P^a，维度是$n\times n$：

$$P^a=E\{(\boldsymbol{X}^a-\boldsymbol{X}^t)(\boldsymbol{X}^a-\boldsymbol{X}^t)^T\}=E\{\boldsymbol{\eta}^a(\boldsymbol{\eta}^a)^T\} \tag{4-3-42}$$

关于误差的假设：

(1)背景场和观测场都是无偏的，即它们误差的均值都为0。

$$E[\boldsymbol{\eta}^b]=0 \tag{4-3-43}$$

$$E[\boldsymbol{\varepsilon}^o]=0 \tag{4-3-44}$$

(2)误差协方差矩阵是已知的，并且与误差的期望大小有关。

$$E[\boldsymbol{\eta}^b(\boldsymbol{\eta}^b)^T]=P^b \tag{4-3-45}$$

$$E[\boldsymbol{\varepsilon}^o(\boldsymbol{\varepsilon}^o)^T]=P^o \tag{4-3-46}$$

(3)背景场误差与观测误差无关。

$$E[\boldsymbol{\eta}^b\boldsymbol{\varepsilon}^{oT}]=0 \tag{4-3-47}$$

向量$\boldsymbol{D}$称为新息(残差)，也称为观测增量，定义为观测值$\boldsymbol{Y}^o$与观测猜测场$H\boldsymbol{X}^b$之间的差。

$$\boldsymbol{D}=[d_1^b,d_2^b,\cdots,d_m^b]^T \tag{4-3-48}$$

$$\boldsymbol{D}=\boldsymbol{Y}^o-H\boldsymbol{X}^b \tag{4-3-49}$$

$$\boldsymbol{D}=\boldsymbol{\varepsilon}^o-H\boldsymbol{\eta}^b \tag{4-3-50}$$

那么，根据 BLUE 原则，最终分析场$\boldsymbol{X}^a$，是背景场$\boldsymbol{X}^b$与新息 D 的线性加权组合，权重 W 也称为增益矩阵。

$$\boldsymbol{X}^a = \boldsymbol{X}^b + W\boldsymbol{D} = \boldsymbol{X}^b + W(\boldsymbol{Y}^o - H\boldsymbol{X}^b) \tag{4-3-51}$$

为了使分析误差最小，我们首先要推导出分析误差协方差的公式，分析场误差可以表示为：

$$\begin{aligned}\boldsymbol{\eta}^a &= \boldsymbol{X}^a - \boldsymbol{X}^t \\ &= \boldsymbol{X}^b - \boldsymbol{X}^t + W\boldsymbol{D} \\ &= \boldsymbol{\eta}^b + W(\boldsymbol{\varepsilon}^o - H\boldsymbol{\eta}^b)\end{aligned} \tag{4-3-52}$$

可以看出分析场误差与背景场误差和观测误差关系密切。分析场误差协方差可以表示为：

$$\begin{aligned}P^a &= E\{(\boldsymbol{\eta}^b + W(\boldsymbol{\varepsilon}^o - H\boldsymbol{\eta}^b))(\boldsymbol{\eta}^b + W(\boldsymbol{\varepsilon}^o - H\boldsymbol{\eta}^b))^T\} \\ &= E\{\boldsymbol{\eta}^b(\boldsymbol{\eta}^b)^T\} + E\{2\,\boldsymbol{\eta}^b(\boldsymbol{\varepsilon}^o - H\,\boldsymbol{\eta}^b)^T W^T\} + \\ &\quad E\{W(\boldsymbol{\varepsilon}^o - H\boldsymbol{\eta}^b)(\boldsymbol{\varepsilon}^o - H\boldsymbol{\eta}^b)^T W^T\}\end{aligned} \tag{4-3-53}$$

求解最优权重 W 使得P^a最小化：

$$\frac{\partial P^a}{\partial W} = 0 \tag{4-3-54}$$

得到：

$$E\{\boldsymbol{\eta}^b(\boldsymbol{\varepsilon}^o - H\boldsymbol{\eta}^b)^T\} + WE\{(\boldsymbol{\varepsilon}^o - H\boldsymbol{\eta}^b)(\boldsymbol{\varepsilon}^o - H\boldsymbol{\eta}^b)^T\} = 0 \tag{4-3-55}$$

最终整理得到最优解 W：

$$W = BH^T(R + HBH)^{-1} \tag{4-3-56}$$

$$\boldsymbol{X}^a = \boldsymbol{X}^b + W(\boldsymbol{Y}^o - H\boldsymbol{X}^b) \tag{4-3-57}$$

$$P^a = B(I - WH) \tag{4-3-58}$$

★非常重要：最优 W 表达式中 $B\,H^T$项代表网格点和观测点之间的背景误差协方差。H^T项发挥了将背景误差从格点变为站点的作用。$B\,H^T$项主要反映格点与站点之间的背景误差关系。$HB\,H^T$项代表了背景误差协方差在观测空间的大小，即反映站点之间的背景误差关系。$R + HB\,H^T$项代表了背景和观测的误差协方差之和，即总误差协方差。

4.3.4 最优插值计算流程

从上一节可以看出，最优解 W 是背景场误差协方差 B、观测算子 H 和观测场误差协方差 R 的函数，目前数值资料同化中求解 B 一般使用的是 NMC 方法来进行，通过选取固定间隔初始化的一系列预测数据，比较两个或多个同时有效的模式输出数据之间的差异，然后比较不同初始化时间同时有效的预测数据。可以理解为假设模式不同起报时间的 24 h 和 12 h 的预报结果(对应同一个观测时间)偏差 $\boldsymbol{e}^{24}$ 和 $\boldsymbol{e}^{12}$ 是没有偏差或者偏差变化是一个常数，即 $\boldsymbol{e}^{24} = \boldsymbol{e}^{12} + C$。但是一些需要融合的背景场无法采用 NMC 方式来计算背景场误差，即使获得了背景场误差，由于计算量的问题也无法求解背景场误差协方差 B，还必须通过其他一系列方法"曲线"获得。同时，背景场误差协方差 B 通常被假设是均质的且各向同性同时具有高斯分布。所以在实际，我们并不直接计算 BH^T和$R + HBH$ 项来求解最优 W 权重，而是通过它们各自代表的物理意义，利用相关函数方法求解近似 BH^T和 $R + HBH$ 项的结果，这种方案具有通用性高、计算简单、效果较好的优点，因此被广泛采纳。

大多数相关函数确定两个随机值的相关性，仅仅依赖于距离 r(例如，欧式距离)的相关函数，称为稳定相关函数。

稳定相关函数 $c(r)$ 必须满足以下属性：

1) $-1 \leqslant c(r) \leqslant +1$；

2) $c(0)=1$。

因为相关函数模拟物理情况，通常情况是带有 r 的相关函数将平滑且稳定地减小到 0，或者它将在正值和负值之间振荡，其幅度稳定地减小。它们具有许多期望的统计和数学特性，可以形成在没有观察的点处的插值规则基础。最流行的相关函数之一是高斯相关函数，图 4.3 中显示了不同参数的高斯相关函数：

$$f(r)=e^{-\frac{r^2}{2L^2}} \tag{4-3-59}$$

其中 L 是标准方差参数，可以根据经验（数值试验）设定。

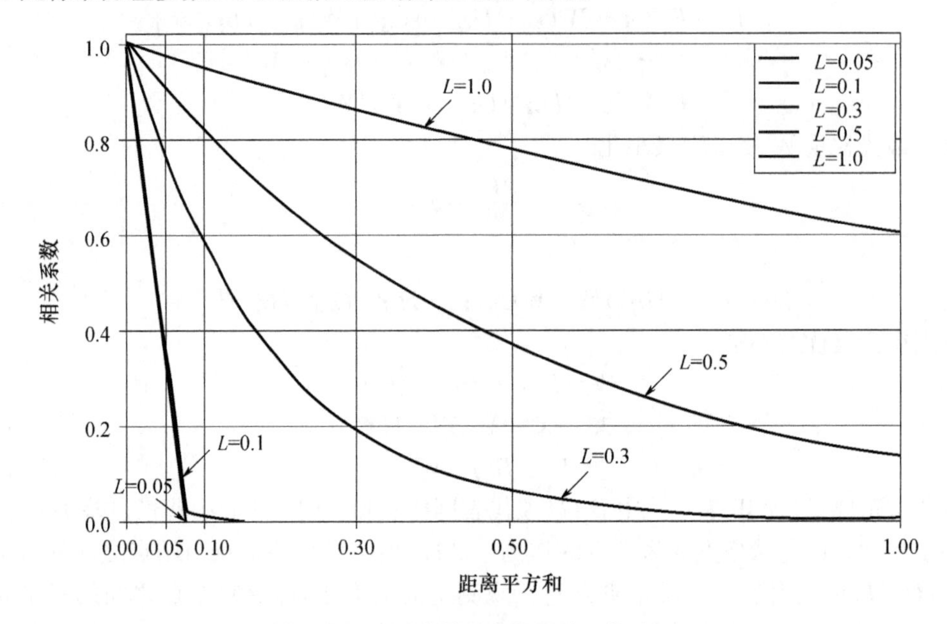

图 4.3　不同参数的高斯相关函数对比

两点之间的半径距离可以根据两点之间的经度、纬度、海拔等信息进行计算，即两个 n 维变量 $X=(x_1,x_2,\cdots,x_n)$ 和 $Y=(y_1,y_2,\cdots,y_n)\in\mathbb{R}^n$ 间的闵可夫斯基距离，其数学公式定义为：

$$d(x,y)=(\sum_{k=1}^{n}|x_k-y_k|^p)^{1/p} \tag{4-3-60}$$

其中 p 是一个变参数。当 $p=1$ 时，就是曼哈顿距离；当 $p=2$ 时，就是欧氏距离；当 $p\to\infty$ 时，就是切比雪夫距离。

最优插值算法最大的优点就在于无需迭代求解，所以在实际使用中效率较高，图 4.4 完整展示了最优插值算法的流程，首先遍历每个格点，基于 kdtree 算法，迅速找到围绕该格点的多个最邻近站点索引和距离，然后利用相关函数的特性计算站点与站点之间的协方差矩阵（上三角矩阵）和该格点与站点之间的协方差向量，然后计算新息协方差矩阵（对称矩阵，即 $R+HBH$），通过伪逆求解函数 $pinv$ 获得新息协方差矩阵的逆矩阵，利用格点与站点之间的协方差向量和逆矩阵计算增益矩阵，最后将增益矩阵与观测增量（观测值与背景场在站点的值的差）求点积获得格点增量信息，并加到背景场上，最终得到整个格点分析场。

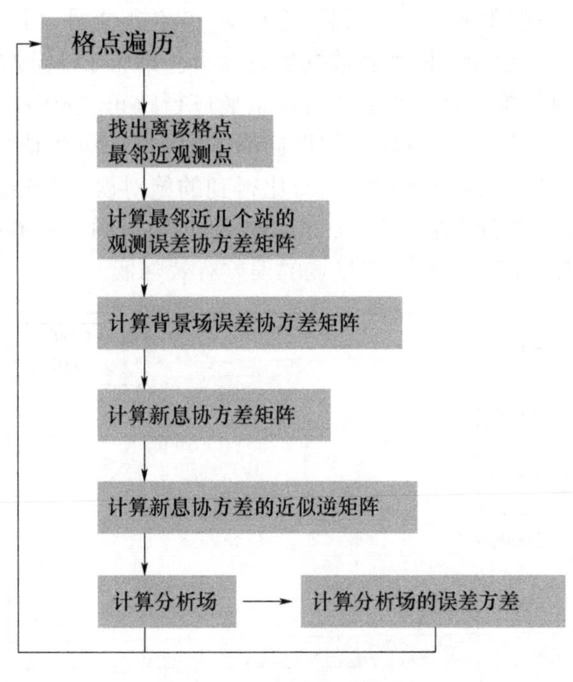

图 4.4　最优插值计算流程

4.3.5　最优插值实例

本次实例试验主要利用地面气象站点气温观测数据对 EC 数值模式产品中 2 m 预报产品进行一次数据融合，并对比数据融合前后的误差变化情况。同时将国家气象信息中心的 CLDAS 地面气象网格融合产品作为网格实况进行检验分析。试验选取华北地区，经度范围是 105°～118°E，纬度范围是 31°～42°N，EC 模式产品的空间分辨率为 0.125°×0.125°。区域内的国家级地面气象观测站总共有 755 个（图 4.5）。资料时间选择 2020 年 4 月 1 日至 4 月 30 日，模式起报时间是 08:00（北京时间），预报时效为起报后 6 h 产品。

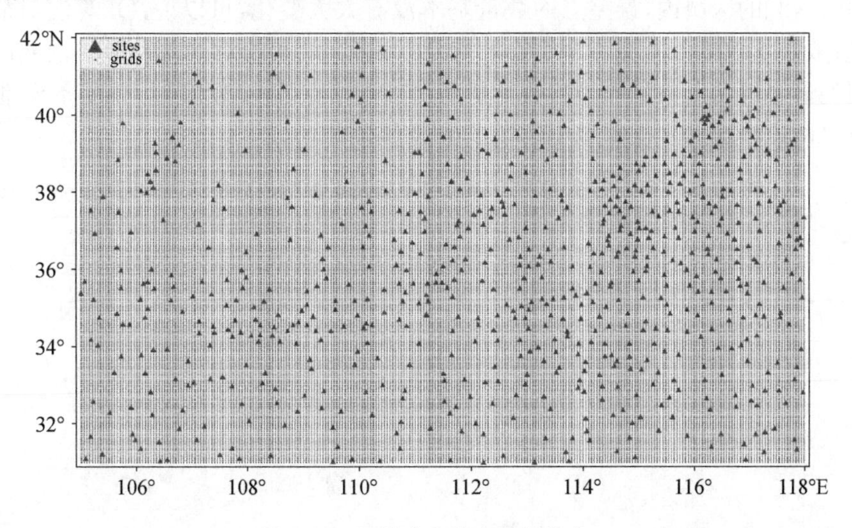

图 4.5　OI 站点和格点位置分布

首先试验选择进行一次单独的个例试验，选择对 2020 年 4 月 1 日 08 时（北京时间）起报的 6 h EC 模式预报产品与地面气象观测数据进行融合。即将 EC 模式预报产品（DMO）作为背景场，利用离散的地面气象站点观测数据对背景场进行校正，得到相对最优的网格分析场，分辨率为 0.05°×0.05°。图 4.6 是利用双线性插值方案将 DMO 插值到 0.05°×0.05°的预报场以及网格分析场与 CLDAS 网格观测数据对比得到的绝对误差分布频率图，从图中可以看出，通过 OI 算法融合得到的分析场误差大部分减小到 2 ℃以内，而 DMO 误差有 30%比例的误差在 2 ℃以上。OI 算法能很好地将背景场的误差有效降低。

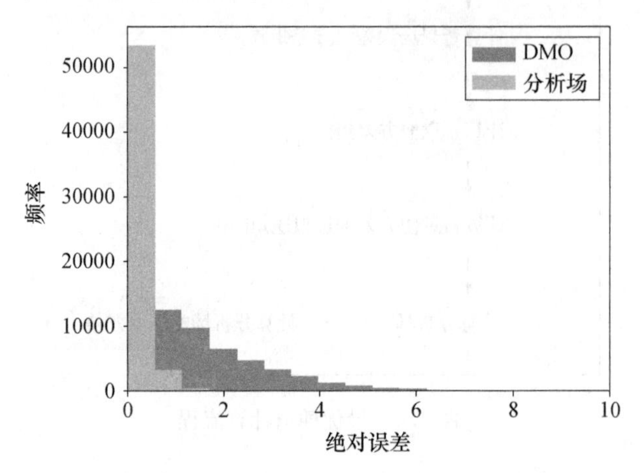

图 4.6　模式场（DMO）和分析场误差频率分布

OI 算法中总共有两个参数需要人工设置，一个是围绕格点的最邻近站点数量，一个是相关函数中的影响域参数 L。为了选取较优参数，试验先固定影响域参数 $L=0.2$，选取不同的最邻近站点数量：3、5、7、9 个站点进行试验，查看不同的邻近站点数对最终分析产品误差的影响。

表 4.2 是 2020 年 4 月 1 日 DMO 和不同站点参数的分析场误差频次分布对比，可以看出，选取不同的最邻近站点数量作为参数，对最终的分析场误差影响几乎没有，误差范围在(2,4]、(4,6]和(6,8]的区域内，误差点的数量基本没有太大变化，可以说，OI 算法对最邻近站点数量这个参数并不敏感。从表 4.3 中的平均绝对误差、最大绝对误差和最小误差的统计情况来看，不同的最邻近站点数量作为参数虽然随着临近站点数的增加误差都在降低，但是整体误差都比较小（两位小数后），误差减小的幅度也可以忽略。

表 4.2　2020 年 4 月 1 日模式场（DMO）和不同站点参数的分析场误差频次分布对比

误差范围（℃）	模式误差	分析场 1（3 站点）	分析场 2（5 站点）	分析场 3（7 站点）	分析场 4（9 站点）
(0,1]	24907	56393	56393	56393	56393
(1,2]	16318	937	937	937	937
(2,4]	13154	187	187	187	187
(4,6]	2769	25	25	25	25
(6,8]	471	6	6	6	6
(8,10]	56	0	0	0	0
(10,15]	6	0	0	0	0

表 4.3　2020 年 4 月 1 日模式场(DMO)和不同站点参数的分析场插值到站点的误差对比

	平均绝对误差(℃)	最大绝对误差(℃)	最小误差(℃)
模式场	1.3238	9.39	−7.33
分析场 1(站点 3)	0.0103	0.11	−0.11
分析场 2(站点 5)	0.0096	0.17	−0.07
分析场 3(站点 7)	0.0093	0.07	−0.07
分析场 4(站点 9)	0.0093	0.08	−0.08

对 2020 年 4 月 1 日至 4 月 30 日的 EC 模式预报产品都进行数据融合，并利用双线性插值方法将 DMO 和分析场数据插值到站点上，并与气象站点观测数据进行检验对比，通过一整段时间对比来检验 OI 方法的融合效果，图 4.7 和图 4.8 分别是 DMO 和分析场的误差箱体图，从两幅图的对比可以看出，每天的 DMO 原始预报场与实况都存在一些误差较大的点，而通过 OI 融合后，分析场与实况的误差大大减小，甚至与实况几乎完全一致。说明 OI 方法非常有效果。

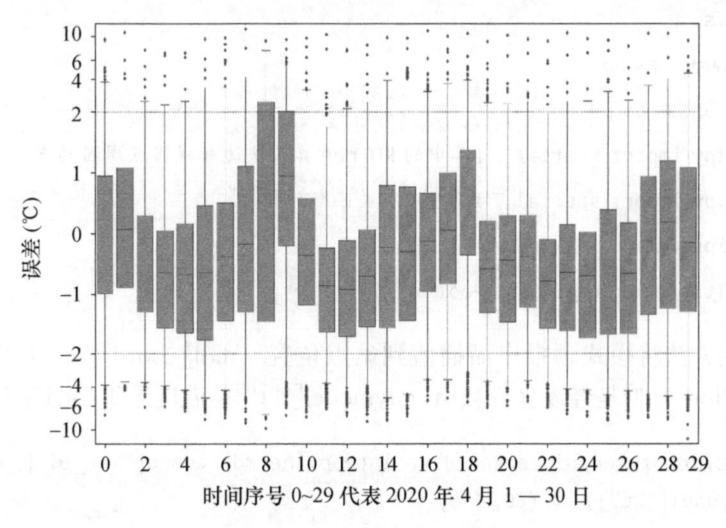

图 4.7　2020 年 4 月 DMO 产品站点误差箱形图

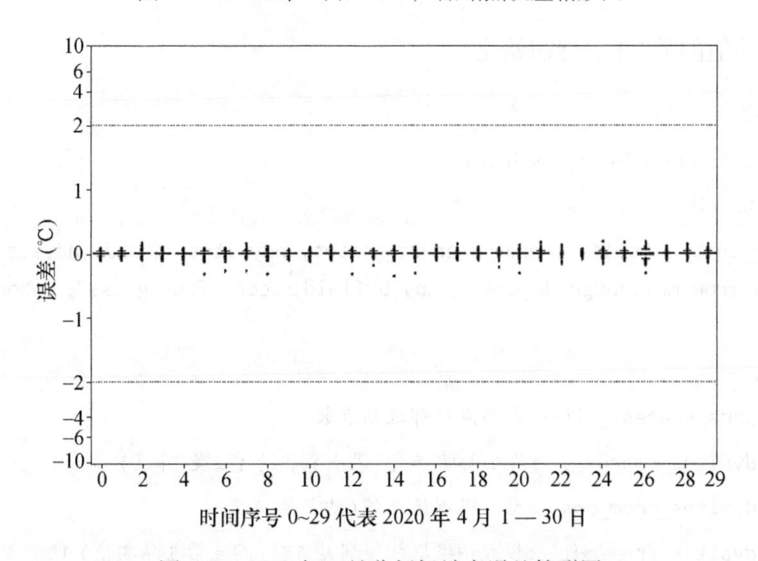

图 4.8　2020 年 4 月分析场站点误差箱形图

必须指出，在上述的试验中，站点与站点之间、站点与格点之间的距离，即利用相关函数计算的误差协方差矩阵中，仅仅考虑了平面距离，而没有考虑海拔高度距离，这就会造成在融合时候，海拔接近的地区融合几乎完美，但是海拔起伏较大的地区（比如泰山等），融合会出现错误，因为气温是有垂直变化率的，一般情况下随着高度的增加而降低，但是如果没有考虑海拔的影响，那么就没有考虑当时天气的垂直变化率，以至于融合虽然在结果上看起来误差非常小，但是实际分析结果却不正确的现象。所以在实际的应用 OI 进行数据融合时，还需要进行一定的改进。

磨刀时间：

示例中的主要代码如下，首先导入需要的库。

```
97. #  -*- coding: cp936 -*-
98. import os
99. import sys
100. import numpy as np
101. import pandas as pd
102. from scipy import spatial   #其中的 KDTree 算法快速寻找格点周围站点
103. from scipy import special   #贝塞尔相关函数计算
104. from scipyimport interpolate
105. from multiprocessingimport Pool #并行计算
```

采用双线性方法将模式预报产品插值到站点位置。mdl_coord["lat_1d"]是纬度坐标数组，mdl_coord["lon_1d"]是经度坐标数组，ndymodel["2t"]是温度数组（北到南，西到东）。

```
1.  interp_spline=interpolate.RectBivariateSpline(mdl_coord["lat_1d"], mdl_coord["lon_1d"], ndymodel["2t"])  # (89, 105)
2.  ndyrlt= interp_spline(site_coord["lat_1d"], site_coord["lon_1d"])
```

建立最优插值的类，并进行初始化。

```
1.  #最优插值
2.  class Class_OptimInterp(object):
3.     "初始化函数"
4.     def __init__(self, ipara_nearest_sites, ndysites_coord, ndysites_from_obs, ndysites_from_mdl,ndygrids_coord, ndy_bgfield, scorr_fun="gauss", L=None, lto_ecef=False):
5.        '''
6.          ipara_nearest_sites:与格点最邻近站点数
7.          ndysites_coord     :站点坐标 二维(站点数, 2) (经度,纬度)
8.          ndysites_from_obs  :站点观测值 1 维(站点数,)
9.          ndysites_from_mdl  :模式预报场插值到站点值(站点第 1 猜测值) 1 维(站点数,)
```

```
10.     ndygrids_coord     :格点坐标 二维(格点数, 2) (经度,纬度)
11.     ndy_bgfield        :背景场(第 1 猜测场) 二维[上-下(北-南),左-右(西-东)]
12.     scorr_fun          :相关函数 (高斯相关或贝塞尔相关)
13.     L                  :影响域, 只有经纬度时 0.2 是相对较好。
14.     lto_ecef           :是否将经纬度海拔信息转为
15.   '''
16.   self.ipara_nearest_sites = ipara_nearest_sites
17.   self.bgshape     = ndy_bgfield.shape  #背景场维度信息
18.   self.ndy_bgfield = ndy_bgfield.flatten() #背景场 1 维化
19.   self.scorr_fun   = scorr_fun  #相关函数
20.   #常数
21.   self.WGS84_A = 6378137.0   #地球半径 (m)
22.   self.fL_Radii= self.WGS84_A/1000.# 地球长半轴半径(赤道)A(km)
23.   self.WGS84_f = 1/298.257223565  #扁率
24.   self.WGS84_E2= self.WGS84_f*(2-self.WGS84_f)
25.   self.deg2rad = np.pi/180.0  # 度转弧度(求度数对应的弧度数)
26.   self.rad2deg = 180.0/np.pi  # 弧度转度
27.   #是否转大地坐标
28.   if lto_ecef:
29.     self.ndysites_coord_raw = ndysites_coord.copy()
30.     self.ndygrids_coord_raw = ndygrids_coord.copy()
31. slon,slat,salt=ndysites_coord[:,0].copy(),ndysites_coord[:,1].copy(),ndysites_
    coord[:,2].copy()
32.     self.ndysites_coord = self.dlla_to_ecef(slon,slat,salt,scale=10**-6)
33. glon,glat,galt=ndygrids_coord[:,0].copy(),ndygrids_coord[:,1].copy(),ndygrids_
    coord[:,2].copy()
34.     self.ndygrids_coord = self.dlla_to_ecef(glon,glat,galt,scale=10**-6)
35.   else:
36.     self.ndysites_coord = ndysites_coord.copy()
37.     self.ndygrids_coord = ndygrids_coord.copy()
38.   #L 影响域
39.   if L is None:
40.     if scorr_fun=="gauss":
41.       self.L = 0.21
42.     else:
43.       self.L = 0.1
44.   else:
```

```
45.         self.L = L
46.     #观测误差协方差
47.     self.ndyObs_Cov=np.full((ipara_nearest_sites, ipara_nearest_sites), 0.)
48.     #围绕该格点的站点与站点之间协方差，代表站点之间的协方差关系(HPH)
49.     self.A=np.full((ipara_nearest_sites, ipara_nearest_sites), 0.)
50.     #代表该格点与围绕它的所有站点之间的协方差关系(BHᵀ)
51.     self.B=np.full((ipara_nearest_sites,), 0.)
52.     #观测值与背景场在站点的值的差(观测增量)
53.     self.ndysite_obs_mdl_diff= ndysites_from_obs - ndysites_from_mdl
54.     #最终分析场值
55.     self.ndyalys=np.zeros(shape=self.ndy_bgfield.shape)+np.nan
56.     #分析场的误差方差
57.     self.ndyalys_EVar=np.zeros(shape=self.ndy_bgfield.shape)+np.nan
58.     #站点寻找-kdtree 快速搜索算法-能快速找到某个位置附近的站点。
59.     self.kdtree = spatial.cKDTree(self.ndysites_coord)
60.     return
```

站点与站点、站点与格点之间的相关函数的计算代码如下：

```
1.  #计算距离(坐标差的平方和)
2.  def dSDC(self, X1, X2):
3.    return np.sum((X1-X2)**2)
4.
5.  #高斯相关函数
6.  def dGauss_correlation(self, x, L=0.2):
7.    return np.exp(-0.5*x/L**2)
8.
9.  #贝塞尔相关函数
10. def dBessel_correlation(self,x, L=0.1):
11.   sx=np.sqrt(x)
12.   if sx==0.0:
13.     y=1.0
14.     return y
15.   sx=sx/L
16.   y=sx*special.k1(sx)
17.   return y
18.
```

```
19. #误差相关系数
20. def dError_correlation(self, X1, X2, sfun="gauss", L=0.1):
21.   fsdc=self.dSDC(X1, X2) #距离平方和
22.   if sfun=="gauss":
23.     r = self.dGauss_correlation(fsdc, L=L)
24.   else:
25.     r = self.dBessel_correlation(fsdc, L=L)
26.   return r
```

最优插值并行计算的主调度函数：

```
1. #最优插值并行计算所有格点
2. def dSerial_OI(self,grids,idebug=0,iprocesses=0):
3.     ltargs = [(i,) for i in grids]
4.     pool = Pool(processes = iprocesses)
5.     pool_result = pool.map(self.dOptimInterp_Npoint, ltargs)
6.     pool.close()
7.     pool.join()
8.     ndyalys, ndyalys_EVar=zip(*pool_result)
9.     self.ndyalys=np.array(ndyalys)  #分析场
10.    self.ndyalys_EVar=np.array(ndyalys_EVar) #分析场协方差
```

OI 算法的核心代码如下：

```
1. #对 N 个格点并行最优插值求解
2. def dOptimInterp_Npoint(self,args):
3.   return self.dOptimInterp_1point(*args)
4. #对 1 个格点进行最优插值求解
5. def dOptimInterp_1point(self, ig):
6.   #找到围绕该格点的多个最邻近站点索引和距离
7.   ndy_dist, ndy_idx = self.kdtree.query(self.ndygrids_coord[ig], self.ipara_nearest_
  sites)
8.   #协方差(上三角)
9.   for j in  range(self.ipara_nearest_sites): #列
10.    for i in range(j+1): #行
11.      #围绕该格点的站点与站点之间协方差，代表站点之间的协方差关系(HPH)
12.      self.A[i, j] = self.dError _ correlation ( self.ndysites _ coord [ndy _ idx [ i]],
   self.ndysites_coord[ndy_idx[j]],self.scorr_fun, self.L)
13.    #代表该格点与围绕它的所有站点之间的协方差关系(BHT)
```

```
14.     self.B[j]=self.dError_correlation(self.ndygrids_coord[ig], self.ndysites_coord
    [ndy_idx[j]],self.scorr_fun, self.L)
15.   HPH_R  = self.A + self.ndyObs_Cov   #残差的协方差(innovation) A=HPH'+R
16.   HPH_R  = np.triu(HPH_R)+np.triu(HPH_R,1).T  #将上三角赋值到下三角，变为对称矩阵
17.   IA=np.linalg.pinv(HPH_R) #AW=B 的解 采用伪逆的方式求解，可能矩阵是奇异矩阵或非方阵
    的矩阵不存在逆矩阵
18.   W=self.B@ IA   #权重矩阵(增益)
19.   bias=W.dot(self.ndysite_obs_mdl_diff[ndy_idx]) #增量
20.   falys = self.ndy_bgfield[ig] + bias  #分析场
21.   falys_EVar = 1-W.dot(self.B) #分析场的误差方差
22.   return [falys,falys_EVar]
```

参考文献

[1] Panofsky H. Objective weather map analysis[J]. J. Meteor. ,1949,6:386-392.

[2] Gilchrist B,Cressman G P. An experiment in objective analysis[J]. Tellus,1954,6(4):309-318.

[3] Bergthorsson P,Doos B. Numerical weather map analysis[J]. Tellus,1955,7:329-340.

[4] Cressman G P. An operational objective analysis system[J]. Mon. Wea. Rev. ,1959,87:367-374.

[5] Gandin L S. Objective Analysis of Meteorological Fields[M]. Leningrad, Gidrometeoizdat, in Russian. (English Translation:Israel Program for Scientific Translations),Jerusalem,1963:242.

[6] Sasaki Y. An objective analysis based on the variational method[J]. J. Meteor. Soc. Japan, 1958, 36(1): 77-88.

[7] 陈东升,沈桐立,马革兰,等. 气象资料同化的研究进展[J]. 南京气象学院学报,2000,27(4):550-564.

[8] 张爱忠,齐琳琳,纪飞,等. 资料同化方法研究进展[J]. 气象科技,2005,33(5):385-389.

[9] 官元红,周广庆,陆维松,等. 资料同化方法的理论发展及应用综述[J]. 气象与减灾研究,2007,30(4):1-8.

[10] 熊春晖,张立凤,关吉平,等. 集合—变分数据同化方法的发展与应用[J]. 地球科学进展,2013,28(6):648-656.

[11] 朱国富. 数值天气预报中分析同化基本方法的历史发展脉络和评述[J]. 气象,2015,41(8):986-996.

[12] 沈艳,冯明农,张洪政,等. 我国逐日降水量格点化方法[J]. 应用气象学报,2010,21(3):279-281.

[13] 潘旸,沈艳,宇婧婧,赵平. 基于最优插值方法分析的中国区域地面观测与卫星反演逐时降水融合试验[J]. 气象学报,2012,70(6):1381-1389,doi:10.11676/qxxb2012.116.

[14] 张涛,苗春生,王新. LAPS与STMAS地面气温融合效果对比试验[J]. 高原气象,2014,33(3):743-752.

[15] 韩帅,师春香,姜志伟,等. CMA高分辨率陆面数据同化系统(HRCLDAS-V1.0)研发及进展[J]. 气象科技进展,2018,8(1):102-108.

[16] Parrish D F,Derber J C. The National Meteorological Center's Spectral Statistical-Interpolation Analysis System[J]. Mon. Wea. Rev. ,1992,120:1747-1763.

第 5 章　预报结果检验

5.1　地理信息

在进行任何气象数据结果分析之前，都需要知道分析区域的地理信息特征，区域内的观测站点分布情况。下面我们就将通过一系列的程序将不同的地理信息综合绘制在一张图上，一步步介绍使用什么样的库、什么样的函数获取对应的数据，最终将分析区域的行政区域、地形和站点分布等综合信息显示出来，获取更多有用信息，更好地辅助分析检验结果。

磨刀时间：

首先导入需要的库。

```
1. import os              # 处理路径操作、进程管理、环境参数库
2. import sys             # 系统环境交互库
3. import numpy as np  # 数值计算库
4. import pandas as pd  # 数据分析支撑库
5. import matplotlib.pyplot as plt  #画图库
6. from matplotlib.colors import LinearSegmentedColormap #线性分割颜色贴图
7. from osgeo import gdal  #导入地理数据格式操作库
8. #地图画图库 cartopy 中的函数
9. import cartopy.crs as ccrs   #投影信息函数
10. import cartopy.feature as cfeature  #附属地理信息函数(胡泊\河流等)
11. from cartopy.feature import ShapelyFeature  #添加行政底图
12. import cartopy.io.shapereader as shpreader  #读取 shape 文件
13. from cartopy.mpl.gridliner import LATITUDE_FORMATTER, LONGITUDE_FORMATTER
```

获取绘图区域内的站点经纬度数据。

```
1. #自定义文件头
2. lthead_name=["site_code","ProvPY","Lon","Lat","Alt","Name","ProvChi"]
3. #使用 pandas 中的 read_csv 读取站点信息，间隔符号为空格，跳过第 1 行
4. dfsites = pd.read_csv(站点文件路径, delim_whitespace=True, skiprows=1, header=None,
   names=lthead_name)
```

建立需要绘制区域的一个字典，包括起始经纬度、分辨率和对应格点数。

```
1. dylonlat_XJ={'begin_lon': 72.0, 'end_lon': 98.0,
2.            'begin_lat': 33.0, 'end_lat': 50.0,
3.             'lon_res': 0.05, 'lat_res': 0.05,
4.               'NLon': 521 ,     'NLat': 341}
```

读取中国区域的 tif 高程数据。

```
1. dataset=gdal.Open(sfile_path)          #打开一个 tif 数据
2. band =dataset.GetRasterBand(1)
3. terrain = band.ReadAsArray()
4. terrain[terrain<=-threshold]=np.nan  #海拔负值太大需要替换
5. terrain=np.round(terrain,1)          #保留 1 位有效小数
```

获取 tif 数据中的每个数据点的经纬度数据。

```
1. #每个像素的坐标
2. adfGeoTransform = dataset.GetGeoTransform() #获取图像地理坐标信息
3. nYSize = dataset.RasterYSize  #行数
4. nXSize = dataset.RasterXSize  #列数
5. ndy_lon=np.zeros(shape=(nYSize,nXSize)) # 用于存储每个像素的(X,Y)坐标
6. ndy_lat=np.zeros(shape=(nYSize,nXSize))
7. for i in range(nYSize):
8.   for j in range(nXSize):
9.     ndy_lat[i,j]=adfGeoTransform[0]- i * adfGeoTransform[1] + j * adfGeoTransform[2]
10.    ndy_lon[i,j]=adfGeoTransform[3]+ i * adfGeoTransform[4] - j * adfGeoTransform[5]
11. dylonlat_CH = {"lon":ndy_lon,"lat":ndy_lat}
12. # 左上角地理坐标(开始经度,结束纬度)
13. # adfGeoTransform[0]是左上角像元的东坐标;
14. # adfGeoTransform[3]是左上角像元的北坐标;
15. # adfGeoTransform[1]是像元宽度;
16. # adfGeoTransform[5]是像元高度;
```

将中国区域的 tif 高程数据裁剪，仅保留绘制区域内的数据。

```
1. ndy_lon=dylonlat_CH["lon"]
2. ndy_lat=dylonlat_CH["lat"]
3. #获取范围内的下标
4. mask_lon=(dylonlat_XJ["begin_lon"]-0.001<=ndy_lon) & (ndy_lon<= dylonlat_XJ["end_
   lon"]+0.001)
```

```
5.  mask_lat=(dylonlat_XJ["begin_lat"]-0.001<=ndy_lat) & (ndy_lat<= dylonlat_XJ["end_lat"]+0.001)
6.  #找出两个数组中公共部分
7.  mask_idx=np.logical_and(mask_lon, mask_lat)
8.  #获取数组中的行列数
9.  mask_row=mask_idx.any(axis=1).sum()  #行数
10. mask_col=mask_idx.any(axis=0).sum()  #列数
11. 数据裁剪
12. terrain_sub=terrain[mask_idx].reshape(mask_row,mask_col)#上-下南-北
```

读中国行政边界区划的 shape 文件。

```
1.  shp_reader = shpreader.Reader(sabs_path)
```

如果图像中有中文需要显示，添加如下命令：

```
1.  plt.rcParams['font.sans-serif']=['SimHei'] #用来正常显示中文标签
2.  plt.rcParams['axes.unicode_minus']=False   #用来正常显示负号
```

最后将上述读取的数据进行综合绘制到一张图像中。

```
1.  #画图范围
2.  ref_extent = [72.0, 98.0, 33.0, 50.0]
3.  fraction=0.02  #调节 colorbar 的大小
4.  #站点标号
5.  ltmarker = ['o','v','^','<','>','1','2','3','4','s','p','*','h','H','+','x','D','d','|','_']
6.  #站点颜色
7.  ltcolor=["red","blue","cyan","orange","green","magenta","yellow"]
8.  #海拔颜色自定义
9.  ltcolors=["brown","saddlebrown","peru", "sandybrown","peachpuff",
10.         "mediumaquamarine","mediumseagreen","green","darkgreen",
11.         "black","gray","lightgrey","white","white","white",
12.         "white","white"]
13. scmap_name="mycolor"
14. cmap=LinearSegmentedColormap.from_list(scmap_name,ltcolors,N=50)
15.
16. #产生 X 和 Y 轴标签的经纬度数组
17. def dlonlat_1d(dylonlat):
18. ndy_1d_lons = np.arange(dylonlat["begin_lon"], dylonlat["end_lon"]+dylonlat["lon_res"], dylonlat["lon_res"])
```

```
19. ndy_1d_lats = np.arange(dylonlat["begin_lat"], dylonlat["end_lat"]+dylonlat["lat_
    res"], dylonlat["lat_res"])
20. ndy_1d_lons[ndy_1d_lons>dylonlat["end_lon"]]=dylonlat["end_lon"]
21. ndy_1d_lats[ndy_1d_lats>dylonlat["end_lat"]]=dylonlat["end_lat"]
22. ndy_1d_lons=np.unique(ndy_1d_lons)
23. ndy_1d_lats=np.unique(ndy_1d_lats)
24. return ndy_1d_lons,ndy_1d_lats
25. #定义刻度标签
26. dylonlat_label=dylonlat_XJ.copy()
27. xticks_step=5;yticks_step=3    #标签步长
28. dylonlat_label["lon_res"]=xticks_step
29. dylonlat_label["lat_res"]=yticks_step
30. ndy_1d_lons, ndy_1d_lats = dlonlat_1d(dylonlat_label)
31. ndy_1d_lons[ndy_1d_lons>dylonlat_XJ["end_lon"]]=dylonlat_XJ["end_lon"]
32. ndy_1d_lats[ndy_1d_lats>dylonlat_XJ["end_lat"]]=dylonlat_XJ["end_lat"]
33.
34. #开始画图，自定义一个图像
35. fig = plt.figure(figsize=[10,8], frameon=False) # (宽度,高度)
36. #设置投影
37. proj=ccrs.PlateCarree() #经纬度投影
38. ax = plt.axes(projection=proj)
39. #背景影像图(海拔数据)
40. img=ax.imshow(terrain_rev, cmap=cmap, extent=ref_extent, zorder=0, interpolation=
    'bilinear')
41. cbar = plt.colorbar(img, ax=ax, fraction=fraction, pad=0.01)
42. cbar.ax.set_title("海拔(m)", loc="left", fontsize=15)
43. cbar.ax.tick_params(labelsize=10)
44.
45. #将海拔高程数据进行山体阴影渲染光线调整函数
46. def hillshade(terrain, azimuth=225, angle_altitude=45):
47.     """
48.     azimuth:        方位角
49.     angle_altitude: 高度角
50.     """
51.     azimuth = 360.0 - azimuth
52.     x, y = np.gradient(terrain)
53.     slope = np.pi/2. - np.arctan(np.sqrt(x*x + y*y))
```

```
54.    aspect = np.arctan2(-x, y)
55.    azimuthrad = azimuth*np.pi/180.
56.    altituderad = angle_altitude*np.pi/180.
57.    shaded = np.sin(altituderad)*np.sin(slope) + np.cos(altituderad)*np.cos(slope)*
   np.cos((azimuthrad - np.pi/2.) - aspect)
58.    return 255*(shaded + 1)/2
59.
60. #是否画阴影
61. if hillshade:
62.    ndy_hs = hillshade(terrain, azimuth=225, angle_altitude=45)
63.    img2 = plt.imshow(ndy_hs, cmap='Greys',alpha=0.45, extent=ref_extent, zorder=0)
64.
65. #添加行政地图
66. shape_feature = ShapelyFeature(shp_reader.geometries(), crs=proj, facecolor='none',
    edgecolor="dimgray", lw=0.8)
67. ax.add_feature(shape_feature, zorder=1)
68.
69. #添加河流 陆地 湖泊等信息
70. ax.add_feature(cfeature.RIVERS.with_scale('50m'), edgecolor='blue',linewidth=1.0,
    zorder=2)
71. #画站点
72. x=dfsite["Lon"].values.squeeze()
73. y=dfsite["Lat"].values.squeeze()
74. slabel=f"气象站({x.size:d})" #站点图例
75. ax.scatter(x,y,s=markersize, marker=ltmarker[0], color=ltcolor[0], label=slabel,
    transform=proj, zorder=3)
76. #设定图形范围
77. extent = [dylonlat_XJ["begin_lon"], dylonlat_XJ["end_lon"], dylonlat_XJ["begin_
    lat"], dylonlat_XJ["end_lat"]]
78. #ax.set_extent(extent)
79. #*必须*调用以绘制用于添加刻度的轴边界
80. fig.canvas.draw()
81. #画网格线
82. xlocs=[dylonlat_XJ["begin_lon"]]+list(ndy_1d_lons)
83. ylocs=[dylonlat_XJ["begin_lat"]]+list(ndy_1d_lats)
84. ax.gridlines(xlocs=xlocs, ylocs=ylocs,linestyle='--', linewidth=0.2, alpha=0.9,
    color="red", zorder=4)
```

```
85. ax.xaxis.set_major_formatter(LONGITUDE_FORMATTER)
86. ax.yaxis.set_major_formatter(LATITUDE_FORMATTER)
87. ax.xaxis.set_tick_params(labelsize=tick_labelsize)
88. ax.yaxis.set_tick_params(labelsize=tick_labelsize)
89. #设置刻度标注（函数附后）
90. set_xticks(ax, list(ndy_1d_lons))
91. set_yticks(ax, list(ndy_1d_lats))
92. #图例
93. plt.legend(scatterpoints=1, markerscale=4. , loc='upper right', ncol=1, fontsize=8)
94. #添加一个说明所画图区域位置在更大区域中的位置的小图
95. #ltsmap_loc=[left, bottom, width, height]
96. sub_ax = plt.axes(ltsmap_loc, projection=ccrs.PlateCarree())
97. sub_ax.set_extent(ltsmap_extent)
98. effect = Stroke(linewidth=1, foreground='wheat', alpha=0.85)
99. sub_ax.outline_patch.set_path_effects([effect])
100. sub_ax.add_feature(cfeature.RIVERS.with_scale('50m'))
101. sub_ax.add_feature(cfeature.LAND.with_scale('50m'))
102. sub_ax.coastlines(linewidth=0.3)
103. extent_box = sgeom.box(extent[0],extent[2],extent[1],extent[3])
104. sub_ax.add_geometries([extent_box], ccrs.PlateCarree(), color='none',edgecolor='
     blue', linewidth=1)
105. # 保存文件, dpi 用于设置图形分辨率, bbox_inches 尽量减小图形的白色区域
106. fig.savefig(sout_abs_path, format=format, dpi=dpi, bbox_inches='tight')
107. plt.close(fig) #关闭画板
108. plt.clf() #清除所有画图轴
```

下面是上述画图过程中设置刻度标注的子函数。

```
1. #投影 x 刻度标注
2. def set_xticks(ax, ticks):
3.     """Draw ticks on the bottom x-axis of a Lambert Conformal projection. """
4.     te = lambda xy: xy[0]
5.     lc = lambda t, n, b: np.vstack((np.zeros(n) + t, np.linspace(b[2], b[3], n))).T
6.     xticks, xticklabels = _lambert_ticks(ax, ticks, 'bottom', lc, te)
7.     ax.xaxis.tick_bottom()
8.     ax.set_xticks(xticks)
9.     ax.set_xticklabels([ax.xaxis.get_major_formatter()(xtick) for xtick in xticklabels])
10.
```

```
11. #投影 y 刻度标注
12. def set_yticks(ax, ticks):
13.     """Draw ricks on the left y-axis of a Lamber Conformal projection. """
14.     te = lambda xy: xy[1]
15.     lc = lambda t, n, b: np. vstack((np. linspace(b[0], b[1], n), np. zeros(n) + t)). T
16.     yticks, yticklabels = _lambert_ticks(ax, ticks, 'left', lc, te)
17.     ax. yaxis. tick_left()
18.     ax. set_yticks(yticks)
19.     ax. set_yticklabels([ax. yaxis. get_major_formatter()(ytick) for ytick in yticklabels])
20.
21. def find_side(ls, side):
22.     """
23.     Given a shapely LineString which is assumed to be rectangular, return the
24.     line corresponding to a given side of the rectangle.
25.
26.     """
27.     minx, miny, maxx, maxy = ls. bounds
28.     points = {'left': [(minx, miny), (minx, maxy)],
29.               'right': [(maxx, miny), (maxx, maxy)],
30.               'bottom': [(minx, miny), (maxx, miny)],
31.               'top': [(minx, maxy), (maxx, maxy)],}
32.     return sgeom. LineString(points[side])
33.
34. def _lambert_ticks(ax, ticks, tick_location, line_constructor, tick_extractor):
35.     """Get the tick locations and labels for an axis of a Lambert Conformal projection. """
36.     outline_patch = sgeom. LineString(ax. outline_patch. get_path(). vertices. tolist())
37.     axis = find_side(outline_patch, tick_location)
38.     n_steps = 30
39.     extent = ax. get_extent(ccrs. PlateCarree())
40.     _ticks = []
41.     for t in ticks:
42.         xy = line_constructor(t, n_steps, extent)
43.         proj_xyz = ax. projection. transform_points(ccrs. Geodetic(), xy[:, 0], xy[:, 1])
44.         xyt = proj_xyz[..., :2]
45.         ls = sgeom. LineString(xyt. tolist())
46.         locs = axis. intersection(ls)
```

```
47.         if not locs:
48.             tick = [None]
49.         else:
50.             tick = tick_extractor(locs.xy)
51.         _ticks.append(tick[0])
52.     # Remove ticks that aren't visible:
53.     ticklabels = copy(ticks)
54.     while True:
55.         try:
56.             index = _ticks.index(None)
57.         except ValueError:
58.             break
59.         _ticks.pop(index)
60.         ticklabels.pop(index)
61.     return _ticks, ticklabels
```

最终产生研究区域地理信息和气象站点分布(图 5.1)。

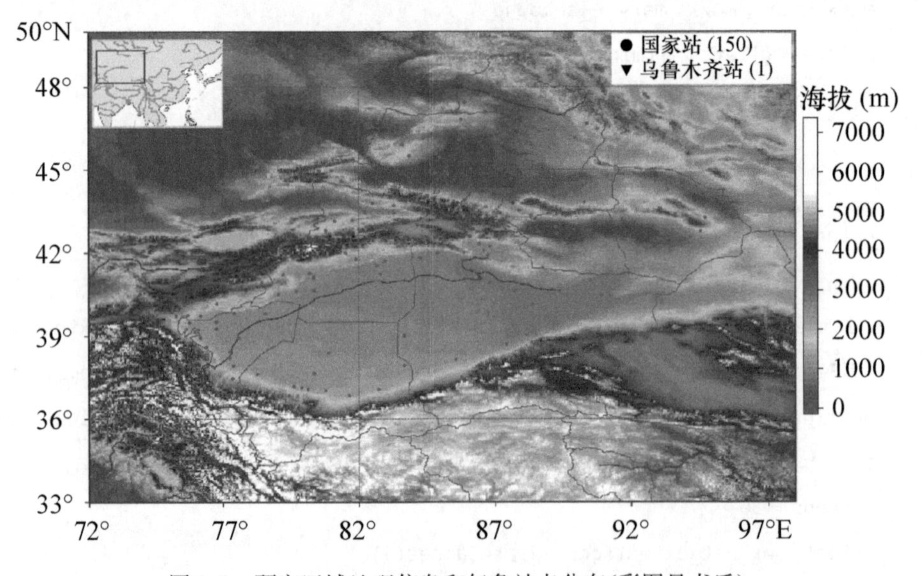

图 5.1　研究区域地理信息和气象站点分布(彩图见书后)

5.2　气温检验

5.2.1　箱体综合检验图

气温等类似连续物理量的检验方法常用的主要是下面 3 种检验指标,包括准确率、平均绝对误差、均方根误差。

1)准确率(Accuracy):从总体上来描述正确的预报所占的百分比。其公式为:

$$A=\frac{M}{N} \tag{5-2-1}$$

M 是满足绝对误差在误差容忍度范围内的样本数($|$误差$|\leqslant 2$ ℃),N 是总样本数,准确率 A 的范围:0～1,0 为最差得分,1 为最好得分。

2)平均绝对误差(Mean Absolute Error,MAE)是绝对误差的平均值。其公式为:

$$MAE=\frac{1}{n}\sum_{i=1}^{n}|F_i-O_i| \tag{5-2-2}$$

3)均方根误差(Root Mean Square Error,RMSE)亦称标准误差,是为了说明预报值与观测值的平均偏离程度。其公式为:

$$RMSE=\sqrt{\frac{1}{n}\sum_{i=1}^{n}(F_i-O_i)^2} \tag{5-2-3}$$

F_i是第 i 个预报值,O_i是第 i 个观测值,平均绝对误差和均方根误差的范围:0～+∞,0 为最好得分,+∞为最差得分;即所有预报值落在(观测值,预报值)的二维平面上的 $y=x$ 直线上为最好。

除了上述检验指标外,我们还希望了解检验数据的分布中心位置和散布范围等信息。箱形图(Box-plot)又称为盒须图、盒式图或箱线图(图 5.2),是一种用于显示一组数据分散情况资料的统计图,它主要用于反映原始数据分布的特征,其优点就是不受异常值的影响(异常值也称为离群值),可以以一种相对稳定的方式描述数据的离散分布情况。所以这种图形指标不仅能够分析不同类别数据各层次水平差异,还能揭示数据间离散程度、异常值、分布差异等信息。

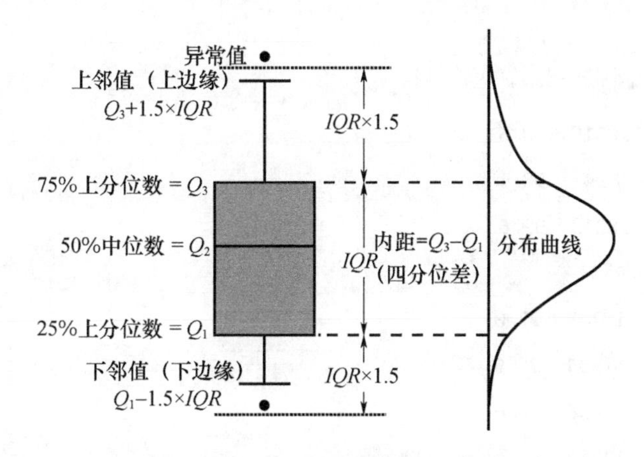

图 5.2　箱线图示意图

上邻值(上边缘):$Q_3+1.5\times IQR$ 范围内数据的最大值;

上四分位数:Q_3是 75%位数;

中位数:Q_2是 50%位数;

下四分位数:Q_1是 75%位数;

下邻值(下边缘):$Q_1-1.5\times IQR$ 范围内数据的最小值;

内距(Inter-Quartile Range,IQR)又称为四分位差:$IQR=Q_3-Q_1$;

异常值(离群值):数据中超过上下限的数据值。

磨刀时间：

下面我们将对网格化的预报结果进行一次格点检验，同时我们希望将上述检验指标都表现在一张图中，这样能更好地综合分析预报结果。我们对 2021 年 4 月 1—25 日每天 15 时起报的 3 h 滚动预报产品进行检验。

首先通过计算获得每个格点的绝对误差的 dataframe 格式数组(下面程序中变量名：dfleft_data)，包括日期列(date)和绝对误差列(ER)，索引是格点号。如下：

```
1.            date      ER
2. 0        20210401 -1.4068
3. 1        20210401 -1.4917
4. 2        20210401 -1.2870
5. 3        20210401 -1.0951
6. ......
7. 420459  20210423  0.4726
8. 420460  20210423  0.5283
9. 420461  20210423  0.6170
10. 420462  20210423  0.6230
```

再通过计算获得每天整个区域的命中率的 dataframe 格式数组(下面程序中变量名：dfright_data)，包括日期列(date)、样本数列(Num)、准确率列(ER)，索引是日期序号。如下：

```
1.         date    Num.   Hit
2. 0    20210401  18015  98.5
3. 1    20210331  17941  98.1
4. 2    20210402  18213  99.6
5. ......
6. 19   20210420  17748  97.0
7. 20   20210421  17534  95.9
8. 21   20210422  18036  98.6
9. 22   20210423  17282  94.5
```

首先导入需要的画图库。

```
1. import seaborn as sns  #高级画图库
2. import matplotlib.pyplot as plt
```

Seaborn 是在 matplotlib 的基础上进行了更高级的 API 封装，从而使得做图更容易，在一些情况下使用 seaborn 能更方便地做出更具吸引力的图。

下面的序列代码作用是将 2021 年 4 月 1—25 日每天 15 时起报的 3 h 网格滚动预报产品

的准确率、平均绝对误差(MAE)、箱体图和总体平均准确率、总体平均 MAE 绘制在一张图中。

```
1. #初始化画图信息
2. ycol_left="ER"            #左坐标对应数据的列名
3. fliersize=1.0             #箱图中异常值标记大小
4. faxhline=2.0              #阈值水平线值
5. axhline_width=1           #画线宽
6. axhline_color="red"       #画线颜色
7. axhline_linestyle=":"     #画线的线形
8. legend_fontsize=20        #图例字体大小
9. left_legend_loc="upper left"        #左坐标对应的图例位置
10. ycol_right="Hit"                   #右坐标对应数据的列名
11. right_legend_loc="upper right"     #右坐标对应的图例位置
12. xtick_label_rotation=90            #x 轴刻度标签的旋转角度
13.
14. #创建一个自定义图像并指定大小
15. fig = plt.figure(figsize=figsize)
16. ax = sns.boxplot(x=xcol, y=ycol_left, data=dfleft_data, fliersize=fliersize,
    linewidth=0.5, color=color)
17. #还可以选择(swarmplot,violinplot,catplot)
18. #画温度准确率的阈值(2℃)水平线
19. ax.axhline(faxhline, linewidth=axhline_width, color=axhline_color, linestyle=
   axhline_linestyle)
20. #画误差平均线
21. fmean=dfleft_data[ycol_left].mean()
22. title=title+f"ME:{fmean:.4f}"
23. l2=ax.axhline(fmean, linewidth=mean_line_width, color=mean_line_color, linestyle=
   mean_line_linestyle)
24. #添加图例
25. l2.set_label('ME')
26. h,l = ax.get_legend_handles_labels()
27. ax.legend(handles=h, labels=l, loc=left_legend_loc, fontsize=legend_fontsize,
    shadow=False)
28. #添加右边 y 轴准确率
29. ax2 = ax.twinx()
30. line=sns.lineplot(x=right_xcol, y=ycol_right, data=right_data, linewidth=hit_line_
    width, markers=True, ax=ax2, legend="brief")
```

```
31. #准确率平均线
32. fmean=right_data[ycol_right].mean()
33. fmax=right_data[ycol_right].max()
34. fmin=right_data[ycol_right].min()
35. ax2.axhline(fmean, linewidth=axhline_width, color=right_color, linestyle="-.")
36. title=title+f" Hit mean:{fmean:.2f}, max:{fmax:.2f}, min:{fmin:.2f}"
37. #右侧坐标的图例
38. h,l = ax2.get_legend_handles_labels()
39. ltlabel=[ycol_right,"mean_"+ycol_right]
40. ax2.legend(labels=ltlabel, loc=right_legend_loc, fontsize=legend_fontsize, shadow=
    False)
41. #设置 x 坐标标签
42. if xticks is not None: ax.set_xticks(xticks)
43. if xticklabels is not None: ax.set_xticklabels(xticklabels)
44. ax.xaxis.set_tick_params(labelsize=xticks_fontsize,rotation=xtick_label_rotation)
45. #设置 y 坐标的范围
46. if yticks is not None: ax.set_yticks(yticks)
47. if right_yticks is not None: ax2.set_yticks(right_yticks)
48. #设置坐标轴刻度字体大小
49. ax.yaxis.set_tick_params(labelsize=ylabel_fontsize)
50. ax2.yaxis.set_tick_params(labelsize=ylabel_fontsize)
51. #x 和 y 坐标轴标题
52. if ylabel is not None: ax.set_ylabel(ylabel, fontsize=ylabel_fontsize)
53. if right_ylabel is not None: ax2.set_ylabel(right_ylabel, fontsize=ylabel_fontsize)
54. if xlabel is not None: ax.set_xlabel(xlabel, fontsize=ylabel_fontsize)
55. #设置坐标轴范围
56. ax.set_ylim(yticks[0], yticks[-1])
57. #标题
58. ax.set_title(title, fontsize=15)
59. fig.savefig(sout_abs_path, dpi=dpi, bbox_inches='tight')
60. plt.cla()
61. plt.close("all")
```

从图 5.3 中可以看出，图左边 Y 轴代表是绝对误差，右边 Y 轴是准确率。图中显示了每天格点检验结果的箱体分位图，总体的准确率在 90%左右，总体的平均 MAE 在 1 ℃以下，但是我们从每天的检验结果看，4 月 11 日和 4 月 14 日两天的准确率很低，从对应的箱体图看出，4 月 11 日四分位差明显偏高，4 月 14 日则是异常值明显偏多，两个日期的误差偏高原因就能明显区分开，这样能更好地去分析预报模型。

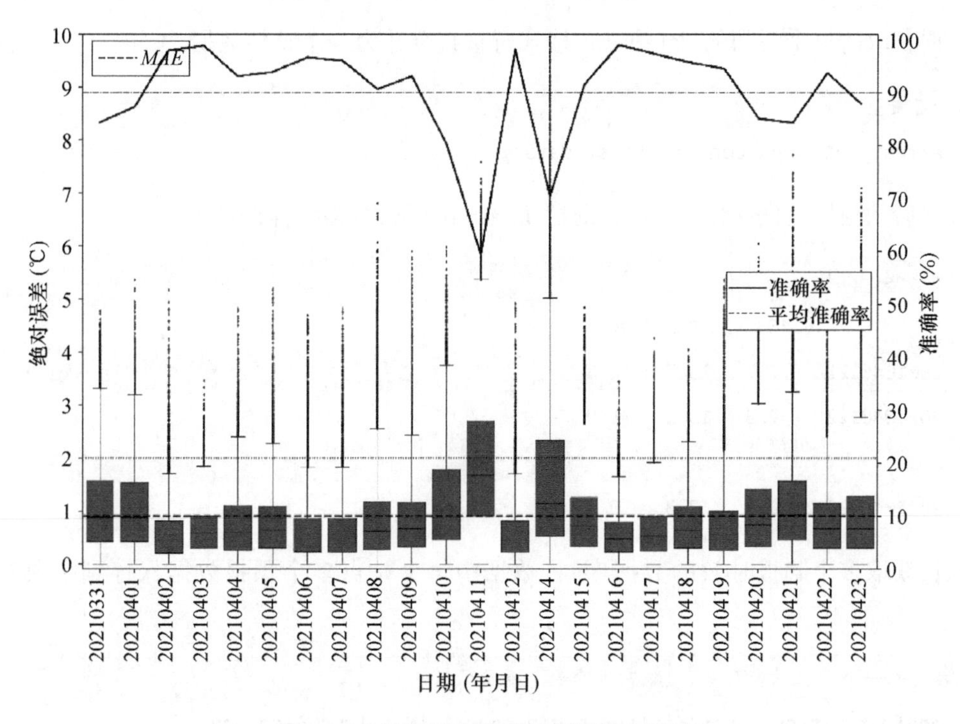

图 5.3　气温网格预报检验指标综合显示

5.2.2　滚动预报结果对比

滚动预报产品是间隔一段时间就起报一次而获得的预报产品，由于起报的时间间隔短，预报产品的预报时效就会有较多的重叠部分，这样对应同一个时间的不同预报产品结果就会出现不同变化，形成一个趋势，这样对预报员能提供非常有用的判断价值。为了将不同起报时效的预报结果进行时间对应合并，并能快速分析，我们可以将数据输出到 csv 或 excel 格式的文件中，通过 excel 相关软件来对比分析。

磨刀时间：

首先我们获取到每个预报数据集，并保存成如下格式：

```
1.  #df1
2.              51463  54511  57816
3.  2021040121    7.7   15.7   17.8
4.  #df2
5.              51463  54511  57816
6.  2021040122    7.3   15.1   16.9
7.  ....
8.  #dfn
9.              51463  54511  57816
10. 2021040302    6.5   12.3   10.6
```

根据获取的每个时间的 dataframe 格式行垂直合并为一个整体数据。

```
1. #行垂直合并
2. dffrst_data = pd.concat(ltfrst_data)
```

合并后的预报数据(dffrst_data)也是 dataframe 格式，格式样例如下：

```
1. dffrst_data
2.             51463  54511  57816
3. 2021040121    7.7   15.7   17.8
4. 2021040122    7.3   15.1   16.9
5. ....
6. 2021040302    6.5   12.3   10.6
```

通过获取多个起报时效的数据，并将数据中每个站点多个预报数据保存到字典对应站点中。

```
1. #建立一个预报结果数组(起报时间个数，滚动预报列)
2. ndyfrst_rlt=np.zeros((iafter_begin_hour+1,iN_column))+np.nan
3. #建立一个多个起报时效保存的预报结果字典
4. dyfrst_rlt={ssite_code:ndyfrst_obs_rlt for ssite in ltSite_Code}
5. #起报时效数量循环
6. for ih_add in range(iafter_begin_hour+1):
7.   #站点循环
8.   for ssite_code in ltSlt_Site_Code:
9.     dyfrst_rlt[ssite_code][ih_add,ih_add:iN_frst_hours+ih_add]= dffrst_data[ssite_
   code]
```

保存的预报数据的字典中，每个点的数据保存了多个起报时次(行)和多个预报时次(列)对应的二维数组，格式样例如下：

```
1. [[ 5.42 3.92 2.6  2.58 2.46 6.46 nan  nan  nan  nan  nan]
2.  [ nan 5.36 4.2  4.04 3.78 6.68 4.8  nan  nan  nan  nan]
3.  [ nan  nan 4.78 4.42 4.08 6.68 5.5  4.32  nan  nan  nan]
4.  [ nan  nan  nan 5.26 5.06 6.68 5.5  4.7  3.46  nan  nan]
5.  [ nan  nan  nan  nan 5.   6.8  5.54 4.6  3.64  3.1  nan]
6.  [ nan  nan  nan  nan  nan 6.8  5.54 4.6  3.64  3.26 2.44]]
```

再将某个站点的多个起报的多个预报时次的数组 dffrst_data[ssite_code]变为 dataframe 格式。

```
1. dffrst_rlt=pd.DataFrame(dffrst_data[ssite_code], index=ltrow, columns=ltobs_YMDH)
```

得到的 dffrst_rlt 变量的格式样例如下：

```
1.              20210401_21 20210401_22... 20210403_00 20210403_01
2.  20210401_20    5.42        3.92     ...   NaN          NaN
3.  20210401_21     NaN        5.36     ...   NaN          NaN
4.  ...             ...        ...      ...   ...          ...
5.  20210402_00     NaN         NaN     ...   3.10         NaN
6.  20210402_01     NaN         NaN     ...   3.26        2.44
```

将 dffrst_rlt 变量保存到 csv 或 excel 格式的文件中，如果要输出 excel 格式数据，需要安装 et-xmlfile，jdcal，openpyxl，xlwt，xlrd，XlsxWriter 库。

```
1.  #保留小数位
2.  dffrst_rlt = dffrst_rlt.round(1)
3.  #输出 csv 格式数据
4.  sout_file_name = sout_sub_name + ".csv"
5.  sout_abs_path=os.path.join(sout_sub_path,sout_file_name)
6.  dffrst_rlt.to_csv(sout_abs_path,encoding='gb18030')
7.  #输出 excel 格式数据，引擎采用 xlsxwriter
8.  sout_file_name = sout_sub_name + ".xlsx"
9.  sout_abs_path = os.path.join(sout_sub_path, sout_file_name)
10. writer = pd.ExcelWriter(sout_abs_path, engine='xlsxwriter')
11. sheet_name='frst_obs_rlt'   #要写入的 excel 表名称
12. dffrst_rlt.to_excel(writer,sheet_name)
13. worksheet = writer.sheets[sheet_name]
14. #设置特定单元格的宽度
15. worksheet.set_column("A:A",  16)
16. worksheet.set_column("B:Z", 18)
17. writer.save()
```

图 5.4 是上述程序将滚动预报结果保存为 excel 格式数据的展示，结果能快速选择进行图像展示，同时能分析出与观测对应的多次预报结果的差别，以此来辅助分析预报结果。

5.3　降水检验

网格点的降水预报产品检验可以理解为站点降水检验的扩展，只需要获得网格实况融合产品作为真值进行逐格点的对应检验，那么就能获得空间检验结果。所以本书中的降水检验还是以站点检验为实例，但从几个新的角度来查看降水预报检验中需要注意的问题。

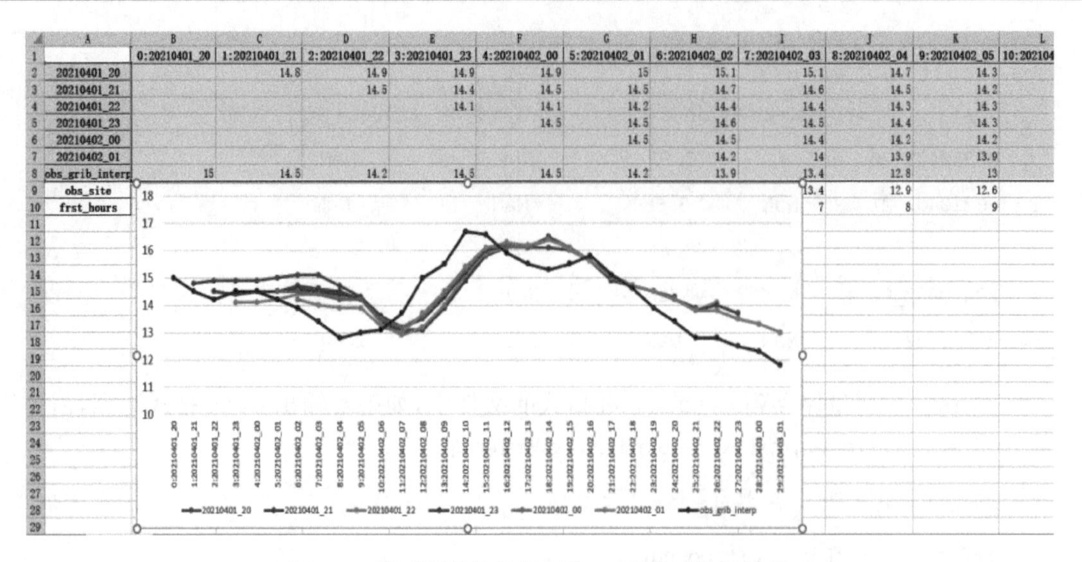

	0:20210401_20	1:20210401_21	2:20210401_22	3:20210401_23	4:20210402_00	5:20210402_01	6:20210402_02	7:20210402_03	8:20210402_04	9:20210402_05	10:202104
20210401_20		14.8	14.9	14.9	14.9	15	15.1	15.1	14.7	14.3	
20210401_21			14.5	14.4	14.5	14.5	14.7	14.6	14.5	14.2	
20210401_22				14.1	14.1	14.2	14.4	14.4	14.3	14.3	
20210401_23					14.5	14.5	14.6	14.5	14.4	14.3	
20210402_00						14.5	14.5	14.4	14.2	14.2	
20210402_01							14.2	14	13.9	13.9	
obs_grib_interp	15	14.5	14.2	14.5	14.5	14.2	13.9	13.4	12.8	13	
obs_site								13.4	12.9	12.6	
frst_hours								7	8	9	

图 5.4　滚动预报结果保存为 excel 格式数据展示

5.3.1　总体检验

本次检验的降水预报数据是 EC 的客观定量降水预报（quantitative precipitation forecasts，QPF），实况为新疆维吾尔自治区国家级 151 个地面气象观测站 3 h 累积降水观测（site precipitation observation，SPO）资料，检验数据时段为 2016 年 9 月 1 日到 2019 年 12 月 31 日，模式 QPF 资料的范围是从东经 70°到 100°，从北纬 31°到 52°，空间分辨率为 0.125°×0.125°，起报时间是 20:00（北京时），时间分辨率为 3 h，预报时效 12～36 h（根据实际业务中的使用需求，在获得 EC 资料后需要制作的是 12 h 后的预报产品）。

磨刀时间：

首先导入统计库。

```
1. from scipy import stats
2. from minepy import MINE
```

读取预报文件获得检验需要的一维观测数据（ndyobs）和一维预报数据（ndyqpf）。

```
1. #Spearman 相关系数
2. statistic,pvalue =stats.spearmanr(ndyobs, ndyqpf)  #返回元祖
3. #Pearson 相关系数
4. statistic,pvalue =stats.pearsonr(ndyobs, ndyqpf)   #返回元祖
5. #求标准差
6. fobs_std=ndyobs.std();  fqpf_std=ndyqpf.std()
7. #求平均值
8. fobs_mean=ndyobs.mean();  fqpf_mean=ndyqpf.mean()
9. #Mann-Whitney U 检验主要用于检验两组样本是否来自同一总体，也等价于判断两组样本是否存在差异
```

```
10. statistic,pvalue=stats.mannwhitneyu(ndyobs, ndyqpf)
11. #当不确定两总体方差是否相等时，应先利用 levene 检验，检验两总体是否具有方差齐性
12. statistic,pvalue=stats.levene(ndyobs, ndyqpf)
13. #方差同质性检验
14. statistic,pvalue=stats.fligner(ndyobs, ndyqpf, center='mean')
15. #T 检验是对两样本均数(mean)差别的显著性进行检验。
16. statistic,pvalue=stats.levene(ndyobs, ndyqpf)
17. if pvalue>0.05:
18. statistic,pvalue=stats.ttest_ind(ndyobs,ndyqpf,equal_var=True)
19. else:
20. statistic,pvalue=stats.ttest_ind(ndyobs,ndyqpf,equal_var=False)
21. #MIC 相关指标
22. m = MINE()
23. m.compute_score(x,y)
24. fmic=m.mic()
```

显著性检验可以分为参数检验和非参数检验。参数检验要求样本来源于正态总体(服从正态分布),且这些正态总体拥有相同的方差,在这样的基本假定(正态性假定和方差齐性假定)下检验各总体均值是否相等,属于参数检验。当数据不满足正态性和方差齐性假定时,参数检验可能会给出错误的答案,此时应采用基于秩的非参数检验。Mann-Whitney U 检验主要用于检验两组样本是否来自同一总体,也等价于判断两组样本是否存在差异。若 $p \leqslant 0.05$,则存在显著性差异,样本差别足够大,若 $p > 0.05$,则不存在显著性差异[1]。

Maximal Information Coefficient(MIC)指标是最大信息系数[2],属于 Maximal Information-based Nonparametric Exploration(MINE)最大的基于信息的非参数性探索,用于衡量两个变量之间的关联程度,线性或非线性的强度。关联度最高是 1,最低是 0。MIC 能很好地评价出两变量是否存在非线性相关,当 Pearson 系数(线性相关系数)为 0 时,MIC 可能会很高。例如 $y=\sin(x)$和 $y=\cos(x)$和 $y=x$ 在 MIC 而言都是一致的。

在 3 h-QPF 对站点降水观测量的散点图来看(图 5.5),一元回归拟合方程的斜率为 0.32,远低于 1,近 2/3 的样本分布在 45°对角直线的下方,一些大量级(大雨以上量级)的降水几乎位于 x 轴附近,仅有部分理想散点分布在 $y=x$ 对角线附近。因为数据偏离正态分布,使用 Fligner-Killeen 和 Mann-Whitney(U 检验)非参数检验法对 SPO 和 QPF 的方差与均值进行同质性检验,结果 p 值都等于 0,远小于 0.05 的可信度标准,表明两组数据不具有方差和均值齐性,两组数据在统计学上存在显著性差异。有降水以上的 MIC 的结果为 0.08,非线性相关性也很差。

累积分布函数(cumulative distribution function,CDF)常被用来评估未知分布与观测数据的拟合程度,图 5.5c 中显示了 3 h-SPO 和 3 h-QPF 的 CDF 曲线在降水量为 2.4 mm 和累积概率为 0.994 之前的变化基本一致,降水量大于 2.4 mm 以后,3 h-SPO 曲线与 3 h-QPF 曲线出现明显分化(该分叉点在频率匹配订正技术中扮演关键的角色)。2017—2019 年的分叉点分别为 2.1 mm、2.6 mm、2.8 mm,与总样本曲线中出现位置基本一致。而 3 h-SPO 的 CDF

曲线在过去 3 年大量级降水方面变化很大，3 h-QPF 随降水量增加而累积概率增长速度要远高于 3 h-SPO，3 h-QPF 总样本和 3 年的 CDF 曲线在 16.5 mm 附近累积概率很快达到最大值 1，表明 3 h-QPF 在 16.5 mm 以上的大量级降水无法拟合。从 24 h 结果来看(图 5.5b，d)，一元回归拟合方程的斜率达到 0.58，明显高于 3 h 的斜率，更多的点靠近对角曲线 $y=x$ 附近。但是通过 Fligner-Killeen 检验和 Mann-Whitney 检验，结果 p 值等于 0，远小于 0.05 的可信度标准，表明两组数据依然不具有方差和均值齐性，在统计学上仍存在显著性差异。CDF 曲线图中总样本分叉点为 11.0 mm，与 2017—2019 年的分叉点基本一致。24 h-QPF 的 CDF 曲线在 52.5 mm 附近累积概率达到最大值 1，相比 3 h 的结果，24 h-QPF 的不确定性明显减小，与 SPO 曲线的拟合程度更高，但分叉点之后的拟合程度依然不足。

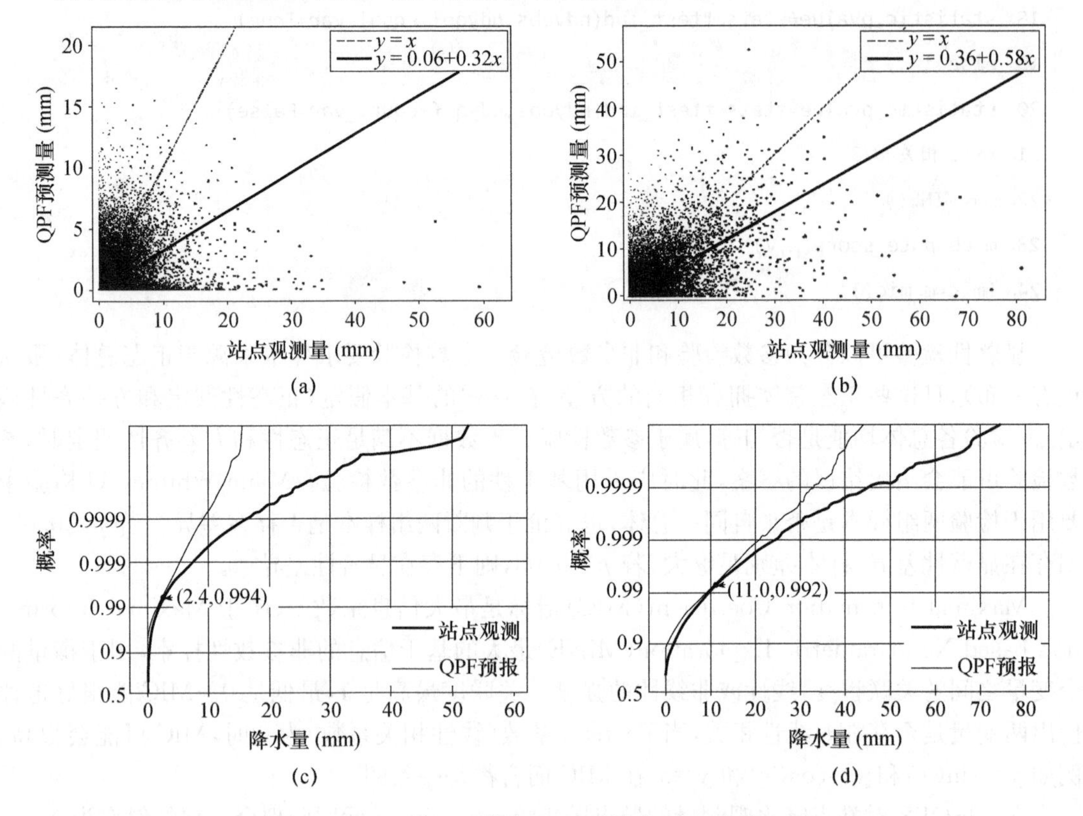

图 5.5　QPF 对 SPO 散点(a、b)及降水 CDF 曲线(c、d)

(a 和 c：3 h，b 和 d：24 h)

```
1.  from matplotlib.ticker import NullFormatter, FixedLocator
2.  #计算 cdf
3.  obs_sorted = np.sort(dfdata["OBS"])  #从小到大排序 OBS 观测数据
4.  qpf_sorted = np.sort(dfdata["QPF"])  #从小到大排序 QPF 观测数据
5.  p = 1. * np.arange(len(obs_sorted)) / (len(obs_sorted) - 1)
6.  #计算数据交点
7.  idx = np.argwhere(np.diff(np.sign(obs_sorted-qpf_sorted))).flatten()
8.  idx=idx[obs_sorted[idx]>1.0]
```

```
9.  x=obs_sorted[idx].mean()
10. index=np.abs(obs_sorted-x).argmin()
11. #创建图
12. fig = plt.figure(figsize=figsize, frameon=True) # (宽度,高度)
13. ax = fig.add_subplot(111)
14. ax.plot(obs_sorted, p, linewidth=linewidth,zorder=1)
15. ax.plot(qpf_sorted, p, linewidth=linewidth,zorder=2)
16. #zorder越大越在上层
17. plt.scatter(obs_sorted[index],p[index],s=50, c="red",zorder=3)
18. ax.set_yscale('logit')  #Y轴设置成logit标度
19. ax.yaxis.set_minor_formatter(NullFormatter())
20. ax.yaxis.set_major_locator(FixedLocator(major_locator))
21. ax.set_yticklabels(major_locator)
22. ax.set_ylim([0.5, 1])
23. ax.grid(True)
24. #标注交叉点
25. ax.annotate(f"({obs_sorted[index]:.1f},{p[index]:.3f})",
26.                     (obs_sorted[index],p[index]),
27.           xytext=(obs_sorted[index]+2,p[index]),
28.           arrowprops=dict(arrowstyle='-|>', fc="k",
29.           ec="k", lw=1.5), fontsize=15)
30. xlabel="降水量(mm)"
31. plt.xlabel(xlabel, fontsize=xylabel_fontsize)
32. ylabel="概率"
33. plt.ylabel(ylabel, fontsize=xylabel_fontsize)
34. plt.xticks(fontsize=xyticksla bel_fontsize)
35. plt.yticks(fontsize=xyticksla bel_fontsize)
36. ax.legend(legend_name, labelspacing=1.5,
37.               fontsize=xylabel_fontsize,loc=legend_loc)
38. fig.savefig(sOut_Abs_Path ,format=format,
39.           dpi=dpi, bbox_inches='tight')
40. plt.cla()
41. plt.close("all")
```

从图 5.6a,b 可以看出,3 h-SPO 样本中无雨占 96.07%、小雨占 3.44%、中雨占 0.45%、大雨 543 次占 0.04%、暴雨 65 次、大暴雨 3 次。3 h-QPF 样本中无雨占 90.60%、小雨占 8.98%、中雨占 0.42%、大雨 88 次占 0.01%。3 h-QPF 有 12.6 万次的小雨预报,而对应的

3 h-SPO 只有 4.8 万次，仅 1/3。3 h-SPO 和 3 h-QPF 的中雨级别样本量都在 6000 次附近，基本一致，3 h-QPF 的大雨次数仅为 3 h-SPO 的 16%，暴雨和大暴雨更是全无预报出。24 h-SPO 样本中无雨占 85.80%、小雨占 13.25%、中雨占 0.86%、大雨 155 次占 0.09%、暴雨 14 次占 0.01%。24 h-QPF 样本中无雨占 69.48%、小雨占 29.52%，是 24 h-SPO 的 2 倍，中雨占 0.95%，与 24 h-SPO 基本一致，大雨 85 次占 0.05%，是 24 h-SPO 的 1/2、暴雨 1 次。可见，3 h 与 24 h-QPF 的中雨都与实况在频次上都非常接近，而小雨明显偏多，大雨以上频次严重偏少，24 h-QPF 在频次上要比 3 h-QPF 更加接近实况，也再次表明 3 h-QPF 要比 24 h-QPF 的预报不确定性高，预报员通过订正 EC 模式的 24 h-QPF 再重新估算 3 h-QPF 的量级是更加合理的。

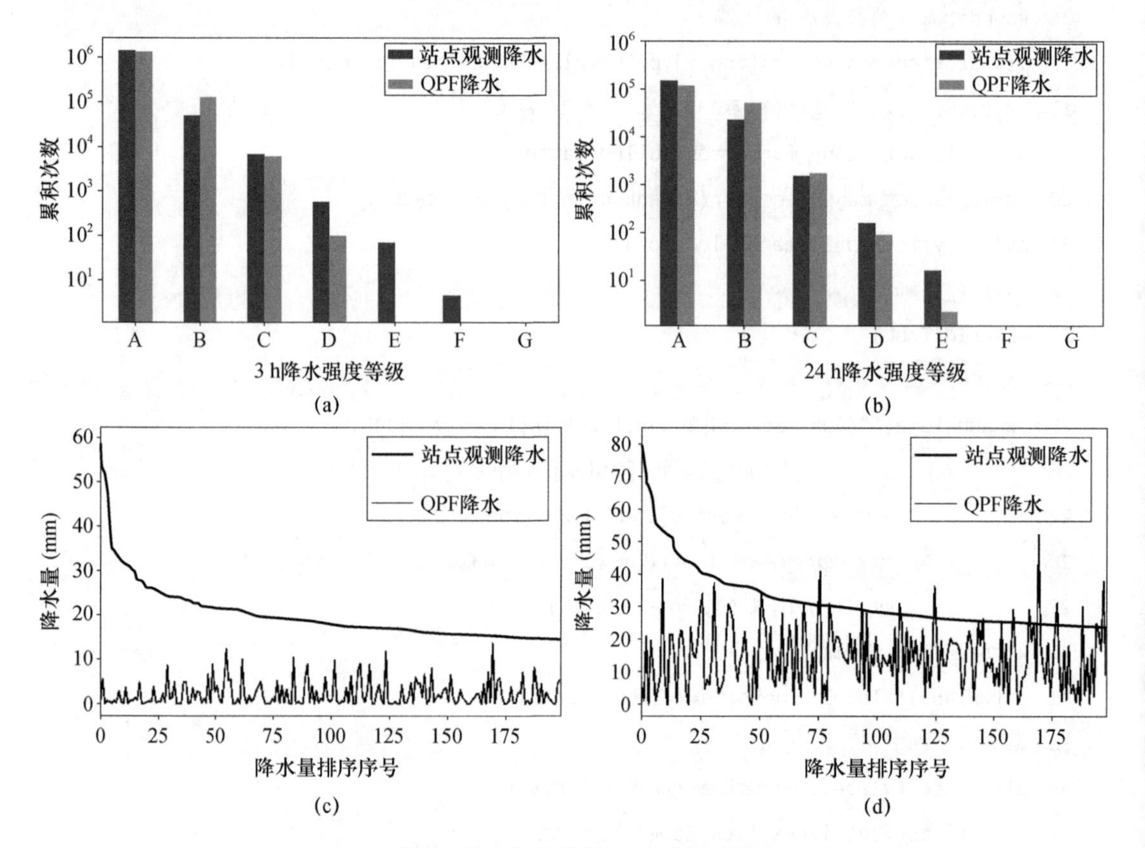

图 5.6 分量级降水频次统计(a、b)和降水排序(c、d)

(a、c为 3 h，b、d为 24 h。图 a 中 A:[0.0,0.1)、B:[0.1,3.0)、C:[3.0,10.0)、D:[10.0,20.0)、E:[20.0,50.0)、F:[50.0,100.0)、G:[100.0,+∞)的降水量，图 b 中 A:[0.0,0.1)、B:[0.1,10.0)、C:[10.0,25.0)、D:[25.0,50.0)、E:[50.0,100.0)、F:[100.0,250.0)、G:[250.0,+∞)的降水量，单位：mm)

通过排序选取前 200 个 SPO 降水量和与之对应的 QPF 分析发现(图 5.6c，d)，在 3 h-QPF 的前 200 个大降水(大雨以上的降水)样本中(14.5～59.3 mm)，有 1/4 个是无降水预报，1/2 是小雨预报。对于前 200 个 24 h-QPF(23.7～81.0 mm)，仅有 7 个无降水预报，近 1/3 是小雨预报。可见在大降水预报上，EC 的 QPF 在大量级降水预报上并非简单的由于预报量级偏差产生的预报误差，而是由于整个模式的对大降水预报能力非常弱。另外，200 个排序后的 SPO 与时间一一对应的 QPF 之间的量级关系是一个不规律的、非线性的关系，也就是 SPO 发生大量级降水的同时，QPF 可能出现无雨、小雨、中雨、大雨等情况，这就为后期预报订正增加了很大难度，特别是使用频率匹配大量级降水订正方法。

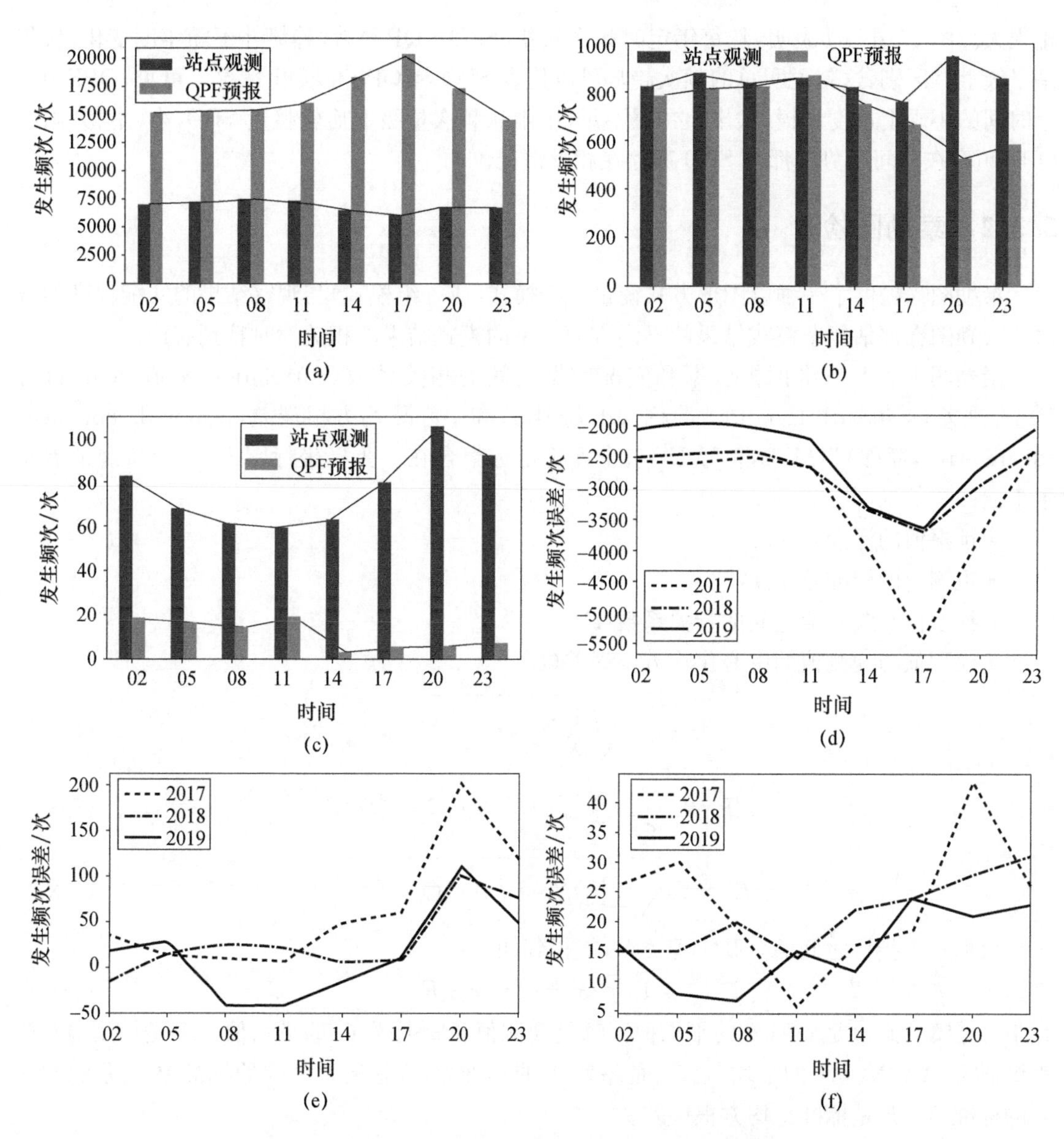

图 5.7　3h-QPF 在一天中不同时间的频次分布和分年度频次误差

（a 和 d 为小雨以上，b 和 e 为中雨以上，c 和 f 为大雨以上）

精细化格点预报经常需要在降水订正或者融合后进行时间拆分，时间拆分需要一组权重信息，特别是逐时滚动订正中，不同时效的选择也需要考虑不同的订正权重信息，每个时间的发生频率就很重要。研究对 3 h-QPF 在一天中 8 个时间(02—23 时)的频次进行了一个统计，在小雨以上量级的频次统计来看(图 5.7a，d)，QPF 的频次平均是 SPO 的 2.5 倍，趋势上，SPO 的频次 08 时最高，然后开始减小，到 17 时最低，之后又继续增加，而 QPF 是 17 时频次最高，23 时频次最低，趋势相反。中雨以上量级(图 5.7b，e)的 SPO 频次总体上略微高于 QPF，20 时和 23 时的 SPO 频次是 QPF 的 1.5 倍，SPO 最大频次发生在 20 时，而此时刻 QPF 是最小值。大雨以上量级看(图 5.7c，f)，新疆地区的大量级降水主要发生在 17 时到凌晨 02 时，而 QPF 在 17—23 时频次相对其他时刻却最低。SPO 频次平均是 QPF 的 10 倍，SPO 在 11 时频次最小，20 时频次最高，而 QPF 却是 11 时频次最高，QPF 的频次趋势和量级上都与 SPO 差距很大。图 5.7d,e,f 表明,从每年定时频次误差(SPO－QPF)看,趋势并不随年度变化,仅仅是量级上有区别,这就说明总的频次趋势可以代表 SPO 与 QPF 的变化情况。可见,QPF 在 8 个时间的小雨上过度预报,大雨上预报不足,中雨从频次量级上比较接近 SPO,小、中、大雨的 QPF 频率在时间趋势上都与 SPO 都存在相反情况。

5.3.2 泰勒图检验

泰勒图[3]提供了一种以图形方式衡量一个模式(或一组模式)与观察结果的匹配程度的方法。泰勒图在评估复杂模式结果的不同方面或不同模式结果的相关性时特别有用。

泰勒图本质上是将预报数据和实况数据之间的相关系数(correlation coefficient,符号 R)、标准差(standard deviation,简称 std,符号 σ)和中心化均方根误差(centered root mean square error,简称 CRMSE,符号 E')三个评价指标集合在一张极坐标图上,图上直观地展示了下面四个信息(共三类):

- 预报值的标准差(σ_f)
- 观测值的标准差(σ_o)
- 模型值与观测值之间的相关系数(R)
- 模型值与观测值的中心化均方根误差(E')

$$\sigma_A = \sqrt{\frac{1}{N}\sum_{i=1}^{N}(A_i - \overline{A})^2} \tag{5-3-1}$$

$$R = \frac{1}{N\sigma_f\sigma_o}\sum_{i=1}^{N}[(f_i - \overline{f})(O_i - \overline{O})] \tag{5-3-2}$$

$$E' = \sqrt{\frac{1}{N}\sum_{i=1}^{N}[(f_i - \overline{f}) - (O_i - \overline{O})]^2} \tag{5-3-3}$$

根据三个指标之间的余弦定理关系,能得到如下:

$$E'^2 = \sigma_f^2 + \sigma_o^2 - 2\sigma_f\sigma_o R \tag{5-3-4}$$

其中f_i是模型值,$\overline{f}$是序列 f 的平均值。O_i是观测值,$\overline{O}$是序列 O 的平均值。A_i是模型值f_i或观测值O_i,$\overline{A}$是 N 个A_i的平均值。σ_A是序列 A 的标准差,σ_f是模型序列的标准差,σ_o是观测序列的标准差。E 是标准化均方根误差。

图 5.8 直观地体现了泰勒图的原理。图 5.8a 显示了通过预报值和观测值两组数据统计的 4 指标(2 个标准差、相关系数、中心化均方根误差)形成的一个三角形 ΔABC。C 点是泰勒图中的原点,A 点是观测点,AC 表示真实值的标准差。图 5.8b 中黑色半圆曲线代表了观测的标准差(Ref),是作为参考标准的标准差量级,B 点是依据泰勒图的规则绘制的预报值点,BC 表示预报值的标准差。AB 表示预报值与观测值的中心化均方根误差,代表预报与观测之间的距离,均方根误差范围在 0～1 之间,半圆半径只到 1。∠ACB 的余弦值表示相关系数。

通过上述原理,可以总结得出:

(1)泰勒图上每个散点代表不同预报序列与观测序列之间的精度差异。

(2)每个预报散点与 X 轴上的观测点(REF)的直线距离越接近,则说明预报数据与观测数据之间有着越小的 CRMSE,即预报的精度越佳。

(3)预报散点在观测参考半圆(REF)内表明预报序列标准差小,波动偏小,较为平均化,散点在观测参考半圆外表明预报序列标准差大,波动偏大,较为离散化。

(4)∠ACB 角度越小，预报与观测数据之间的相关系数越大，变化趋势越趋于一致，∠ACB 角度越大，预报与观测数据之间的相关系数越小，变化趋势越趋于不同。

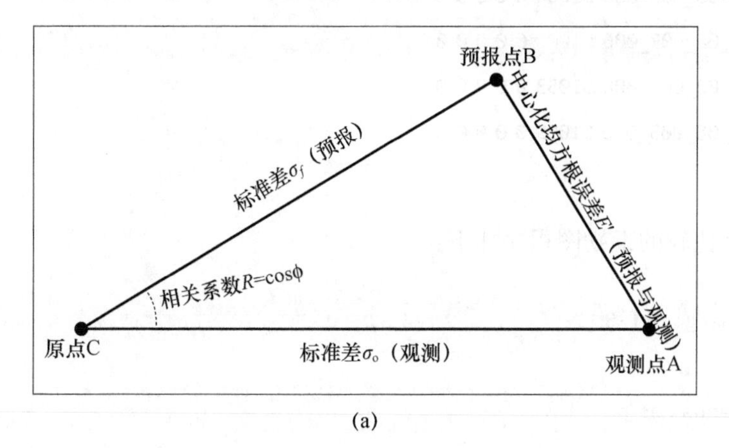

(a)

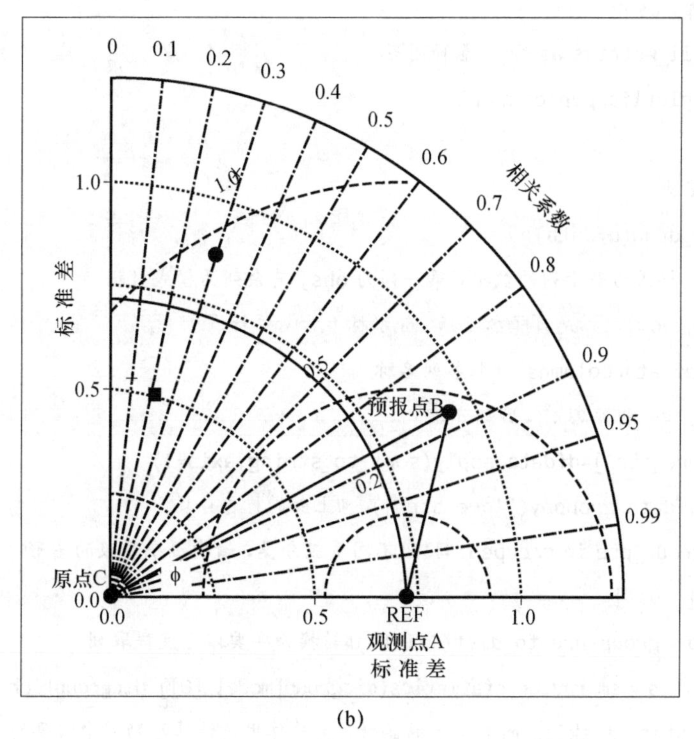

(b)

图 5.8　泰勒图原理示意图

下面是泰勒图的绘制代码实例，书中使用 Skill Metrics 库进行画图，该库包含一系列用于根据观测数据衡量模型预测能力的函数。其中包括均方根误差(RMSE)、中心化均方根误差(CRMSE)和技巧评分(SS)等指标，以及包括用于生成泰勒图的函数集合。

磨刀时间：

我们对新疆维吾尔自治区 2016 年 9 月 1 日至 2019 年 9 月 1 日每天 08 时起报的 3 h 的不同 QPF 预报产品进行检验。数据包括预报日期列(S3_time)、站号(site_code)、站点实况观测(obs)、预报降水产品 1 到 4(TP1—TP4)。输入格式内容如下：

```
1. S3_time site_code obs TP1 TP2 TP3 TP4
2. 20160901_08_003_006 51004 0 0 0 0 0
3. 20160901_08_003_006 51008 0 0 0 0 0
4. 20160901_08_003_006 51053 0 0 0 0 0
5. 20160901_08_003_006 51059 0 0 0 0 0
6. ……
```

进行多产品比较的泰勒图程序如下：

```
1. #-* - coding: utf-8 -*-
2. #导入库
3. import pandas as pd
4. import numpy as np
5. import skill_metrics as sm  #泰勒图库
6. import matplotlib. pyplot as plt
7.
8. #绘制泰勒图函数
9. def taylar_draw(dfdata):
10.  #该 dfdata 格式为若干列的数据，第一列为 obs，其余列为模式数据
11.  #本例子中使用的数据是日降水数据，降水标准为新疆标准
12.  models = dfdata. columns  #取各列名称
13.  #dfdata 增加一列标志方便后期分组
14.  dfdata['pre_str']=dfdata. apply(sort_to_string,axis=1)
15.  grouped=dfdata. groupby(['pre_str'])  #上面的标志分类
16.  for key,group_pre in grouped:#按照不同量级分类，输出每个量级的图形
17.   label = ['obs']
18.   dicgroup = group_pre. to_dict('list')#转换为字典以方便提取列
19.   taylor_stats = sm. taylor_statistics(dicgroup[models[0]],dicgroup['obs'],dicgroup)
20.   #taylor_stats 为 skill_metrics 的函数，主要作用是计算泰勒图中需要的 sdev 等量
21.   #后期需要将新的量加入 sdev 数组故先写入第一个值
22.   sdev = np. array(taylor_stats['sdev'][0])
23.   #后期需要将新的量加入 crmsd 数组故先写入第一个值
24.   crmsd = np. array(taylor_stats['crmsd'][0])
25.   #后期需要将新的量加入 ccoef 数组故先写入第一个值
26.   ccoef = np. array(taylor_stats['ccoef'][0])
27.   for model in models:#模式循环
28.    if model!='obs': #仅对模式列处理
```

```
29.        label.append(model+"_"+key)#增加标签
30.        dicgroup = group_pre.to_dict('list')
31.        taylor_stats = sm.taylor_statistics(dicgroup[model],dicgroup['obs'],dicgroup)
32.        sdev = np.append(sdev,taylor_stats['sdev'][1])
33.        crmsd = np.append(crmsd,taylor_stats['crmsd'][1])
34.        ccoef = np.append(ccoef,taylor_stats['ccoef'][1])
35.        sm.taylor_diagram(sdev,crmsd,ccoef,markerLabel = label, markerLabelColor ='r',
36.          markerLegend ='on', markerColor = 'r',styleOBS = '-', colOBS = 'r', markerobs = 'o',
37.          markerSize = 6, tickRMS = [0.0, 1.0, 2.0,3.0], tickRMSangle = 115, showlabelsRMS =
    'on',
38.          titleRMS ='on', titleOBS = 'Ref', checkstats = 'on')
39.        #sm.taylor_diagram 为 skill_metrics 的函数，主要作用是绘图
40.        plt.gcf().set_size_inches(12,5)#修改输出图像大小
41.        plt.savefig(key+'_taylor10.png', dpi=600)#修改输出图像名称及 dpi
42.        #plt.show()#展示图像
43.
44. def sort_to_string(dfdata):
45.   #分类函数，针对样本属性分类，产生的图片与分类种类有关
46.   obs_data=dfdata['obs']
47.   if obs_data == 0:
48.    return 'N'#代表无降水样本
49.   elif obs_data > 0 and obs_data <6.1:
50.    return 'S'#代表小量
51.   elif obs_data >= 6.1 and obs_data <12.1:
52.    return 'M'#代表中量
53.   elif obs_data >=12.1 and obs_data <24.1:
54.    return 'L'#代表大量
55.   elif obs_data >=24.1:
56.    return 'E'#代表暴量及以上
57.
58. #主程序
59. if __name__ == '__main__':
60.   dfdata = pd.read_csv('data.csv')
61.   #tarlar_draw 函数使用的 dfdata 格式数据即给定的 data.csv 数据，列名分别为 obs 及其他预
      报结果名
62.   #第一列为 obs，其他列均为模式数据，没有时间先后顺序。
63.   taylar_draw(dfdata)
```

图 5.9 是 4 种降水预测结果对比的泰勒图，观察 4 种降水预测值与观测值的相关系数，皆小于 0.3，这表明 4 种降水预报结果与观测值的趋势变化拟合效果都较差；从中心化均方根误差来看，TP4 预报结果的中心化均方根误差相对最小，TP3 预报结果的中心化均方根误差最大，与实况观测距离最远。从 4 个样本的标准差来看，TP4 的标准差最小，说明样本的离散度最小，数据波动小。综上所述，4 个预报样本整体的预测效果都不佳，其中 TP4 数据稳定且与观测样本差距小。

5.3.3 性能图检验

性能图（performance diagram）[4]与泰勒图具有一定的相似性，将事件命中率、成功率、BIAS 评分和 TS 评分综合表现在一张图中。其中：

真阳率（probability of detection，简称 POD）代表了观测到的降水事件中有多少是被正确预测的，范围是 0～1，最好得分为 1，它是性能图的 Y 轴，计算公式(5-3-5)。

成功率（success ratio，简称 SR）代表了预报出的降水事件中有多少是被正确观测到的，范围是 0～1，最好得分为 1，它与空报率（false alarm ratio，简称 FAR）相加为 1，它是性能图的 X 轴，计算公式(5-3-6)和公式(5-3-7)。

POD 与 SR 的比值就是 BIAS 评分，即图中的斜率，用来总体衡量降水预报频率偏高还是偏低，范围是 0～+∞，最好得分为 1，BIAS>1 表明空报偏多，BIAS<1 表明漏报偏多，计算公式 5-3-9。

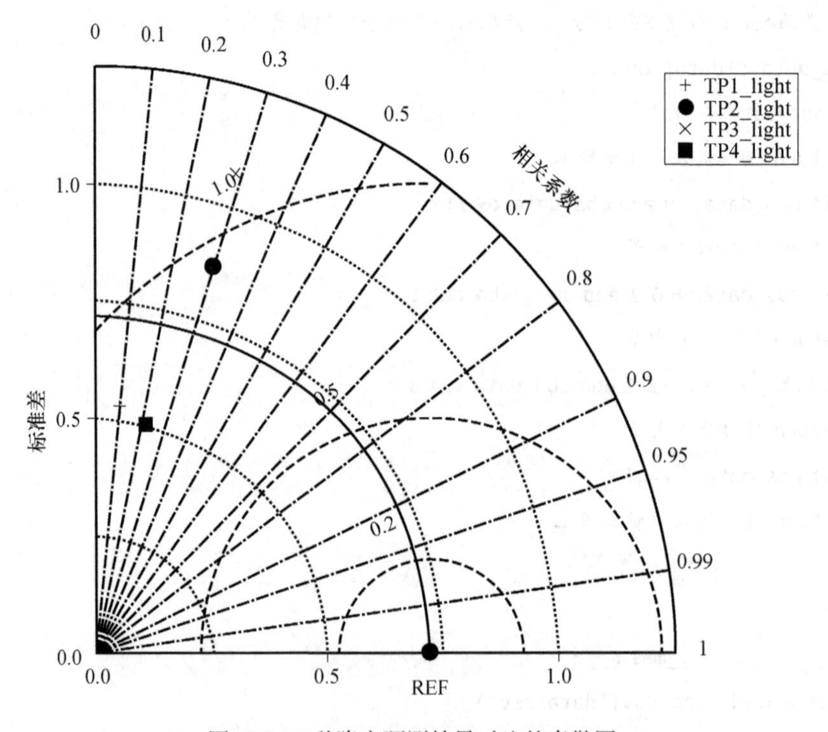

图 5.9　4 种降水预测结果对比的泰勒图

技巧分（threat score，简称 TS 或称为 critical success index，CSI）是大家熟悉的业务指标，常用的衡量正确预测的降水与所有预测事件的比例，对降水命中事件较敏感。范围是 0～1，最好得分为 1，计算公式(5-3-8)和公式(5-3-10)。

表 5.1　降水列联表

		观测		
		发生(1)	未发生(0)	总
预报	发生(1)	h	f	fy
	未发生(0)	m	n	fn
	总	oy	on	t

表 5.1 是降水列联表,其中 h 是正确预报降水次数,n 是正确预报未出现降水次数,m 是漏报次数(观测出现降水,预报未出现),f 是空报次数(预报出现降水,观测未出现)。根据降水列联表的上述指标公式如下:

$$POD=\frac{h}{h+m} \tag{5-3-5}$$

$$FAR=\frac{f}{h+f} \tag{5-3-6}$$

$$SR=\frac{h}{h+f}=1-FAR \tag{5-3-7}$$

$$CSI=TS=\frac{h}{h+m+f} \tag{5-3-8}$$

根据四个指标之间的关系,能得到如下关系式:

$$BIAS=\frac{POD}{SR}=\frac{h+f}{h+m} \tag{5-3-9}$$

$$CSI^{-1}=POD^{-1}+SR^{-1}-1 \tag{5-3-10}$$

性能图如图 5.10 所示,图中完美地预测位于图表的右上角($x=1,y=1$),最差的预测位于图表的原点($x=0,y=0$),45°对角线是 $BIAS$ 的最高得分,越往图左上角靠近,$BIAS$ 越高,说明成功率(SR)越低,空报率越高,越往图右下角靠近,$BIAS$ 越低,说明事件命中率(POD)越低,漏报率越高。

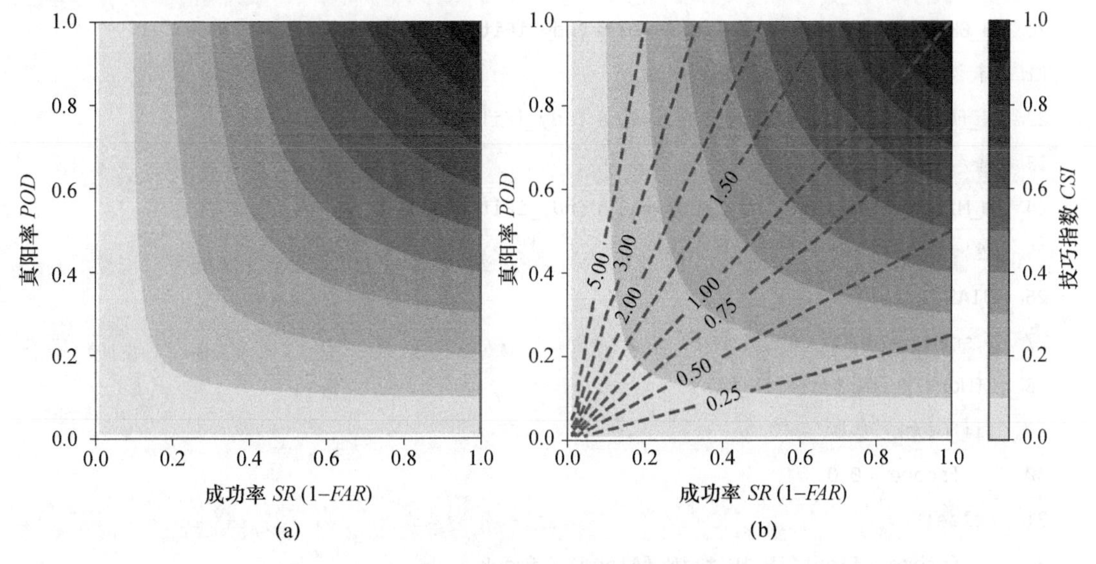

图 5.10　性能图示意图

(a)TS 评分参考等值线,(b)BIAS 评分参考线和 TS 评分参考等值线

磨刀时间：

我们对新疆维吾尔自治区 2016 年 9 月 1 日至 2019 年 9 月 1 日每天 08 时起报的 3 h 不同站点不同量级的 QPF 预报产品进行检验。首先根据上述公式(5-3-5)到公式(5-3-8)计算不同站点不同量级的真阳率、成功率和 TS 评分。代码示例如下：

```
1.  #技巧评分
2.  def dSkill_Score(ndy_Obs, ndy_Fit, fObs_Threshold=0.095,
3.                  fFit_Threshold=0.095, sname="TS", iround=3):
4.  """
5.    ndy_Obs        :标准值(观测值)
6.    ndy_Fit        :拟合值
7.    fObs_Threshold:标准值的阈值
8.    fFit_Threshold:拟合值的阈值
9.    iround         :保留小数位数
10. """
11. #整数化
12. ndy_iObs = np.where(ndy_Obs>=fObs_Threshold, 1, 0)
13. ndy_iFit = np.where(ndy_Fit>=fFit_Threshold, 1, 0)
14. #初值
15. iN_1Hit=0; iN_0Hit=0; iN_Miss=0; iN_fAlarm=0
16. #统计
17. #降水事件命中次数(hits)
18. iN_1Hit   = np.sum(((ndy_iObs==1) & (ndy_iFit==1)))
19. #晴天事件命中次数(correct negative)
20. iN_0Hit   = np.sum(((ndy_iObs==0) & (ndy_iFit==0)))
21. #降水空报次数(false alarm)
22. iN_fAlarm = np.sum(((ndy_iObs==0) & (ndy_iFit==1)))
23. #降水漏报次数(miss)
24. iN_Miss   = np.sum(((ndy_iObs==1) & (ndy_iFit==0)))
25. #返回统计值
26. #BIAS
27. if sname=="BS":   #范围:0~+∞   最好:1
28.   fWork  = iN_1Hit+ iN_Miss
29.   if fWork==0.0:
30.     fscore = 0.0
31.   else:
32.     fscore = float(iN_1Hit+iN_fAlarm) / fWork
33.   fscore = round(fscore,iround)
```

```
34.     return fscore
35. #POD(hit rate) 真阳率 范围:0~1 最好:1
36. elif sname=="POD" or sname=="HITR":
37.     fWork = float(iN_1Hit+iN_Miss)
38.     if fWork==0.0:
39.         fscore = 0.0
40.     else:
41.         fscore = float(iN_1Hit) / fWork
42.     fscore = round(fscore,iround)
43.     return fscore
44. #FAR 空报率
45. elif sname=="FAR":  #范围:0~1  最好:0
46.     fWork = float(iN_1Hit+iN_fAlarm)
47.     if fWork==0.0:
48.         fscore = 1.0
49.     else:
50.         fscore = float(iN_fAlarm) / fWork
51.     fscore = round(fscore,iround)
52.     return fscore
53. #SR 成功率
54. elif sname=="SR":  #范围:0~1  最好:1
55.     fWork = float(iN_1Hit+iN_fAlarm)
56.     if fWork==0.0:
57.         fscore = 0.0
58.     else:
59.         fscore = float(iN_1Hit) / fWork
60.     fscore = round(fscore,iround)
61.     return fscore
62. #TS 范围:0~1  最好:1
63. elif sname=="TS" or sname=="CSR":
64.     fWork = float(iN_1Hit+iN_Miss+iN_fAlarm)
65.     if fWork==0.0:
66.         fscore = 0.0
67.     else:
68.         fscore = float(iN_1Hit) / fWork
69.     fscore = round(fscore,iround)
70.     return fscore
```

根据评分技巧函数，我们计算获得不同站点不同量级的POD、SR和TS评分指标，保存在以降水量等级[小雨(l)，中雨(m)，大雨(h)]为键值和以dataframe格式保存的评分为键值的字典dyscore_level变量中。数据格式示例如下：

```
1.  dyscore_level['l']
2.          POD    SR     TS
3.  51463  0.822  0.461  0.419
4.  ....
5.  52101  0.875  0.278  0.268
6.  dyscore_level['m']
7.          POD    SR     TS
8.  51463  0.495  0.651  0.391
9.  ....
10. 52101  0.400  0.447  0.268
11. dyscore_level['h']
12.         POD    SR     TS
13. 51463  0.179  0.700  0.167
14. ....
15. 52101  0.257  0.375  0.180
```

将上述数据输入到性能图画图下面的函数中，就能画出如图5.11所示的多个站点不同量级的预报性能对比图。从图中可以看出，所有站点的小雨“有、无”的检验结果都分布在图的左上部分，真阳率高，成功率偏低，说明空报偏多，51463站和51076站的TS评分最高，51076站的空报率更低，更靠近BIAS=1的对角线。几乎所有站点的中雨的检验结果都分布在0.75～1的BIAS区域，表明中雨“有、无”的总体预报频率与实况非常接近，略有漏报现象，51463站的TS评分是其中最高，达0.4。大雨有无的检验结果主要分布在图的右下部分，漏报现象明显，多个站点的评分为0。可以看出，性能图能快速看出不同预报结果的评分高低，同时能给出是因为空报还是漏报导致的评分低的原因。

性能图画图核心程序如下：

```
1.  #根据SR和POD计算CSI指标
2.  def _csi_from_sr_and_pod(success_ratio_array, pod_array):
3.   return (success_ratio_array**-1+pod_array**-1-1.)**-1
4.
5.  #根据SR和POD计算BIAS指标
6.  def _bias_from_sr_and_pod(success_ratio_array, pod_array):
7.   return pod_array/success_ratio_array
8.
9.  #画性能图
```

```
10. def dperformance_plot(dyscore_level):
11.  #创建一块画布
12.  fig, axes = plt.subplots(nrows=1, ncols=1)
13.  fig.set_figheight(6)
14.  fig.set_figwidth(8)
15.  #成功率和真阳率评分网格数组
16.  ndyX_1d=np.arange(0.01,1.0,0.01) #X轴网格数组(1维)
17.  ndyY_1d=np.flipud(ndyX_1d) #Y轴网格数组(1维)数值正好相反
18.  ndyX_2d, ndyY_2d=np.meshgrid(ndyX_1d, ndyY_1d) #二维坐标网格
19.  #TS评分数组
20.  ndy_CSI_2d = _csi_from_sr_and_pod(ndyX_2d,ndyY_2d)
21.  #BIAS评分数组
22.  ndy_BIAS_2d = _bias_from_sr_and_pod(ndyX_2d,ndyY_2d)
23.  #--------------------------------
24.  #TS等值线颜色图
25.  TS_colour_map=plt.cm.Blues
26.  TS_levels=np.linspace(0, 1, num=11, dtype=float)
27.  #TS等值参考线
28.  Obj_CSI=plt.contourf(ndyX_2d, ndyY_2d, ndy_CSI_2d,\
29.                     levels=TS_levels,cmap=TS_colour_map,\
30.                     vmin=0.,vmax=1.)
31.  #TS等值线色标参数(垂直,留白,缩放)
32.  colour_bar=plt.colorbar(orientation='vertical',pad=0.075,shrink=1)
33.  colour_bar.set_label('技巧指数 CSI (critical success index)')
34.  #--------------------------------
35.  #画bias评分参考线
36.  BIAS_Levels = np.array([0.25, 0.5, 0.75, 1., 1.5, 2., 3., 5.])
37.  BIAS_clours = ['grey']*len(BIAS_Levels)
38.  Obj_BIAS=plt.contour(ndyX_2d,ndyY_2d,ndy_BIAS_2d,
39.                     levels=BIAS_Levels,colors=BIAS_clours,
40.                     linewidths=2,linestyles='dashed')
41.  #标注bias评分参考值
42.  plt.clabel(Obj_BIAS, inline=True,inline_spacing=10,fmt='%.2f',fontsize=10)
43.  #--------------------------------
44.  ltcolour = ['b','g','r','c','m','y','k']  #不同站点=不同颜色
45.  dymark   = {'l':'^','m':'o','h':'s'} #不同量级=不同符号
```

```
46. #降水等级循环
47. for flevel in ['l','m','h']:
48.   dfscore = dyscore_level[flevel]
49.   for idx,ssite_code in enumerate(dfscore.index): #站点循环
50.     #标注每个指标散点到图上
51.     pic1 = plt.scatter(dfscore.loc[ssite_code,'SR'],dfscore.loc[ssite_code,'POD'],s=
    50, marker=dymark[flevel], color=ltcolour[idx], label=ssite_code+"_"+flevel, zorder=3)
52. #设置图例(列数,位置,图例在轴的位置)
53. plt.legend(ncol=len(dyscore_level), loc='best',bbox_to_anchor=(0.7,-0.1))
54. #轴参数设置
55. plt.xlabel('成功率 Success ratio (1 - FAR)')
56. plt.ylabel('真阳率 POD (probability of detection)')
57. plt.xlim((0, 1)) #x 轴范围
58. plt.ylim((0, 1)) #y 轴范围
59. fig.savefig('fig.png', dpi=600, bbox_inches = 'tight')#修改输出图像名称及 dpi
60. plt.cla()
61. plt.close("all")
62. return
```

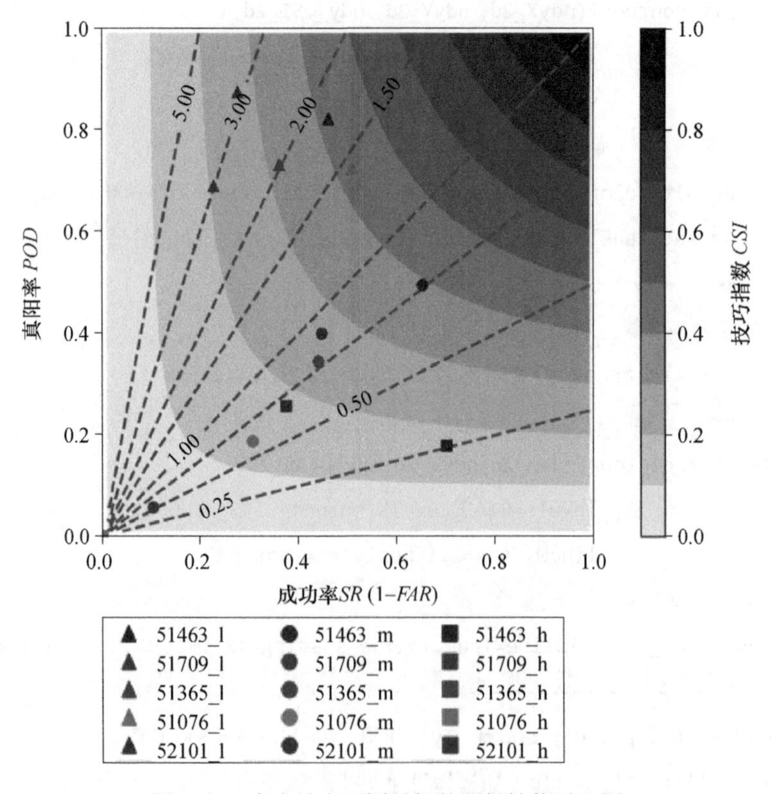

图 5.11　多个站点不同量级的预报性能对比图

5.4　注意细节

1)如果在利用 cartopy 画图时,没有读取用户自己的 shape 文件,那么需要将 cartopy 默认的 shape 文件从网上获取后放在下面路径下:

```
/home/用户名/.local/share/cartopy/shapefiles/natural_earth
```

2)画图过程中如果出现下述问题:

```
no display name and no $DISPLAY environment variabl
```

那么就需要在下述文件中:

```
/home/用户名/.config/matplotlib/matplotlibrc
```

添加一行如下信息:

```
backend : Agg
```

如果没有 matplotlibrc 文件,那么先要创建一个 matplotlibrc 文件,再进行添加。

3)如果在显示(print)一个 dataframe 格式的数据时,显示的内容过多,可以使用如下语句来限制整个数据的行列数,在调试的时候非常有帮助。

```
pd.set_option('display.max_rows',5)
pd.set_option('display.max_columns',6)
```

参考文献

[1] 曾晓青,汤浩,张俊兰,等. ECMWF 的 QPF 短期预报性能在新疆的评估[J]. 沙漠与绿洲气象,2021,15(2):1-8.

[2] Reshef D N,Reshef Y A,Finucane H K,et al. Detecting novel associations in large data sets[J]. Science,2011,334(6062):1518-1524.

[3] Taylor K E. Summarizing multiple aspects of model performance in a single diagram[J]. J. Geophys. Res.,2001,106(D7),7183-7192.

[4] Roebber P J. Visualizing multiple measures of forecast quality[J]. Wea. Forecasting,2009,24:601-608.

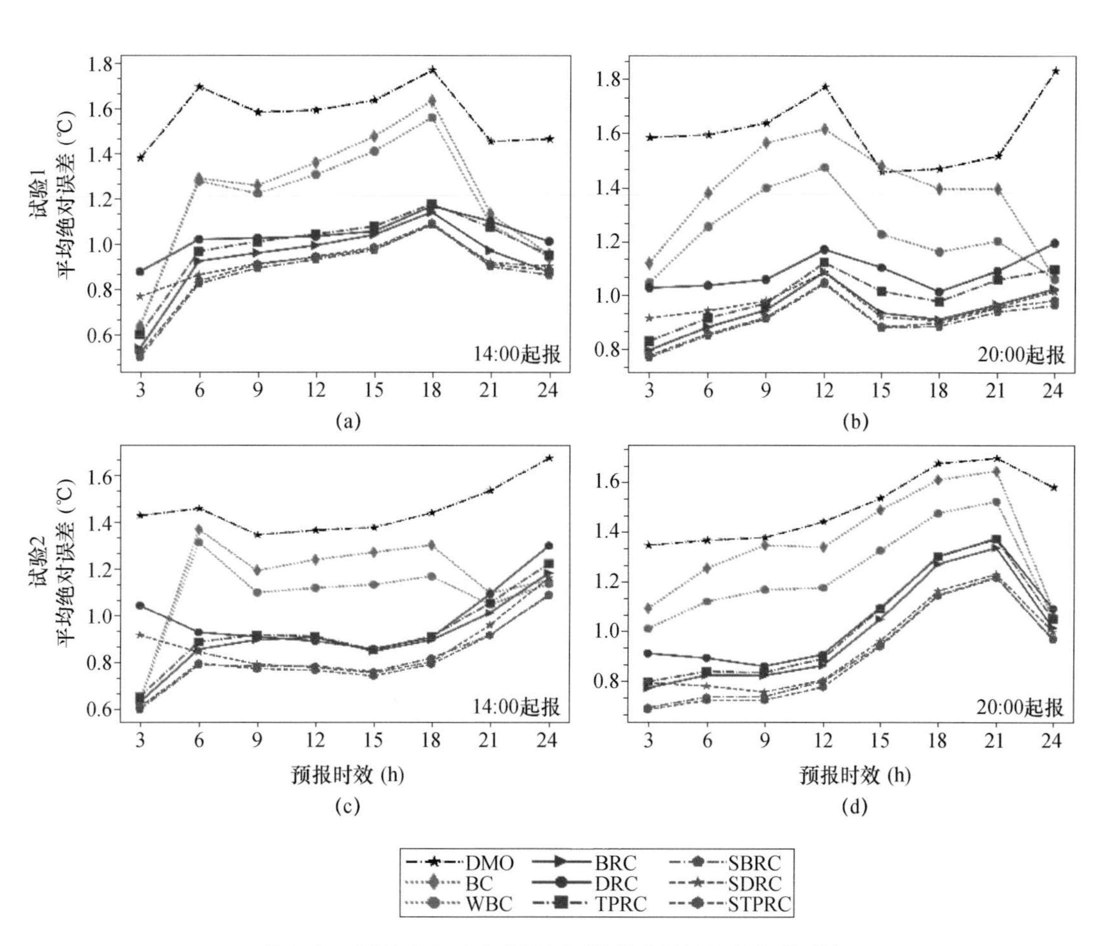

图 3.10　试验 1 和 2 中 8 种订正场的 MAE 格点检验对比

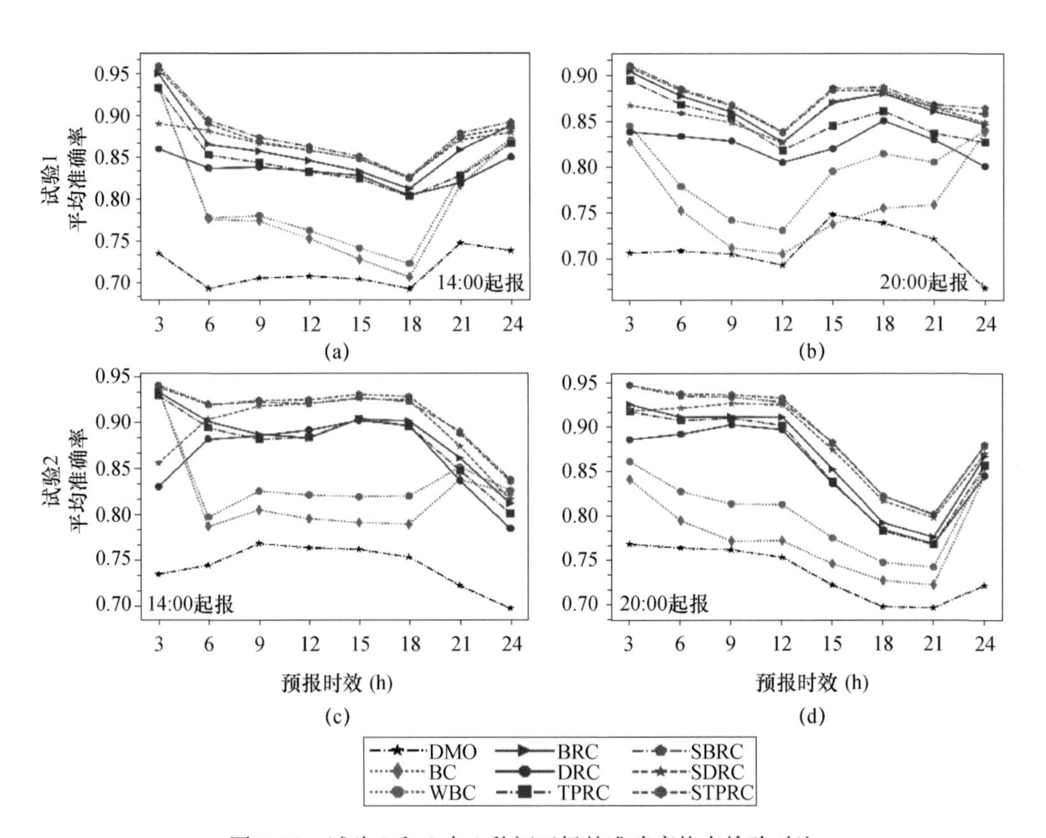

图 3.11 试验 1 和 2 中 8 种订正场的准确率格点检验对比

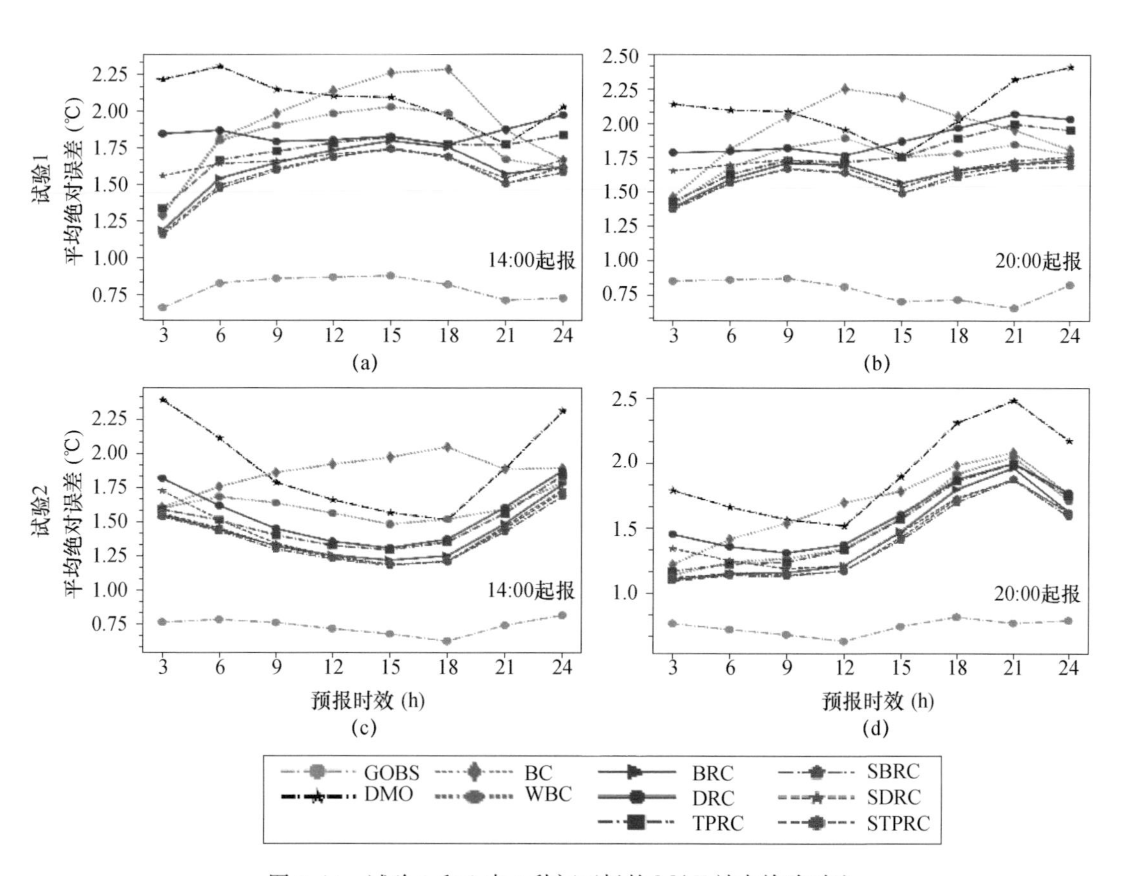

图 3.14　试验 1 和 2 中 8 种订正场的 MAE 站点检验对比

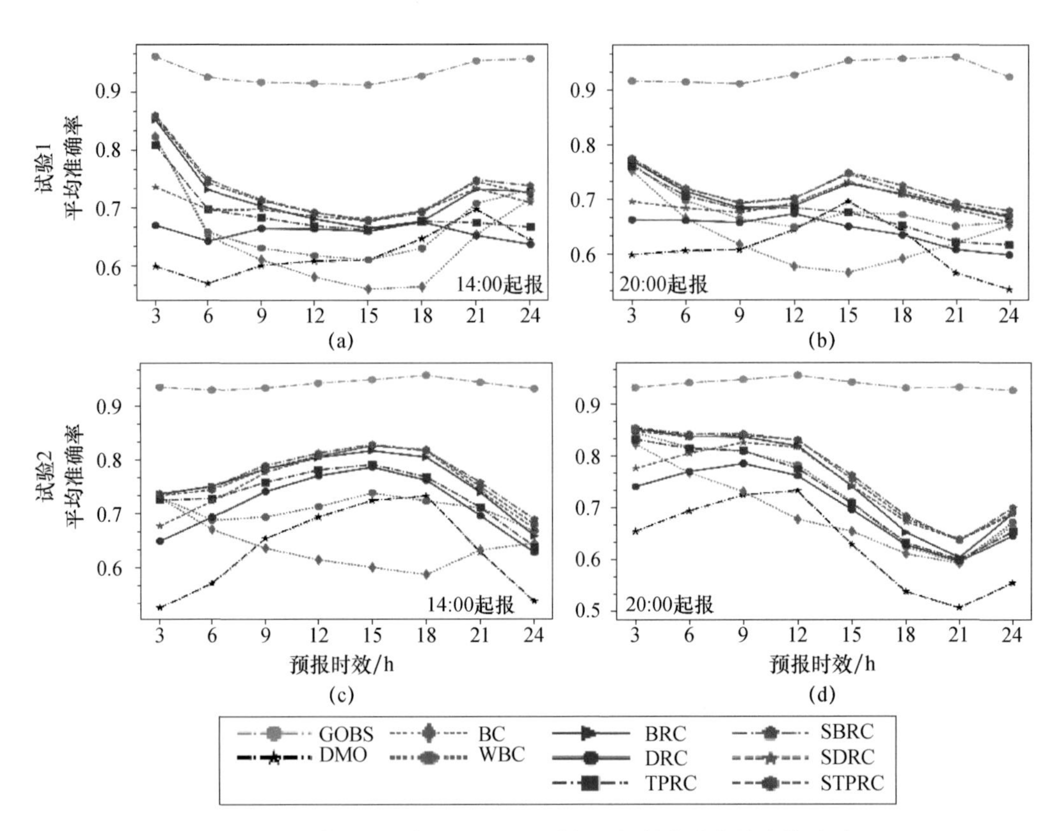

图 3.15 试验 1 和 2 中 GOBS 和 8 种订正场的准确率站点检验对比

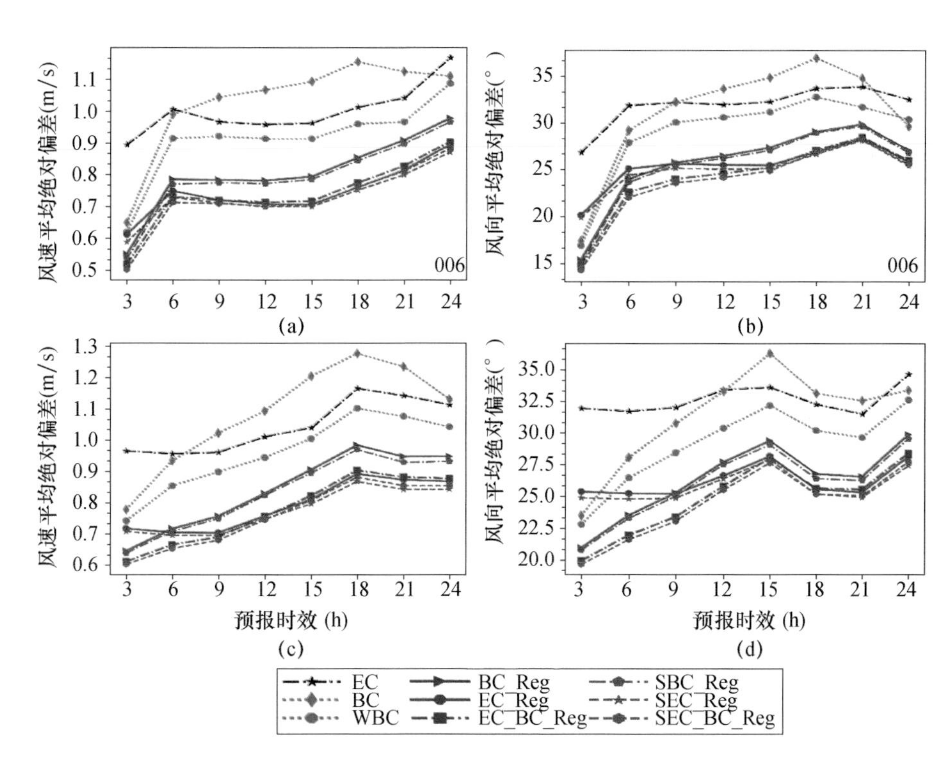

图3.17　试验1中8种订正场的平均*MAE*检验对比

(a)和(c)使用WS模型,(b)和(d)使用UV模型,(a)和(b)是14:00起报,(c)和(d)是20:00起报

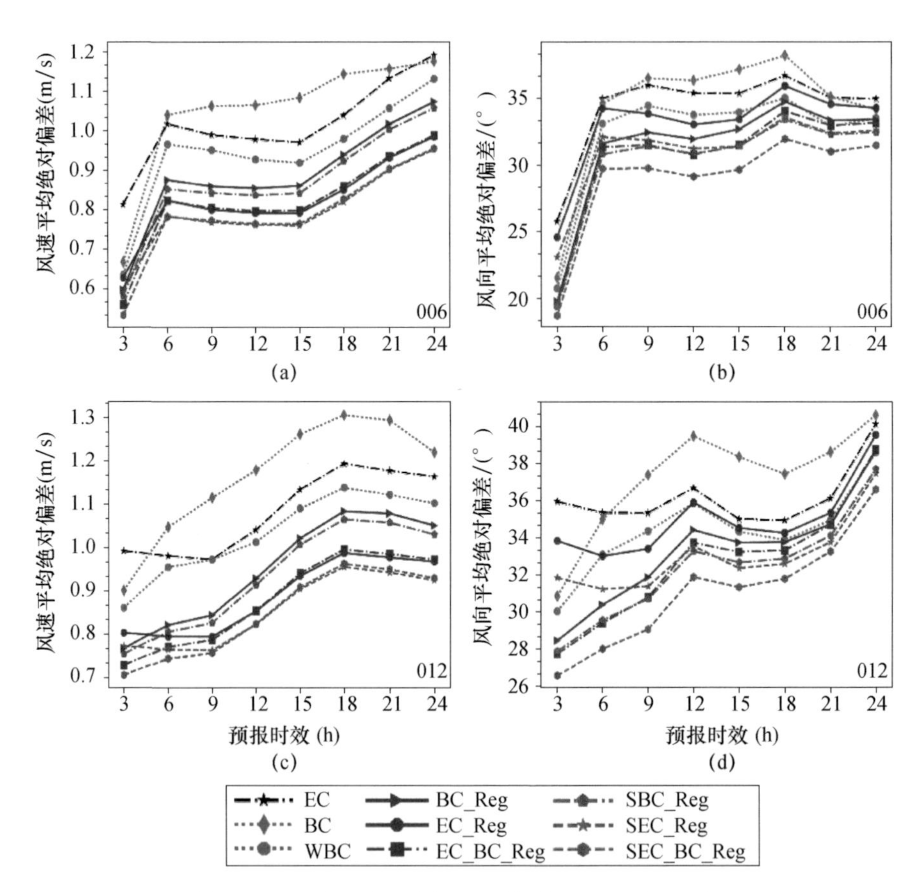

图 3.18　试验 2 中 8 种订正场的平均 *MAE* 检验对比

(a)和(c)使用 WS 模型,(b)和(d)使用 UV 模型,(a)和(b)是 14:00 起报,(c)和(d)是 20:00 起报

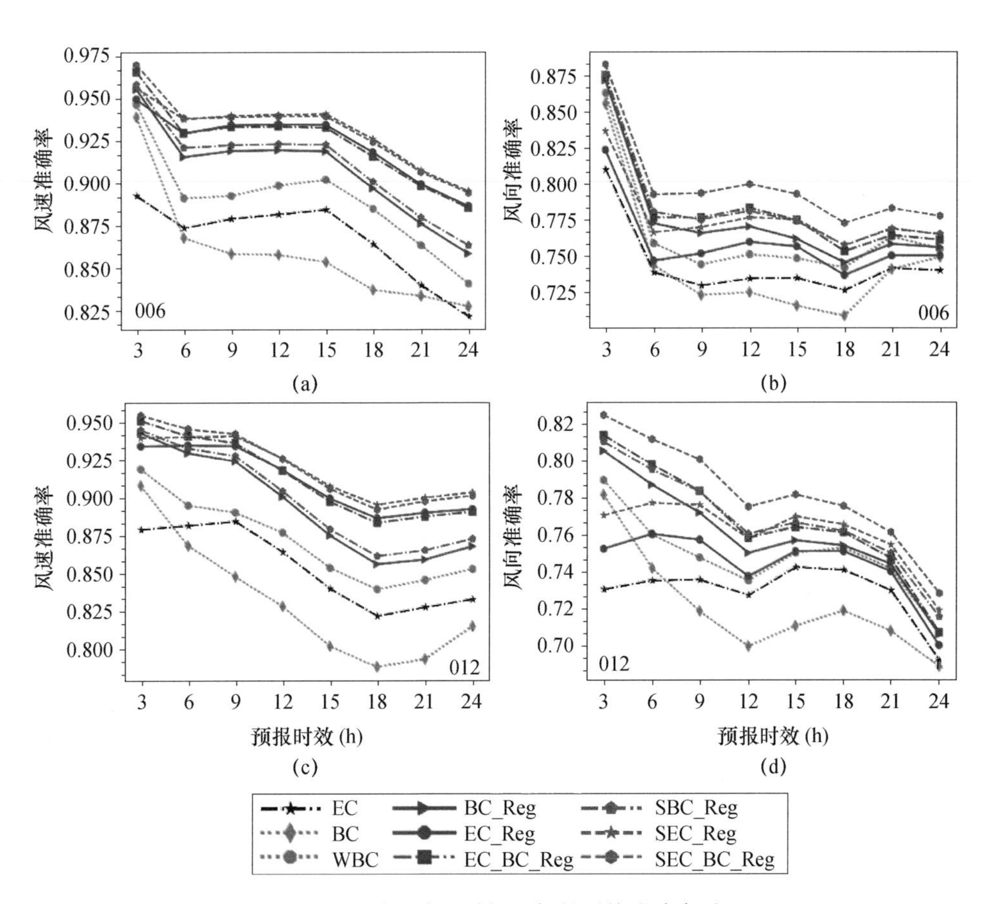

图 3.19　试验 2 中 8 种订正场的平均准确率对比

(a)和(c)使用 WS 模型，(b)和(d)使用 UV 模型，(a)和(b)是 14:00 起报，(c)和(d)是 20:00 起报

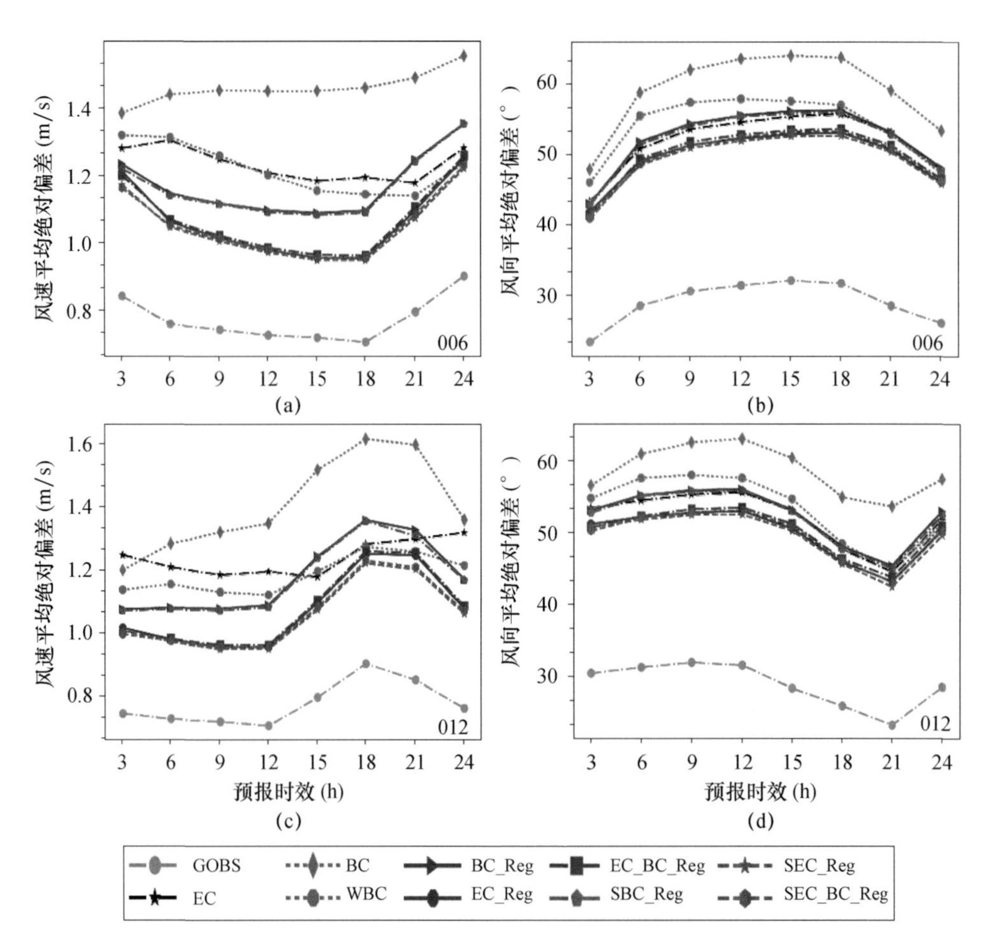

图 3.22　试验 1 中 8 种订正结果的站点平均 *MAE* 检验对比

(a)和(c)使用 WS 模型,(b)和(d)使用 UV 模型,(a)和(b)是 14:00 起报,(c)和(d)是 20:00 起报

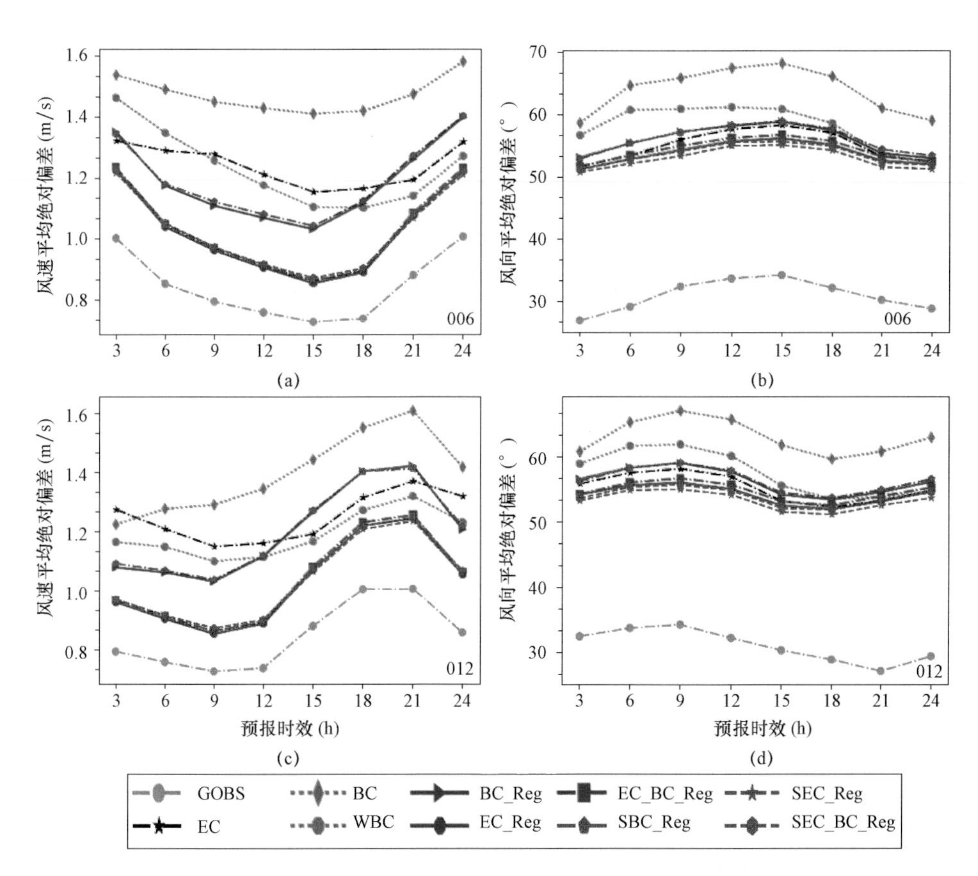

图 3.23　试验 2 中 8 种订正结果的站点平均 *MAE* 检验对比

(a)和(c)使用 WS 模型,(b)和(d)使用 UV 模型,(a)和(b)是 14:00 起报,(c)和(d)是 20:00 起报

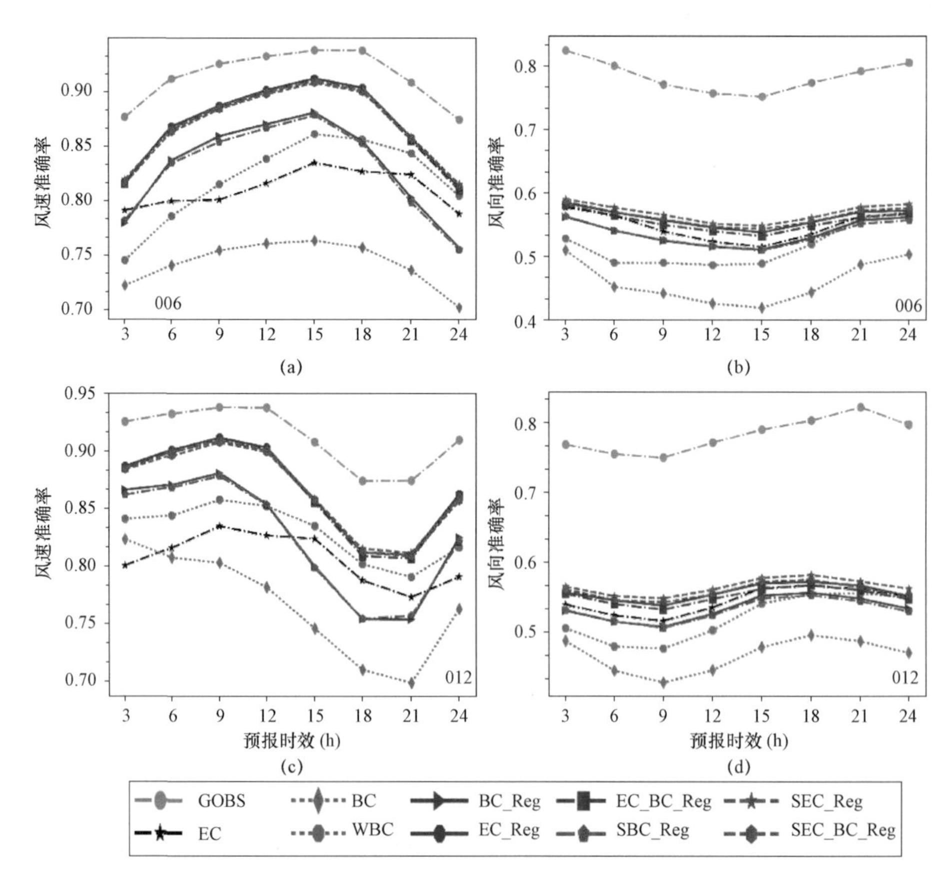

图 3.24 试验 2 中 8 种订正结果的站点平均准确率检验对比

(a)和(c)使用 WS 模型,(b)和(d)使用 UV 模型,(a)和(b)是 14:00 起报,(c)和(d)是 20:00 起报

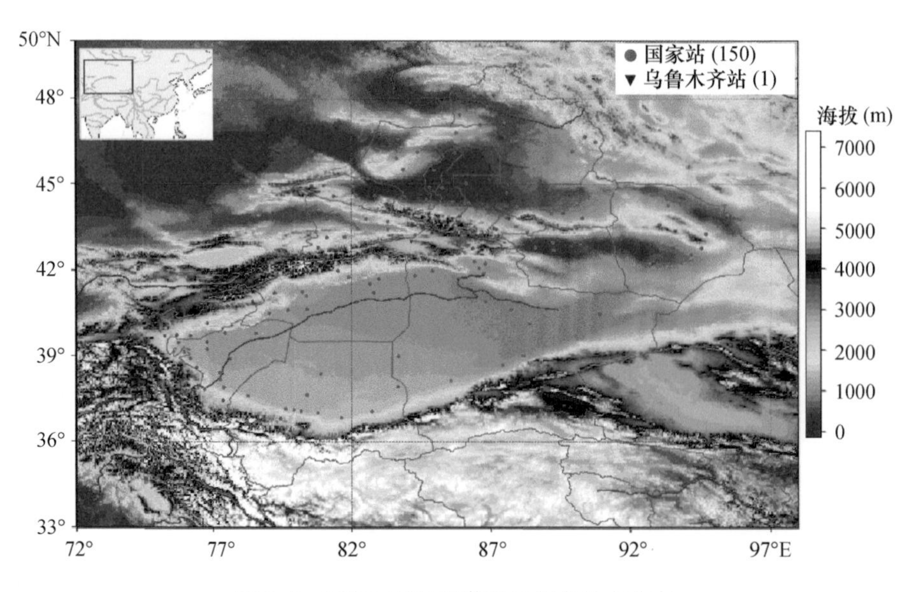

图 5.1 研究区域地理信息和气象站点分布